中国轻工业“十四五”规划教材

高等职业教育食品检验检测技术专业教材

食品理化检测技术

主编
谢碧秀

中国轻工业出版社

图书在版编目（CIP）数据

食品理化检测技术／谢碧秀主编. — 北京：中国轻工业出版社，2024.2
ISBN 978-7-5184-4593-6

Ⅰ.①食… Ⅱ.①谢… Ⅲ.①食品检验—职业教育—教材 Ⅳ.①TS207.3

中国国家版本馆 CIP 数据核字（2023）第 203135 号

责任编辑：刘逸飞
策划编辑：张　靓　　责任终审：白　洁　　封面设计：锋尚设计
版式设计：砚祥志远　　责任校对：郑佳悦　晋　洁　　责任监印：张　可

出版发行：中国轻工业出版社（北京鲁谷东街 5 号，邮编：100040）
印　　刷：北京君升印刷有限公司
经　　销：各地新华书店
版　　次：2024 年 2 月第 1 版第 1 次印刷
开　　本：787×1092　1/16　印张：19.5
字　　数：450 千字
书　　号：ISBN 978-7-5184-4593-6　定价：48.00 元
邮购电话：010-85119873
发行电话：010-85119832　010-85119912
网　　址：http://www.chlip.com.cn
Email：club@chlip.com.cn

230378J2X101ZBW

本书编写人员

主　　编 谢碧秀（眉山职业技术学院）

副 主 编 张冬冬（芜湖职业技术学院）

王建刚（山东药品食品职业学院）

参　　编（以姓氏笔画为序）

孙　购［蒙牛乳制品（眉山）有限公司］

李杉杉（眉山职业技术学院）

罗　玲（四川化工职业技术学院）

胡婷婷（眉山职业技术学院）

昝加志（眉山市彭山区市场监督管理局）

郭　建（千禾味业食品股份有限公司）

唐　薇（眉山市农业农村局）

雷明馨（成都农业科技职业学院）

薛　芳（山东药品食品职业学院）

前言 PREFACE

食品是人类赖以生存和发展的基本物质，食品安全是事关人民健康和构建和谐社会的重大战略问题，同时也是全球关注的焦点。随着我国综合国力的增强，人民生活水平由“温饱型”转向“小康型”，食品的数量与种类日益丰富，人们对食品的要求由“吃得饱、吃得好”转变为“安全吃、健康吃”，对食品安全的认知也不断提高。为了保障食品安全，中华人民共和国国家卫生行政部门、国家食品安全监督管理部门等发布了一系列食品安全国家标准。食品理化检测涉及生产前的原辅料检测、生产过程中的工艺控制、生产后的成品准入认可性检测，因而食品理化检测贯穿了食品生产的全过程，是食品安全保障不可或缺的重要组成部分。

食品理化检测技术是高等职业教育食品检验检测技术、食品质量与安全、农产品加工与质量检测等专业学生必修的专业核心课程。根据《国家职业教育改革实施方案》相关文件精神，围绕德技并修、工学结合的育人模式，本书形成了以校内专业教师和校外企事业技术骨干为成员的编写组，对相关理化检测内容进行了内容重组与充实、步骤细化、思政融入、资源建设，因而本教材是符合当前高等职业教育要求的新型校企“双元”教材，其特色主要体现在以下几个方面。

一、对接典型产业，服务国家战略

党的十九大报告明确提出实施食品安全战略，让人民吃得放心。乳业是健康中国不可或缺的产业，也是食品安全的代表性产业、农业现代化的标志性产业和一二三产业协调发展的战略性产业。中国是水果、蔬菜生产和消费大国，我国蔬菜是种植业中的重要农作物，我国蔬菜产量占全球总产量的50%，我国水果的种植面积和产量均居世界第一。粮食事关国运民生，粮食安全是国家安全的重要基础。食用油、发酵调味品是粮食作物的精深加工品，是餐桌上必不可少的配角。以乳及乳制品、果蔬及其制品、粮油原料及其成品、发酵调味品为对象设计教学模块，既与中国食品制造业重点典型产业相匹配，又符合国家食品安全战略要求。

二、内容贴近岗位，吸纳行业“四新”

打破常规的教材编写体例，结合职业岗位工作过程，紧密对接乳制品、果蔬制品、粮油、发酵调味品的典型检测任务，以生乳、乳粉、水果、果脯、蔬菜、泡菜、薯片、小麦粉、大豆、植物油、食醋、酱油为载体，教材内容涉及密度、酸度等物理指标和水分、蛋白质、脂肪、碳水化合物、维生素、矿物质等一般营养成分，以及亚硝酸盐、重金属元素、食品添加剂、农药、真菌毒素等项目的检测。本书编写结合食品检测行业的现状和发展趋势，吸纳行业发展中的新标准、新规范、新方法、新设备，以适应产业和技术的转型升级。

三、遵循认知规律，能知素相贯通

本教材通过“背景资料”“案例导入”激发学生的学习兴趣；“任务描述”“课前准备”驱动自主学习；“学习目标”明确提出知识、技能、素质方面的要求；“必备知识”“任务实施”明晰标准、理解原理、掌握检测要求；“思政园地”“温馨提示”实现课程思政教育；“相关知识”“知识链接”“方法拓展”“技能拓展”有助于学有余力的学生开阔眼界、提升认识。

四、依托真实项目，融通“岗课赛证”

编写组与行业企业深度合作，所有检测项目均来源于真实工作任务，采用“项目导入，任务驱动”的项目化教学编写方式，可满足“教、学、做”一体化的教学要求。本教材将岗位需求的技术技能分解成一个个项目、项目下的一个个任务，“必须、够用”的理论知识贯穿其中，让学生在“做”的过程中掌握知识、提高技能、提升职业素养。本教材结合职业技能大赛内容、“1+X”证书考核要求，以现行国家标准、行业标准为依据，增加检测项目中标准滴定溶液的配制、标定和计算内容，细化仪器设备的规格、数量和用途，增加原始数据记录表、考核评价表等，提升使用实效，真正实现“岗课赛证”的融通。

五、细化实验步骤，增强可操作性

本教材强化理论与实践的结合，根据食品理化检测工作流程，对食品安全国家标准、行业标准中的分析步骤进一步细化，并将“操作方法”和“要求”一一对应，不仅有助于学生快速找到技能要点，也使他们更容易理解操作原理，增强了实操训练的指导性。

六、融入思政元素，强化素质教育

本教材结合食品安全国家战略的要求，通过故事案例、法律法规、习语金句、古语典籍等方式，将新时代中国特色社会主义思想教育、社会主义核心价值观教育、法治教育、劳动教育、心理健康教育、中华优秀传统文化教育等融入教材，强力推进课程思政建设。

七、课程资源丰富，拓展教学渠道

本教材是新形态教材，通过扫描二维码进入省级职业教育精品在线开放课程，随时随地可获得演示视频、测试题等配套资源，动态化、立体化的教材有助于拓宽学习渠道，提高学习效率，丰富教学方式，进而提升教学质量。

《食品理化检测技术》在线课程

本书可作为高等职业教育食品检验检测技术、食品质量与安全、农产品加工与质量检测等专业的教材，也可作为食品及农产品检验人员的继续教育培训教材和参考用书。

本书由谢碧秀担任主编，张冬冬、王建刚担任副主编，薛芳、李杉杉、昝加志、胡婷婷、孙购、罗玲、唐薇、郭建、雷明馨参与编写。具体分工为：薛芳、李杉杉和昝加志编写绪论；胡婷婷编写任务五至任务八；谢碧秀编写任务九至十四、十六、十九、二十二、二十三，以及任务三十、三十三、三十四的方法拓展；孙购编写任务十五、十七；罗玲编写任务十八、二十；唐薇编写任务二十一、二十四、二十九；王建刚编写任务二十五至二十八；雷明馨编写任务三十、三十一；张冬冬编写任务三十二至三十六；郭建编写任务三十二的方法拓展。全书由谢碧秀制订编写大纲并完成统稿、总撰、配套资源制作及定稿工作。

本教材在编写过程中得到了何强（眉山职业技术学院）、刘滕（眉山职业技术学院）、邓诗琴（眉山职业技术学院）、黄昭（芜湖职业技术学院）、杜俊琪（眉山市农业农村局）、刘丽［蒙牛乳制品（眉山）有限公司］、辜良燕（千禾味业食品股份有限公司）等老师和技术人员的大力支持，在此一并表示衷心的感谢！

由于编者水平有限，书中难免会有疏漏与不足之处，恳请读者批评指正。

编者

目 录 CONTENTS

绪　论

食品理化检测概述

背景资料

食品安全关乎民生，一直都是人们关注和讨论的热点。随着人们对食品多样化的需求不断增长，越来越多的食品添加剂被应用到食品的加工和制作中；工业化带来的污染问题，农药兽药的滥用导致的残留问题，食品因生产、加工、包装、运输、储藏、销售过程中可能引入有毒有害物质等，这些问题直接影响着食品的安全与卫生。国家对于食品检测规范化、标准化的要求不断提升，食品检测需求也随之变多，食品检测对于食品安全的重要性应当落实到具体的行业规范和标准中，不断提升与更新食品检测技术，增强食品安全意识，严格进行食品检测，为保障食品安全和有效监管提供技术支撑，促进食品行业的持续发展与进步，为大众创造健康安全的食品环境。

任务一　认识食品理化检测的内容

案例导入

针对食品安全卫生状况，我国出台了一系列法律法规。但是食品经营者众多，经营方式、规模等各有不同，各类食品加工厂不断涌现，有些商家为了提高经济效益，忽视食品安全卫生问题，导致食品安全卫生事件屡屡发生。例如，动植物生长过程过量使用农药、化肥或激素、兽药所导致的食品原料存在的药物残留或超标问题；快餐食品为延长保质期而过量使用食品添加剂的问题；食品生产加工过程因不重视卫生、质量等方面而导致的产品污染或不达标等食品安全问题。开展有效的食品检测工作，确保食品质量能够达到相应的标准，对保障食品安全与卫生有重要意义。食品理化检测就是其中非常重要的组成部分。

任务描述

食品理化检测的内容主要分为两大项：一是检测食品的品质项目，包括营养成分、功能性成分等；二是检测食品的卫生项目，包括食品添加剂、重金属等有害元素、农兽药残留、微生物毒素等。请独自查询资料学习食品理化检测的内容，参与话题讨论。

学习目标

❖ 知识目标

1. 理解食品理化检测的概念。
2. 掌握食品理化检测的内容。
3. 了解食品理化检测的发展趋势。

❖ 技能目标

能够根据需求确定和选择检测项目。

❖ 素质目标

1. 树立食品安全意识。
2. 具有不断挑战自我、与时俱进的勇气。

课前准备

1. 学习资源准备

通过网络获取《中华人民共和国食品安全法》，扫码获取视频《食品理化检测的内容》。

食品理化检测的内容（视频）

2. 完成预习任务

（1）阅读相关法规文件，观看视频，分小组讨论食品理化检测的内容。

（2）参与话题讨论：食品理化检测的内容有哪些？

思政园地

各级党委和政府及有关部门要全面做好食品安全工作，坚持最严谨的标准、最严格的监管、最严厉的处罚、最严肃的问责。

——习近平（2017 年 1 月，对食品安全工作作出的重要指示）

必备知识

一、食品理化检测的概念

食品理化检测运用现代科学技术和检测分析手段，监测和检验食品中与营养卫生有关的化学物质，得到这些物质的种类和含量，并将检测结果与食品相关标准进行比较，判断其是否合乎卫生标准和质量要求，是否存在危害人体健康的因素，从而决定该食品有无食用价值及应用价值。食品科学、食品工艺等研究过程中经常需要分析测定食品的组成和性质，消费者、食品企业、国内外法规均要求监控食品组成，确保食品的质量与安全性。所有食品都需要将食品检测作为质量管理的一部分，食品从原料、加工到成品，均需要对各项指标进行检测，如感官品质、物理特性、化学成分、微生物含量等，其中物理特性和化学成分的检测是非常重要的部分。

二、食品理化检测的任务

（一）生产前的检测

生产前对食品原辅料、包装材料进行质量安全保证检测，以阻止不合格原辅料和不合格包装材料的使用。原辅料是食品加工的基础，原辅料的品质不仅关系到产品的质量，还会影响生产工艺，如：三聚氰胺乳粉、水解皮革酸乳、地沟油等事件的发生均与不合格原料的使用有关，抗生素超标的生鲜乳不能正常发酵，掺淀粉类物质的乳在浓缩工序中常常会发生焦煳现象。因而原辅料的验收被列为大多数食品生产企业危害分析与关键控制点体系（HACCP）中的关键控制点，通过原辅料的检验可阻止不合格的原辅料进入生产环节。用于生产某原味酸性含乳饮料的原料乳的质量指标如表 0-1 所示。食品包装材料对于食品安全有着双重意义：一是合适的包装方式和包装材料可以保护食品不受外界的污染，保持食品本身的水分、成分、品质等特性不发生改变；二是包装材料本身的化学成分会向食品中迁移，如果迁移的量超过一定界限，会影响到食品的安全卫生。因此，包装材料是食品包装有害物质残留的主要来源，如塑料包装材料中的增塑剂、双酚 A 具有类雌激素的作用，纸质包装材料中的荧光增白剂是一种致癌物质。

（二）生产中的检测

生产中对半成品进行工艺控制检测，阻止不合格的半成品流入下道工序。为了规范产品生产过程的工艺控制，及时发现生产过程中的问题，查找原因并采取补救措施，确保生产过程中的半成品达到相应的品质要求，需按照检验计划进行取样和检验。某原味酸性含乳饮料半成品的质量指标如表 0-1 所示。

（三）生产后的检测

生产后需对成品进行市场准入认可性检测，阻止不合格的产品出厂。在食品安全监控过程中，成品在出厂前的检验是食品生产中的最后一道工序，确保产品符合食品安全国家标准的相关要求。一旦质量不合格的产品流入市场，不仅会损害消费者的合法权益，还会影响企业的信誉和形象。某原味酸性含乳饮料成品的质量指标如表 0-1 所示。

表 0-1　　原味酸性含乳饮料的质量指标

序号	项目	原料乳	半成品	成品
1	蛋白质/（g/100g）	2.9~3.2	1.05~1.20	1.05~1.20
2	脂肪/（g/100g）	3.1~4.1	1.15~1.65	1.15~1.65
3	总干物质/（g/100g）	11.5~13.2	10.5~12.5	10.5~12.5
4	相对密度（20℃/4℃）	1.028~1.032	—	—
5	酸度/°T	12.0~17.0	47~55	47~55
6	冰点/℃	-0.525~0.565	—	—
7	乳糖/（g/100g）	4.1~4.9	—	—
8	蔗糖/（g/100g）	—	6.2~7.0	6.2~7.0
9	pH	6.50~6.80	3.90~4.30	3.90~4.30

三、食品理化检测的内容

食品种类繁多，组成和性质复杂，与食品理化特性、食品营养、食品安全卫生相关的分析，涉及定性分析与定量分析、常量分析与微量分析、组成分析与形态分析、实验室分析与现场快速检测等。

（一）食品物理性质的检测

食品物理性质主要包括食品的力学性质、光学性质、热力学性质和电学性质等，如流变性、折光性、旋光性、色泽、导电性、介电性、比热容、传热规律等。食品物理性质对食品加工工艺的确定以及产品品质优劣的判断有重要影响。

（二）食品中营养成分的检测

食品营养成分包括碳水化合物、脂肪、蛋白质、维生素、矿物质、水和膳食纤维七大营养素，食品中营养成分的种类和含量决定其营养价值的高低，因此，对食品中营养成分进行检测，可为合理选择和搭配食物提供科学依据，对于指导公众平衡营养、合理膳食，促进身体健康具有重要意义。食品在加工、储存过程中，可能会发生很多化学变化，如大分子糖的凝胶性质、增稠作用，脂肪的氧化与水解，蛋白质的水合性质、聚沉性质、凝胶性质、乳化和起泡性，维生素的氧化和褐变反应，金属元素的氧化与螯合作用等，都会影响到食品品质甚至损害食品的安全性。

（三）食品中添加剂的检测

食品添加剂是指为改善食品品质和色、香、味，以及为防腐、保鲜和加工工艺的需要而加入食品中的人工合成或者天然物质。食品添加剂在食品生产加工中不能随意添加，须按照 GB 2760—2014《食品安全国家标准　食品添加剂使用标准》规定的食品添加剂的使用原则、允许使用的食品添加剂品种、使用范围及最大使用量或残留量来添加。但实际食品生产中，食品添加剂的滥用现象频发，不当或过量使用食品添加剂可能对人体产生危害，因此，需要对食品中食品添加剂进行检测，以保证食品添加剂的规范使用，从而保障食品安全。

（四）食品中有毒有害物质的检测

合格的食品应该是无毒无害的，但是，食品在生产、加工、包装、运输、储藏、销售等各环节中，可能会产生、引入一些有毒有害物质。按照有毒有害物质的性质，可分为有害无机元素污染（如铅、砷、铬、镉、汞等重金属）、有害有机物污染（如农药、兽药残留）、动植物天然毒素以及致病微生物及其毒素。

1. 重金属

工业三废的排放会污染土壤、空气、水质，食品生产和加工过程中使用的金属机械设备、管道、容器或包装材料等，以及某些地区自然环境中高本底的重金属都会引起食品中有害元素的污染。因此，需要对食品中的重金属元素进行检测。

2. 农药、兽药残留

农药的滥用会造成农作物污染和食物中农药残留超标，兽药的滥用会造成畜禽肉、蛋、乳等动物性食品的污染及兽药残留超标，长期摄入农药、兽药残留超标的食物，可能会对人体健康造成危害。因此，必须对食品中的农药和兽药残留进行检测。

3. 动植物天然毒素

动植物天然毒素是指有些动植物中天然存在的某种对人体健康有害的非营养性物质，或因加工、储存不当而使动植物产生的某种有毒物质。这些物质结构复杂、种类繁多，与人类关系密切的主要有苷类、生物碱、酚类及其衍生物、有毒蛋白和肽、酶类以及其他有毒物质。毒素一旦被食用，即使含量很低，也可能危害身体健康，甚至有致命的风险。因此，必须对食品中的动植物天然毒素进行检测。

4. 致病微生物毒素

根据联合国粮食及农业组织的数据，全球生产的食品中近25%被真菌毒素污染。我国大部分地区处于湿热的气候环境，农作物受真菌污染的现象较为严重。真菌毒素是真菌的次生代谢产物，具有天然毒性。目前已确定有400多种真菌毒素，其中25种属于常见的毒素，如黄曲霉毒素、赭曲霉毒素和玉米赤霉烯酮等，对动物或人类具有致癌作用。随着全球人口的增长和对食物需求的不断增加，重视真菌毒素检测、减少真菌毒素污染对人类健康的危害非常有必要。

5. 食品加工中产生的有害物质

在食品加工过程中，可能产生亚硝胺、苯并芘、丙烯酰胺等有害物质，这些物质对人体健康具有潜在危害，因此，我国食品安全国家标准规定了这些有害物质的限量指标和相应的检测方法，以确保食品安全。

6. 非法添加物

在食品加工过程中，非法添加非食用物质而造成的食品安全问题同样威胁人体健康，如三聚氰胺、工业明胶、硫氰酸钠、硼砂、皮革水解物等，必须对这些非法添加物进行检测，保障食品安全，维护消费者的身体健康。

（五）食品中功能性成分的检测

食品功能性成分是指能够通过激活酶的活性或其他途径调节人体机能的物质，是保健食品或功能食品中真正起生理调节作用的成分，包括功能性多糖、功能性甜味剂、功能性油脂、氨基酸、肽与蛋白质、微生态调节剂、自由基清除剂等。了解食品中功能性成分的种类与含量，对于指导人群调节机体功能，改善身体健康状况有一定意义。

四、食品理化检测的发展趋势

（一）仪器化

随着科学技术的快速发展，食品分析检测采用的各种分离、分析技术和方法不断完善和更新，许多高灵敏度、高分辨率的分析仪器已经越来越多地应用于食品理化检测中，如pH计、电位滴定仪等小型设备，以及气相色谱仪、高效液相色谱仪、原子吸收分光光度计等大型精密仪器均已在食品理化检测中得到了广泛的应用，且仪器分析的方法所占的比例也越来越大。

（二）自动化、微量化、智能化、快速化

随着计算机技术的发展和普及，分析仪器自动化、微量化、智能化、快速化也成为食品理化检测的重要发展方向之一。自动化和智能化的分析仪器可以进行检验程序的设计、优化和控制，实验数据的自动采集和处理，使检测工作大大简化，并能处理大量的例行检验样品。例如，全自动凯氏定氮仪可自动进行蒸馏、滴定、计算、清洗等操作，安全省时；全自动滴定仪能进行酸碱滴定、氧化还原滴定、银量法滴定、络合滴定、永停滴定等多种滴定，能根据所编辑的方法完成样品滴定、数据记录、结果计算，操作简便；快速水分测定仪同时具有干燥和精密称量的功能，样品中的水分在几分钟到十几分钟时间内就能达到平衡终点并得出检测结果，其效率和准确度远高于放样品在烘箱中烘干后用天平称量的传统直接干燥法检测。

（三）便携化、现场化

食品安全关系到经济发展和社会稳定，在政府部门发挥监管职能、保障食品安全的过程中，传统检测手段已无法满足实际需求。食品快速检测技术因其设备简单、便于携带、检测快速，能低成本、高通量地开展现场检测而得到迅速发展。目前国家市场监督管理总局已明确将食品安全快速检测技术作为食品安全检测的重要手段，因此快速检测技术具有十分广阔的应用前景。

（四）无损化

无损检测技术是近年快速发展的新兴检测技术，样品检测后仍然可以销售和食用，不损害生产者的经济利益，具有较大的商业化实用价值。根据检测原理不同，目前应用在农产品和食品质量方面的常规无损检测方法主要包括光学特性分析法、声学特性分析法、磁学特性分析法、力学特性分析法、电学特性分析法、计算机视觉技术和生物传感等。例如，测定食品营养成分时，可以采用近红外自动测定仪，样品不需进行前处理，直接进样，通过计算机系统即可迅速给出食品中蛋白质、氨基酸、脂肪、碳水化合物、水分等成分的含量。

温馨提示

1. 食品安全与人们的生命安全和身体健康息息相关，要从食品安全对人类健康发展大局的影响方面思考问题，明白食品理化检测的目的和意义。

2. 秉承科学严谨的作风，认真梳理食品理化检测的内容，理解按照要求对食品各项目内容进行严格检测的意义，确保食品质量能够达到相应的标准。

认识食品理化检测的内容（课后测试题）

任务二 选择食品理化检测的标准

案例导入

食品安全问题是人民群众高度关注的问题。依据国家相关标准和法律法规对食品进行理化检测，判断食品质量、食品卫生合格与否，在食品质量安全评价、产品贸易和市场监督管理等方面起着重要的技术支持作用。

谭某长期经营食品调味品，对于亚硝酸钠的使用方法和使用限量较为清楚，其在明知田某生产、销售不符合食品安全标准的食品的情况下，向田某推荐和提供食品添加剂亚硝酸钠，根据《最高人民法院 最高人民检察院关于办理危害食品安全刑事案件适用法律若干问题的解释》第十四条第三项、第十八条之规定，谭某构成生产、销售不符合安全标准的食品罪的共犯。

《中国人民共和国食品安全法》规定，食品安全标准是强制执行的标准；食品安全标准应包括“食品、食品添加剂、食品相关产品中的致病性微生物，农药残留、兽药残留、生物毒素、重金属等污染物质以及其他危害人体健康物质的限量规定”等，使得食品理化检测结果评价有法律依据。与食品安全有关的食品检验方法与规程明确了从事食品理化检测可采用的检测方法及要求。严谨的食品安全标准是食品理化检测的前提和依据，能够提高从农田到餐桌全过程的食品安全风险控制能力，提升食品全链条质量安全保障水平。

截至2023年9月，我国已发布食品安全国家标准1478项，覆盖了340余种全部食品类别，包含2万多项指标，涵盖了从农田到餐桌、从生产加工到产品，全链条、各环节主要的健康危害因素，保障了包括儿童、老年人在内的全人群的饮食安全。

任务描述

《中华人民共和国食品安全法》对食品安全标准有明确的规范要求，食品安全标准涵盖的方面很多，请独自查询资料，学习《中华人民共和国食品安全法》《中华人民共和国标准化法》，参与话题讨论，掌握不同类型的食品安全标准之间的区别与联系，能够在食品相关网站熟练查询食品安全标准。

学习目标

❖ 知识目标

1. 掌握食品安全标准涵盖的内容。
2. 掌握食品安全标准的分类。

❖ 技能目标

1. 能够熟练查询相关食品安全标准。
2. 能够根据需求，正确选择食品安全标准。

❖ 素质目标

1. 树立食品安全标准意识。
2. 形成肩负食品安全的社会责任感。

课前准备

1. 学习资源准备

通过网络获取《中华人民共和国食品安全法》《中华人民共和国标准化法》，浏览食品伙伴网、国家食品安全风险评估中心等网站，学习食品安全标准查询及下载方法。

2. 完成预习任务

（1）阅读食品安全标准相关法律文件，浏览食品安全标准相关网站。

（2）参与话题讨论：为什么要制定食品安全标准？如何判断食品是否符合食品安全标准？

思政园地

要进一步完善食品安全法律法规，加强标准体系建设，健全评议考核办法，大力推进智慧监管，提高监管效能，不断提升食品安全治理能力和水平。

——韩正（2023年1月18日，在国务院食品安全委员会第五次全体会议时的讲话）

必备知识

食品安全标准是为了保证食品安全，对食品生产经营过程中影响食品安全的各种要素以及各关键环节所规定的统一技术要求。在食品安全标准体系中，食品检测技术标准是十分重要的一环，它是衡量食品质量安全的准绳和量尺，是监管食品安全的重要技术依托，是保障食品质量安全的客观依据和手段。食品生产经营者应当依照法律、法规和食品安全标准从事生产经营活动，并对其生产经营的食品安全负责。根据《中华人民共和国标准化法》，我国食品理化检测方法有国家标准、行业标准、地方标准、团体标准和企业标准等；对于国际贸易，常采用国际标准等。

1. 国际标准

国际标准是在国际间通用的标准。食品相关的两大国际标准分别是国际标准化组织制定的 ISO 标准、国际食品法典委员会制定的 CAC 标准。

国际标准化组织（ISO）中负责食品国际标准制定的主要是 ISO/TC 34 食品技术委员会，其所制定的食品 ISO 标准涵盖了水果蔬菜、谷物豆类、乳及乳制品、禽、肉、鱼等多个食品领域。

国际食品法典委员会（CAC）的主要工作就是编制国际食品标准，CAC 负责标准制定的两类组织分别是包括食品添加剂、污染物、食品标签、食品卫生、农药兽药残留、进出口检验和查证体系以及分析和采样方法等综合主题委员会（或称横向委员会）和鱼、肉、乳、油脂、水果、蔬菜等商品委员会（或称纵向委员会）。两类委员会通过分别制定食品的横向（针对所有食品）和纵向（针对不同食品）规定，建立了一套完整的食品国际标准体系，以食品法典的形式向所有成员国发布。

2. 国家标准

《中华人民共和国食品安全法》实施后，明确建立了统一的食品安全国家标准，食品安全标准管理制度逐步完善。食品安全国家标准由国务院卫生行政部门会同国务院食品安全监督管理部门制定公布，国务院标准化行政部门提供国家标准编号。按约束力不同，国家标准分为强制性标准（代号为 GB）和推荐性标准（代号为 GB/T）。强制性标准是强制执行的国家标准，推荐性标准是自愿采用的国家标准。国家标准的编号由国家标准代号、国家标准发布的顺序号和国家标准发布的年号构成。如 GB 5009. 287—2022《食品安全国家标准　食品中胭脂树橙的测定》、GB/T 20707—2021《可可脂质量要求》。

目前，我国建立了以国家标准为主体的食品安全标准体系，形成了基础通用标准、食品安全限量标准、方法标准、产品标准、管理技术标准及标识标签标准等，门类齐全、相互配套，基本适应我国食品工业发展的需求。食品理化检测的国家标准主要有 GB 5009 系列标准等，涵盖食品中营养成分、食品添加剂、有毒有害成分等的检测方法，如 GB 5009. 9—2023《食品安全国家标准　食品中淀粉的测定》、GB 1886. 366—2023《食品安全国家标准　食品添加剂 β-胡萝卜素》、GB 5009. 12—2023《食品安全国家标准　食品中铅的测定》。

3. 行业标准

行业标准主要是对没有国家标准而又需要在全国某个行业范围内有统一的技术要求所制定的标准。行业标准在相应的国家标准实施后，即行废止。行业标准由国务院有关行政主管部门制定，并报国务院标准化行政主管部门备案，由行业标准归口部门统一管理。行业标准不得与有关国家标准相抵触，行业标准均为推荐性标准。行业标准的编号由行业标准代号、标准顺序号和标准发布年号构成。如农业农村部的 NY/T 3871—2021《大蒜中蒜氨酸的测定 高效液相色谱法》、中华人民共和国海关总署的进出口行业标准 SN/T 5358—2021《出口茶叶中氯噻啉残留量的测定 液相色谱-质谱/质谱法》。

4. 地方标准

地方标准是指由地方（省、自治区、直辖市）标准化主管机构或专业主管部门批准、发布，在某一地区范围内统一的标准。地方标准仅针对没有国家标准的地方特色食品，由省级人民政府卫生行政部门制定并报国务院卫生行政部门备案。地方标准的编号由地方标准的代号 DB、行政区划的数字代码前两位数字、标准顺序号、标准发布年号组成，如青海省卫生健康委员会的 DBS63/ 0006—2022《食品安全地方标准 枸杞蜂蜜》、安徽省市场监督管理局的 DB34/T 3991—2021《禽蛋中替米考星残留的测定 高效液相色谱法》。

5. 企业标准

企业标准是在企业范围内需要协调、统一的技术要求、管理要求和工作要求所制定的标准。企业根据需要自主制定、实施企业标准。企业生产的新产品，尚无国家标准、行业标准、地方标准的，需要制定企业标准，作为组织生产的依据。同时企业为提高产品质量和技术进步，即便有国家标准、行业标准、地方标准，也可再制定高于它们的企业标准。企业标准的编号由企业标准代号 Q、企业代号、标准顺序号、标准发布年号组成，如江苏江南上一道科技股份有限公司企业标准 Q/JNSYD 0004S—2023《小麦膳食纤维系列蛋糕预拌粉》。在经济全球化的今天，标准的作用已不只是企业组织生产的依据，而是企业开创市场继而占领市场的“排头兵”。

6. 团体标准

团体标准是指由团体按照团体确立的标准制定程序自主制定发布，由社会自愿采用的标准。国家鼓励具备相应能力的学会、协会、商会、联合会等社会组织和产业技术联盟协调相关市场主体共同制定满足市场和创新需要的标准，供市场自愿选用，增加标准的有效供给，引领产业和企业的发展，提升产品和服务的市场竞争力。团体标准编号依次由团体标准代号 T、社会团体代号、团体标准顺序号和标准发布年号组成，如浙江省分析测试协会发布的 T/ZJATA 0002—2020《保健食品中维生素 K_2 的测定 高效液相色谱法》。

温馨提示

1. 标准是一种客观评价，树立懂法、守规、用法的观念，诚信做事，肩负起守卫食品安全的社会责任。

2. 秉承科学严谨的作风，严格按照食品安全标准开展食品理化检测。

选择食品理化检测的标准（课后测试题）

任务三 确定食品理化检测的流程

案例导入

2019 年，福建省仙游县市场监督管理局委托第三方检测机构对仙游县某肠粉店经营的油条进行抽样检验，检验报告不合格，对其作出行政处罚。该肠粉店起诉至莆田市涵江区人民法院，一审法院判决仙游县该肠粉店败诉。

一审后，仙游县该肠粉店上诉至莆田市中级人民法院。莆田市中级人民法院二审认为，抽样行为系属行政执法范畴，在具体的委托抽样程序中，应由行政执法人员会同食品检验机构抽样人员按照规定抽取样品。而案涉检验报告检验的样品系由第三检测机构单独抽取，在案证据也无法证实有行政执法人员在场。被上诉人仅提供了食品安全抽检监测抽样单和案涉检验报告，未能提供抽样行为符合有关封存规定的证据材料，即无法保证样品的完好性。此外，针对检验报告上载明的主检人员，无法体现其是否具有相应资质。因此，案涉检验报告不具有合法性，不能作为本案的定案依据。2019 年 11 月，莆田市中级人民法院撤销一审判决，撤销仙游县市场监督管理局作出的行政处罚决定。

二审后，仙游县市场监督管理局提起再审申请。2020 年 10 月，福建省最高人民法院作出行政裁定。该院认为，《食品安全抽样检验管理办法》对食品安全监督检查和案件稽查及事故调查规定了不同的抽检要求，监督抽检可以由食品药品监督管理部门自行进行或者委托具有法定资质的食品检验机构承担。因此，仙游县市场监督管理局委托第三方检测机构进行抽样，符合规定，并无不当。

但是，根据《食品安全抽样检验管理办法》有关规定，食品安全监督抽检中应当采取有效的防拆封措施，并由抽样人员、被抽样食品生产经营者签字或者盖章确认；可以通过拍照、录像、留存购物票据等方式保存证据。再审申请人在原审诉讼中未能提供抽样行为符合有关封存规定的证据材料，即无法保证样品的完好性，也无法保证案涉检验报告的合法性。故二审法院认定再审申请人根据案涉检验报告所作出的被诉处罚决定主要证据不足，并依法判决撤销，结论并无不当。福建省最高人民法院驳回再审申请。

从上述案例可以看出，食品抽检要严格规范流程，食品抽样是食品理化检测流程的一部分，应严格按照流程操作。

任务描述

规范的食品理化检测流程是保障检测结果准确的前提，有利于提高检测的质量和效率。请独自查询资料，学习与食品理化检测流程相关的国家标准，参与话题讨论，合作确定检测流程，为顺利完成检测奠定基础。

学习目标

❖ 知识目标

1. 熟悉食品理化检测的基本程序。
2. 理解采样的原则，熟悉采样的一般方法，掌握不同类型样品的具体采样方法。
3. 熟悉分样的方法。
4. 了解样品制备的意义，熟悉样品制备的方法，明确样品制备的步骤。
5. 理解样品保存的原则，熟悉样品保存的方法。
6. 知道样品前处理的目的，熟悉样品前处理的原则，掌握样品前处理的方法。
7. 掌握有效数字的运算与修约规则。
8. 熟悉准确度、精密度的概念，掌握评价指标的计算方法。
9. 掌握原始记录与检验报告的内容及要求。

❖ 技能目标

1. 能够根据需求选择适宜的样品采集和保存方法。

2. 能够根据样品性质，选择合适的样品制备、前处理方法以及样品分析方法。

3. 能够对检测结果进行数据分析处理。

4. 能够出具一份规范的检测报告。

❖ 素质目标

1. 树立标准意识和法律意识。

2. 形成规范操作意识和团队合作精神。

3. 养成爱岗敬业、实事求是、科学严谨的工作态度。

课前准备

1. 学习资源准备

通过网络获取 GB/T 5009.1—2003《食品卫生检验方法 理化部分 总则》、NY/T 3304—2018《农产品检测样品管理技术规范》、GB/T 8170—2008《数值修约规则与极限数值的表示和判定》、DB14/T 2276—2021《食品理化检测中有效数字应用指南》等标准，扫码获取《食品理化检测的流程-采样》《食品理化检测的流程-样品制备与处理》《食品理化检测的流程-样品的检测》《食品理化检测的流程-数据处理与结果分析》《食品理化检测的流程-出具报告》视频。

食品理化检测的流程-采样（视频）

食品理化检测的流程-样品制备与处理（视频）

食品理化检测的流程-样品的检测（视频）

食品理化检测的流程-数据处理与结果分析（视频）

食品理化检测的流程-出具报告（视频）

2. 完成预习任务

（1）阅读相关标准文件，观看视频，小组合作设计一个食品样品的检测流程。

（2）参与话题讨论：如何进行样品采集？为什么要对样品进行前处理？如何选择合适的样品检测方法？

思政园地

检验人应当依照有关法律、法规的规定，并按照食品安全标准和检验规范对食品进行检验，尊重科学，恪守职业道德，保证出具的检验数据和结论客观、公正，不得出具虚假检验报告。

——《中华人民共和国食品安全法》

必备知识

食品种类繁多，成分复杂，来源广泛而差异性大，食品理化检测的目的、项目和要求不尽相同，为使检测的结论科学有效，食品检测过程需要按照规范的程序进行。食品理化检测的基本程序是：样品采集与保存，分样，样品制备和前处理，样品分析检测，数据处理和出具检测报告。

一、样品的采集与保存

食品样品的采集与保存是食品理化检测的关键步骤。样品采集时，应注意样品的生产日期、生产批号等；了解待检食品样品的原料、生产、加工、运输、储存等环节和采样现场样品的存放条件以及包装情况等，并对食品样品进行感官检查，对感官性状不同的食品应该分别采样、分别检测。采样时应记录：样品名称、样品生产日期、批号或编号、采样地点、采样时间、采样数量、采样现场环境条件（包括温度、湿度及一般卫生状况）、样品包装类型及规格，感官状况（包装破损、变形、受污染、发霉、变质、生虫等）、供样人、采样方法以及采样人等。采集样品的数量应能反映该食品的卫生质量和满足检测项目对样品量的需要，根据检测目的，选用硬质玻璃瓶或聚乙烯制品作为采样容器，密封贴标签待检测。

（一）样品的分类

按照采样的顺序依次得到检样、原始样品、平均样品。按照检验规则所规定的抽样方法和数量从待测对象的各个部分采集的少量物料称为检样；将诸多检样集中在一起得到的是原始样品；将原始样品按照规定方法处理后抽取其中一部分供分析检测用的样品称为平均样品，平均样品一式三份，供检验、复检、备查或仲裁用，一般散装样品每份不少于0.5kg。

（二）样品的采集原则

采样数量、采样部位、样品新鲜度等都会影响检测结果，采样必须按照科学规范的方法进行。采样须遵循代表性、典型性、适时性、程序化原则。代表性是指所采集的食品样品应该反映全部待测对象的组成、质量和卫生状况；典型性是针对掺伪食品、食物中毒样品，应该采集到符合检测目的的典型性样品；适时性是指样品应保持原有食品的理化性质，防止待测成分的损失及污染；程序化是指采样、送检、留样等均应按照规定的程序进行，以确保检测结果的科学有效。

（三）采样的方法与要求

食品样品的采集方法有随机采样和代表性采样两种。随机采样是较为常见的采样方法，是按照随机原则从总体样品中抽取部分样品，抽取样品应注意各部分都有均等的采集机会。代表性采样是根据食品样品的空间和时间变化的规律进行采样，使采集的样品能代表其相应部分的组成和质量，如分层采样、在生产过程的各个环节中采样、定期抽取货架上不同陈列时间的食品等。实际工作中，一般采用随机采样和代表性采样相结合的方式，具体的采样方法则随分析对象的性质而定。

1. 固态食品

（1）大包装固态食品　按采样件数的计算公式：采样件数 = $\sqrt{件/2}$，确定采集食品件数。在食品堆放的不同部位分别采样，取出选定的大包装，用采样工具在每一个包装的三层（上、中、下）五点（周围四点和中心点）取出样品。将采集的样品充分混匀，利用四分法缩减到所需的采样量。四分法，是将采集的样品倒在清洁的玻璃板或塑料布上，充分混合，铺平，用分样板在样品上画两条对角线，将其平均分成四等份，去除其中对角的两份，取剩余的两份再混合，重复操作，直至所剩的样品为所需的采样量，如图0-1所示。

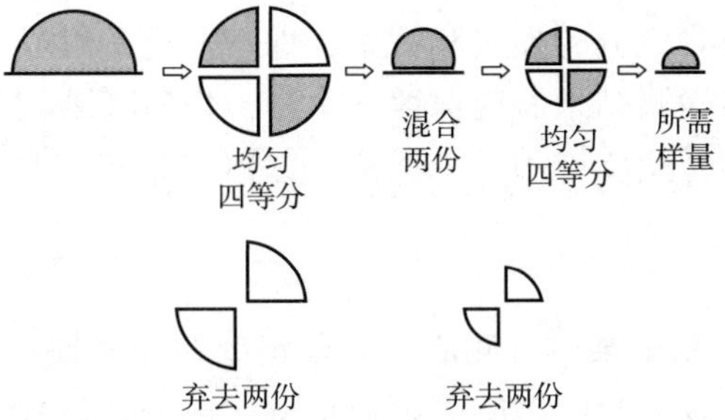

图 0-1　四分法操作方法

（2）小包装食品（如罐头、袋或听装乳粉、瓶装饮料等）　一般按批次或批号随机采样，同一批号取样件数，250g 以上的包装不得少于 6 个，250g 以下的包装不得少于 10 个。如果小包装外还有大包装（纸箱等），可在堆放的不同部位抽取一定数量的大包装，打开包装，从每个大包装中按“三层五点”抽取小包装，再缩减到所需的采样量。

（3）散装固态食品　从每批食品的上、中、下三层的不同部位分别采集部分样品，混合后按四分法对角取样，经几次混合和缩分，最后取出代表性样品。对于稻谷、小麦、豆类等中小颗粒粮食，若采集的样品量很大，可采用钟鼎式分样器进行混样和缩分。还有自动粮食取样器和自动粮食扦样机，适用于车载包装粮食和散粮无盖运输车的自动扦样。

2. 液态及半流体食品

液态及半流体食品如植物油、鲜乳、酒、液态调味品和饮料等。若用大桶、大缸、大罐等盛装的食品，应先混匀后再采样。采用虹吸法分上、中、下三层采出部分样品，装在 3 个干净的容器中，分别供检验、复检和备查用；对于散（池）装的液体食品，可采用虹吸法在储存池的四角和中心五点分层采样，每层取 500mL 左右，混合后再缩减到所需的采样量。样品量多时可采用旋转搅拌法混匀，样品量少时可采用反复倾倒法。

3. 组成不均匀的食品

组成不均匀的食品如肉、鱼、果品、蔬菜等，由于本身组成或部位不均匀，个体大小及成熟程度差异很大，取样时更应注意代表性，可按下述方法采样。

（1）肉类　应按检测目的和要求的不同，分别采取不同部位的样品，有的需要从同一个个体的不同部位取样，混合后代表整只动物；有的需要从不同个体的相同部位取样，混合后代表每一个部位。

（2）水产品　对个体较大的鱼，可从若干个体上切割少量可食部分，切碎、混匀后，缩分至所需采样量；对小鱼、小虾等，可随机抽取多个样品，经切碎、混匀、缩分形成原始样品。

（3）果蔬类　个体较大的，如西瓜、大白菜等，可按成熟度及个体大小的组成比例，选取若干个体，按生长纵轴剖分成 4 份或 8 份，取对角 2 份，切碎混匀，缩分至所需采样量。个体较小的，如蒜、樱桃等，随机取若干个整体，切碎混匀，缩分到所需采样量。

4. 含毒食物和掺伪食品

含毒食品和掺伪食品应采集具有典型性的样品，尽可能采取含毒物或掺伪最多的部位，不能简单混匀后采样。

（四）样品的保存

食品中含有丰富的营养成分，在适宜的温湿度条件下，微生物会迅速生长繁殖，使食品组成和性质发生变化。因此，为保证食品检测结果的准确性，食品样品采集后，在运输、储存过程中应避免待测成分的损失和污染，保持原有的性状和组成，尽量减少保存时间，尽快检测。一般样品检测结束后应保留一个月，以备需要时复检，保留期从检验报告单签发之日起开始计算。易变质样品不予保留。保留样品应加封存放在适当的地方，并尽可能保持原状。

1. 样品保存的原则

（1）防损失　食品样品中某些待测成分不稳定或易挥发损失，应结合检测方法，采样后立即加入某些试剂或采取适当的措施，以稳定待测成分，以免影响测定结果。

（2）防污染　采样过程保证接触样品的手、工具和容器洁净无污染，不带入新的污染物质，不使食品成分增加或减少。

（3）防腐败变质　食品样品易腐败变质，保存须选择适宜的温度，尽量使其理化性质不发生变化。

（4）防水分变化　食品中的水分含量直接影响食品中营养成分和有害物质的浓度和比例，影响测定结果。采用密封保存，防止样品中的水分变化。

2. 样品保存的方法

（1）冷藏　短期保存温度一般以0~5℃为宜。

（2）干藏　风干、烘干、升华干燥。

（3）罐藏　经排气、密封、杀菌制成罐头。

（4）冷冻　温度降低到共熔点以下，梨-33℃、西红柿-40℃。

二、样品的分样

不同的食品具有不同的特性，所需检测的项目各不相同，因而应根据标准，对采集来的样品进行分样。

如生乳样品应将冰点、相对密度、蛋白质、脂肪、杂质度、非脂乳固体、酸度分到常规理化组，将铅、汞、砷、镍分到元素组，将黄曲霉毒素 M_1、三聚氰胺分到液相色谱组，将磺胺类、氯霉素、氟喹诺酮类、土霉素、红霉素、四环素等兽药以及亚硝酸盐、碳酸钠等掺假物质分到快检组。

如大豆油样品应将水分及挥发物、不溶性杂质、酸价、过氧化值、含皂量分到常规理化组，将铅、镉、铬、砷、镍分到元素组，将黄曲霉毒素 B_1、赫曲霉毒素A、多菌灵分到液相色谱组，将溶剂残留量、丁基羟基茴香醚、二丁基羟基甲苯、特丁基对苯二酚、反式脂肪酸等分到气相色谱组。

三、样品的制备和前处理

（一）样品的制备

样品的制备是对采集的样品进行分取、粉碎、混匀等处理工作。由于食品各部位的组成差异很大，而且采集的样品量通常较分析所需的样品量多，因此样品在检测前必须经过样品制备过程，使检测样品具有均匀性和代表性，以获得可靠的分析结果。对于不同的食品，样品制备方法不同。食品样品制备步骤一般如下。

1. 去除杂质

样品表面如有泥沙、金属碎屑、昆虫等附着异物，应用毛刷或纱布擦去。

2. 去除非食用部分

蔬菜样品去除已明显枯萎、腐烂的叶子；水果样品去除根、柄、壳等非食用部分，其中核果类水果样品应去核；谷物和油料类样品应去除壳、荚等非食用部分，取籽粒制样。动物性食品须去除羽毛、鳞爪、骨、胃肠内容物、胆囊、甲状腺、皮脂腺、淋巴结等；对罐头食品，应注意清除其中的果核、葱和辣椒等调味品。

3. 均匀化处理

某些食品样品在采集时已经切碎或混匀，但还不能达到分析的要求，需要搅拌、切细、粉碎、研磨或捣碎等，使检测样品充分混匀。制备样品时，使用的工具器械应选用惰性材料，避免处理中食品样品受到污染，还应防止易挥发性成分的逸散及避免样品组成和理化性质的变化。

肉类、水产品、果蔬类等样品可放入高速组织捣碎机（可加入等量的蒸馏水或按分析方法的要求加入一定量的溶剂）做匀浆处理。比较干燥的固体样品（如粮食等）充分混匀粉碎后应全部通过 40 目筛，或根据分析要求的方法过筛。牛乳、液体调味品等液态或半液态样品，可用搅拌器充分搅拌均匀。对于制备好的食品样品应尽可能及时处理或分析。

（二）样品前处理

样品前处理是指食品样品在测定前消除干扰成分，浓缩待测组分，使样品能满足分析方法要求的操作过程。由于食品的成分复杂，待测成分的含量差异很大，其他共存的组分常干扰待测成分的检测，必须在测定前对待测成分进行富集浓缩，以满足分析方法的检出限和灵敏度的要求。

测定食品样品中的农药残留、食品添加剂、有毒有害物质等成分时，需要用溶剂将待测组分从样品中提取分离出来，提取分离效率的高低直接影响测定结果的准确度。如果存在杂质干扰和待测组分浓度低于分析方法的最低检测浓度问题，还要进行净化和浓缩。随着近代分析技术的发展，对环境样品中的污染物已从单独分析发展到多种成分连续分析。采用火焰原子吸收光谱法测定食品中的钙、镁、铁时，也能实现多成分的连续分析。利用同一台原子吸收分光光度计，只需要更换不同的标准使用液、设置不同的检测条件，即可对同一消解液中的钙、镁、铁进行测定。因此，在进行待测成分的提取、净化和浓缩时，应考虑到多种成分连续分析的需要。

常用的样品前处理方法较多，应根据食品的种类、待测组分的理化性质及所选用的分析方法来确定样品的前处理方法。

1. 溶剂提取法

溶剂提取法是依据相似相溶的原则，用适当的溶剂将某种待测成分从固体样品或样品浸提液中提取出来，是最常用、最经典的有机物提取方法，具有操作简单、不需要特殊或昂贵的仪器设备、适应范围广等优点。溶剂提取法可分为浸提法和萃取法。

（1）浸提法　浸提法是利用样品中各组分在某一溶剂中溶解度的差异，用适当的溶剂将食品样品中的某种待测成分提取出来，与样品基体分离。浸提法包括超声波辅助提取法、微波辅助提取法、索氏抽提法、振荡浸渍法等。溶剂提取法的关键是选择合适的提取剂，提取剂应能够大量溶解被测成分且不破坏其性质和组成，如糖类提取剂选用乙醇水溶液；根据被提取物的极性强弱来选择提取剂，如对极性弱的成分（如有机氯农药）可用极性小的溶剂（如石油醚）提取；溶剂的沸点宜在45~80℃，沸点太低易挥发，沸点太高不易浓缩，且对热稳定性差的被提取成分不利；溶剂应稳定，不与样品发生作用。

（2）萃取法　萃取法通常是指利用系统中组分在不同溶剂中有不同的溶解度来分离混合物的方法，利用被测成分在两种互不相溶（或微溶）的溶剂中的溶解度或分配系数的差异，使待测成分从一种溶剂转移到另一种溶剂中，使其与其他组分分离。该法一般在分液漏斗、连续液体萃取器中进行。萃取溶剂对被测组分有最大的溶解度，而对杂质有最小的溶解度，同时应考虑两种溶剂分层的难易以及是否会产生泡沫等问题。根据检测的目的，需要改变待测组分的极性，以利于萃取分离，如测定食品中脱氢乙酸时，由于脱氢乙酸是以盐的形式存在于食品样品中，需加碱使之生成脱氢乙酸，才能用乙酸乙酯萃取。

在一般萃取法的基础上，发展出了超临界萃取、固相萃取、固相微萃取、加速溶剂萃取等多种先进的萃取方法进行样品前处理。超临界萃取是利用超临界流体的溶解能力与其密度的关系，利用压力和温度对超临界流体溶解能力的影响，将超临界流体与待分离的物质接触，使其有选择性地把极性大小、沸点高低和相对分子质量大小的成分依次萃取出来。固相萃取是利用固体吸附剂将液体样品中的目标化合物吸附，使与其与样品的基体和干扰化合物分离，然后再用洗脱液洗脱或加热解吸附，达到分离和富集目标化合物的目的。加速溶剂萃取是在较高的温度和压力下用有机溶剂萃取固体或半固体样品的自动化方法。这些后发展起来的萃取技术，因其操作简便快速、试剂用量少、分离效率高、回收率高等突出优点，在食品前处理中应用非常广泛，如超临界萃取技术在啤酒花的提取、色素的提取中的应用；加速溶剂萃取技术在蔬菜和水果等样品中的多氯联苯、多环芳烃、有机磷（或有机氯）等的萃取。

2. 无机化处理

无机化处理通常是指在高温或高温强氧化条件下，使食品样品中的有机物分解并呈气态逸出，而待测组分被保留下来用于分析的方法。食品中存在多种微量元素，其中有些是食品的正常成分，如钾、钠、钙、镁、铁等；有些则是在生产、运输或销售过程中由于污染引入的，如铅、镉、汞等。这些无机元素常与食物中的蛋白质、糖、脂肪、维生素等有机物质结合成为难溶的或难解离的有机金属化合物，使离子检测难以进行。在测定前必须破坏其有机体，使被测组分释放出来。该方法主要用于食品中无机元素的测定。根据具体操作条件不同，主要有湿法消化和干法灰化两大类，另还有紫外光分解法等。

（1）湿法消化　湿法消化是在适量的食品样品中，加入氧化性强酸，加热破坏有机物，使待测的无机成分释放出来，形成不挥发的无机化合物，以便进行分析测定。常用的氧化性强酸和氧化剂有浓硝酸、浓硫酸、高氯酸、高锰酸钾、过氧化氢等。用于湿法消化的加热设备有电炉、水浴锅、油浴锅、电热板和微波消解仪等，具体操作可分为敞口消化法、回流消化法、冷消化法、密封罐消化法和微波消解法等。单一的氧化性强酸不易将样品分解完全，且在操作中容易产生危险，因此常将两种或两种以上的强酸或氧化剂联合使用，如硫酸-硝酸、硝酸-高氯酸、硫酸-过氧化氢、硫酸-高锰酸钾等，使有机物质能快速而又平稳地消解。对于含大量脂肪和纤维素等有机物的食品样品，如肉、面粉、稻米等，加热消解时易产生大量泡沫，可以加入消泡剂，减少泡沫产生，从而减少被测组分的损失。

湿法消化的优点是有机物分解速度快，所需时间短；加热温度较干法灰化低，可减少待测物质的挥发损失。湿法消化的缺点是消化过程会产生大量有害气体，操作必须在通风橱中进行；试剂用量较大，有时空白值较高；消化初期，消化液反应剧烈产生大量泡沫，可能溢出消化瓶，消化过程也可能出现炭化，这些都易造成待测物损失，需密切监测；强氧化剂所产生的有害废弃物可能会造成二次污染。

（2）干法灰化　干法灰化是用高温灼烧的方式破坏样品中有机物的方法，是将一定量的样品置于坩埚中用电炉加热，使其中的有机物脱水、炭化、分解、氧化，再置于高温炉中灼烧灰化，直至残灰全部为白色或浅灰色，二氧化碳、水和其他气体挥发，剩下的无机物残灰适合微量元素分析。灰化温度视样品和待测成分而定，一般为500~600℃，过高会造成某些成分的散失，过低会延长灰化时间；灰化时间以灰化完全为准，一般为4~6h。根据样品种类和待测组分的性质不同，选用不同材料的坩埚和灰化温度，常用的有石英、铂、银、镍、铁、瓷、聚四氟乙烯等材质的坩埚。可加入助灰化剂（如硝酸和硝酸盐等）加速灰化，防止某些组分的挥发损失和坩埚的吸留作用。

干法灰化的优点是操作简便，有机物破坏彻底，试剂用量少，空白值较低；可富集被测组分，降低检测限；灰化过程无须全程看守；同时处理样品量大，适合批量样品的前处理；适用范围广，可用于多种元素的分析。干法灰化的缺点是灰化时间长，温度高，易造成待测成分的挥发损失；其次是高温灼烧时，由于坩埚材料对待测组分有吸留作用，会导致回收率降低。

3. 挥发法

挥发法利用待测成分的挥发性或通过化学反应将其转变为具有挥发性的气体，而与样品基体分离，经吸收液或吸附剂收集后用于测定，也可直接导入检测仪测定。通过挥发富集，可以排除大量非挥发性基体成分对测定的干扰，常用的挥发法有以下几种。

（1）扩散法　扩散法是加入某种试剂使待测物质产生气体而被测定，通常在扩散皿中进行。如动物性食品中挥发性盐基氮，在扩散皿内样品中挥发性盐基氮从37℃碱性溶液中释出，挥发后吸收于硼酸吸收液中，用标准酸溶液滴定，计算挥发性盐基氮含量。

（2）顶空法　顶空法随气相色谱分析方法的发展在不断更新和发展，主要分为静态顶空分析、动态顶空分析两类。

静态顶空分析法是将含有挥发性组分的样品置于密闭系统中，在一定温度下使样品中的挥发性组分在气-液或气-固两相中的分配达到热力学平衡，直接抽提顶部气体送入气相色谱仪进行分析，即可间接测定样品中的挥发性组分。动态顶空分析法是在样品顶空分离装置中不断通入氮气，使其中的挥发性成分随氮气流逸出，收集于吸附柱中，经热解吸或溶剂解吸后进行分析。

顶空法采用气体进样，可专一性收集样品中的易挥发性成分，与液-液萃取和固相萃取相比，操作简便，避免了在除去溶剂时引起挥发物的损失，又可降低共提物引起的噪声，具有更高灵敏度和分析速度，对分析人员和环境危害小，常用于分离测定液体、固体、半固体样品中痕量易挥发组分。

4. 蒸馏法

蒸馏法是利用液体混合物各组分沸点的不同而实现不同物质分离的方法。蒸馏法可以除去干扰物质，也可以用于被测组分的蒸馏逸出，收集馏出液进行分析。蒸馏也能起到浓缩的作用，减少样品溶液因体积过大、被测组分浓度过低而对检测分析带来的影响。蒸馏法主要有以下几种。

（1）常压蒸馏　多数沸点较高、热稳定性好的成分可采用常压蒸馏。加热方式可以根据蒸馏物的沸点和特性确定，可以选择水浴、油浴或直接加热。

（2）减压蒸馏　某些被测物质热稳定性差、容易分解或沸点过高，可采用减压蒸馏。减压装置可以采用水泵或真空泵，如旋转蒸发仪。

（3）水蒸气蒸馏　某些物质沸点很高，直接加热时，由于受热不均匀会出现局部炭化或在沸点时发生分解，可以采用水蒸气蒸馏。此法尤其适合具有挥发性、能随水蒸气蒸馏而不被破坏、难溶或不溶于水的成分的提取。

（4）气流吹蒸法　气流吹蒸法是将空气或氮气吹入盛有净化液的容器中，不断降低液体表面蒸气压，使溶剂不断蒸发而达到浓缩的目的。此法操作简单，但效率低，主要用于体积较小、溶剂沸点较低的溶液的浓缩，但蒸气压较高的组分易损失。对于残留分析，由于多数待测组分不太稳定，所以一般用氮气作为吹扫气体，如需在热水浴中加热促使溶剂挥发，应控制水浴温度，防止被测物氧化分解或挥发。

5. 色谱分离法

色谱分离法是待分离物质分子在固定相和流动相之间因分配系数的差异进行分配平衡的过程，不同的物质在两相之间的分配不同，分配系数大的组分迁移速度慢，反之则迁移速度快，随着流动相的运动，混合物中的不同组分在固定相上相互分离。常见的色谱分离法如柱色谱法、纸色谱法、薄层色谱法等。色谱分离法的特点是分离效率高，能使多种性质相似的组分彼此分离，而且在分离的同时进行组分鉴定。

6. 离子交换分离法

离子交换分离法是利用离子交换剂与溶液中的离子之间所发生的交换反应进行分离，常用于带相反电荷的离子之间的分离、带相同电荷或性质相近的离子之间的分离、微量组分的富集和高纯物质的制备。离子交换剂分为无机离子交换剂和离子交换树脂，离子交换树脂又包括阳离子交换树脂、阴离子交换树脂、螯合树脂、大孔树脂、氧化还原树脂、萃淋树脂和纤维交换剂。

7. 沉淀分离法

沉淀分离法是利用沉淀反应进行分离的方法。在试样中加入适当的沉淀剂，使被测组分或干扰成分沉淀下来，经过滤或离心将沉淀和母液分开，达到分离目的。常用的沉淀剂有碱性硫酸铜、碱性乙酸铅等。

8. 磺化法和皂化法

磺化法和皂化法是处理油脂和含脂肪样品经常使用的分离方法。油脂经浓硫酸磺化或强碱皂化，由疏水性转变为亲水性，而使样品中待测的非极性成分被非极性或弱极性溶剂提取出来，可用于食品中农药残留的分析。磺化法适用于强酸介质中稳定的农药的净化，皂化法适用于对碱稳定的农药的净化。

9. 掩蔽法

向样液中加入掩蔽剂，使干扰组分改变其存在状态，处于被掩蔽状态，以消除干扰组分对被测组分的干扰。掩蔽法常用于食品中金属元素的测定，消除共存元素干扰离子的影响。此法免去了分离操作，分析步骤简单。

四、样品的分析检测

样品的分析检测是将经过前处理的样品进行定性和定量分析，检测方法的选择主要取决于检测目的、要求、样品性质和具体的检测方法特点，同时还要考虑检测方法的有效性、适用性和权威性。检测方法以 GB/T 5009. 1—2003《食品卫生检验方法　理化部分总则》为标准，首选食品安全国家标准的检测方法，同一标准中有两种以上检测方法的，又以第一法为仲裁方法，未指明第一法的，各方法属于并列关系。实际工作中可根据实验室条件，尽量采用灵敏度高、选择性和重复性好、准确可靠、省时省力、经济实用的分析方法。

（一）物理检测

根据食品的物理常数（如密度、相对密度、折射率和旋光度等）与食品的组分及含量之间的关系进行检测。食品的物理检测指标主要有密度和相对密度，折射率，比旋光度，黏度，质构，液态食品透明度、浊度和色度，气体压力以及固态食品的比体积等。物理检测快速、准确，是食品分析和食品工业生产中常用的检测方法。

（二）化学分析

化学分析基于食品组成成分的化学性质进行，可分为定性分析和定量分析。化学分析法是食品理化检测最基本的分析方法，作为常规分析方法，发挥着重要作用。化学分析法适用于食品的常量分析，准确度高，操作简便。

常用的化学分析方法有质量分析和容量分析。质量分析是根据样品的化学性质，选择合适的化学反应，将被测组分转化为一种组成固定的沉淀或气体，通过钝化、干燥、灼烧或吸收剂的吸收等一系列的处理后，精确称量，求出被测组分的含量，如食品中水分、灰分、脂肪和纤维素等成分的测定；容量分析又称滴定分析，是根据滴定所消耗标准溶液的浓度和体积以及被测物质与标准溶液所进行的化学反应计量关系，求出被测物质的含量，包括酸碱滴定、氧化还原滴定、配位滴定和沉淀滴定。

（三）仪器分析

根据食品组成成分的物理和物理化学性质，利用特定仪器对物质进行定性定量分析。仪器分析法灵敏度高，检出限低，测定食品中微量成分或低浓度的有毒有害物质常采用此方法。食品理化检测分析常用的仪器分析方法有光谱分析法（如紫外-可见分光光度法、红外光谱法、原子吸收光谱法、原子发射光谱法、荧光分光光度法）、色谱分析法（如气相色谱法、高效液相色谱法、薄层色谱法）、电化学分析法（如电位分析法、库仑分析法、伏安分析法、极谱分析法、离子选择电极法）以及质谱法等。此外，许多全自动分析仪也已经被广泛应用，如蛋白质自动分析仪、氨基酸分析仪、脂肪测定仪、碳水化合物测定仪和水分测定仪等。

（四）酶分析法和免疫学分析法

酶分析法是利用酶作为生物催化剂，进行定性或定量分析方法，可用于食品中微生物以及有机磷农药的快速检测。酶分析法特异性强，干扰少，操作简便，样品和试剂用量少，测定快速精确、灵敏度高。

免疫学分析法是利用抗原与抗体之间的特异性结合来进行检测的一种分析方法，在食品理化检测中，可制成免疫亲和柱或试剂盒，用于食品中霉菌毒素、农药残留的快速检测。

五、数据处理

（一）检测结果的表示方法

检测结果的表示方法应与国家食品安全标准规定的表示方法一致。样品中被测物质的含量常用的表示方法有：质量分数或体积分数，以百分号（%）、g/100g、mg/kg、μg/kg 等表示；质量浓度，以 g/100mL、g/L、mg/L、mg/100mL、μg/L、ng/L 等表示。

（二）检测结果的评价

对于检测结果的可靠性，常用的评价指标有精密度与准确度。

1. 精密度

精密度是指在相同的条件下，多次测定结果相互接近的程度，表示测量的再现性，是保证准确度的先决条件。精密度高低可用偏差来衡量。偏差分绝对偏差（absolute deviation，AD）和相对偏差（relative deviation，RD），测定结果与测定平均值之差为绝对偏差，绝对偏差占平均值的百分比为相对偏差。绝对偏差 d 和相对偏差可按式（0-1）和式（0-2）计算

$$d = x - \bar{x} \tag{0-1}$$

$$RD = \frac{|x - \bar{x}|}{\bar{x}} \times 100\% \tag{0-2}$$

式中 d ——绝对偏差；

x ——测定值；

$\bar{x}$ ——多次测定值的算术平均值。

常用的评价测定结果精密度的方法是标准偏差法，标准偏差（standard deviation，SD）能反映一个数据集的离散程度，标准偏差越小，这些值偏离平均值就越少。标准偏差可按式（0-3）计算：

$$SD = \sqrt{\frac{(x_1 - \bar{x})^2 + (x_2 - \bar{x})^2 + \cdots + (x_n - \bar{x})^2}{n - 1}} = \sqrt{\frac{\sum d_i^2}{n - 1}} \tag{0-3}$$

式中 n ——测定次数；

x_n ——第 n 次测定值；

$\bar{x}$ ——多次测定值的算术平均值；

d_i ——各次测定的绝对偏差。

相对标准偏差（relative standard deviation，RSD）是标准偏差与计算结果算术平均值的比值，可按式（0-4）计算：

$$RSD = \frac{SD}{\bar{x}} \times 100\% \tag{0-4}$$

2. 准确度

准确度指在一定实验条件下多次测定的平均值与真实值的接近程度，反映测定结果的可靠性，测定值与真实值越接近，准确度越高。准确度以误差来表示，为了便于比较，通常用相对误差来表示准确度。通过测定标准试样的误差或者做回收试验计算回收率来判断准确度。

回收试验是用于评价检验方法和测定准确度广泛采用的方法。在未知样品中加入已知量的标准物质，该样品称为加标样品。同时测定未知样品和加标样品，可计算出加入的标准物质的回收率。测定回收率是目前实验室常用而又方便的确定准确度的方法，多次回收试验后还可发现检测方法的系统误差。回收率按式（0-5）计算：

$$p = \frac{x_1 - x_0}{m} \times 100\% \tag{0-5}$$

式中 p——加入标准物质的回收率；

m——加入标准物质的量；

x_1——加标样品的测定值；

x_0——未知样品的测定值。

准确度高，则精密度就一定高；精密度高，准确度却不一定高。为了获得准确可靠的测定结果，必须提高分析结果的准确度和精密度，通常可采用以下措施：选取适宜的样品量；选择合适的分析方法；增加平行测定次数；进行空白试验、对照试验和回收试验；定期标定溶液和校正仪器等。

（三）有效数字

有效数字是实际能测量到的数字，表示数字的有效意义和准确程度。有效数字由可靠数字和可疑数字组成。可靠数字是通过直接读数获得的准确数字，可疑数字是通过估读获得的一位数字。在处理数据时遵循以下基本法则。

1. 有效数字的记录

记录测量数据时，只保留一位可疑数字，在结果报告中，也只保留一位可疑数字，不能列入后面无意义的数字。

2. 有效数字的运算

（1）加减法　在加减法运算中，各数所保留的小数点后的位数，应与所给各数中小数点后位数最少的相同，即以绝对误差最大的为准。

例如：0.0121+25.64+1.05782=？

该例相加3个数字中，25.64中的“4”已是可疑数字，因此最后结果有效数字的保留应以此数为准，即保留有效数字的位数到小数点后面第二位，故0.0121+25.64+1.05782=26.71。

（2）乘除法　在乘除运算中，各因子保留的位数应以有效数字位数最少的为准，即以相对误差最大的为准。

例如：0.0121×25.64×1.05782=？

在这个计算中3个数的相对误差（E）分别为：

$$E_1(\%) = [(\pm 0.0001)/0.0121] \times 100 = \pm 8$$

$$E_2(\%) = [(\pm 0.01)/25.64] \times 100 = \pm 0.04$$

$$E_3(\%) = [(\pm 0.00001)/1.05782] \times 100 = \pm 0.0009$$

显然第一个数的相对误差最大（有效数字为3位），应以它为准，将其他数字根据有效数字修约原则，保留3位有效数字，然后相乘即可，故以上3个数的乘积应为：0.0121×25.6×1.06=0.328。

3. 有效数字的修约

可疑数字后面的数字根据“四舍六入五成双”的原则修约。

（1）拟舍弃数字的最左一位数字小于5，则舍去，保留其余各位数字不变。例如：将12.1498修约到个数位，得12；将12.1498修约到一位小数，得12.1。

（2）拟舍弃数字的最左一位数字大于5，则进一，即保留数字的末位数字加1。例如：将13.273修约成3位有效数字，得13.3。

（3）拟舍弃数字的最左一位数字是5，且其后有非0数字时进一，即保留数字的末位数字加1。例如：将28.2501处理成3位有效数字，得28.3。

（4）拟舍弃数字的最左一位数字为5，且其后无数字或皆为0时，若所保留的末位数字为奇数（1，3，5，7，9），则进一，即保留数字的末位数字加1；若所保留的末位数字为偶数（0，2，4，6，8），则舍去。例如：将28.350处理成3位有效数字，得28.4；将28.250处理成3位有效数字，得28.2。

（5）被舍弃的数字包括几位数字时，不得对该数字进行连续修约，而应根据以上各条作一次处理，不得连续修约。例如：将2.154546处理成3位有效数字，2.154546→2.15455→2.1546→2.155→2.16是错误的做法，而2.154546→2.15才是正确的做法。

4. 有效数字位数的确定

（1）在计算平均值时，若为4个或超过4个数相平均时，则平均值的有效数字可增加一位。在所有计算式中，常数、稀释倍数以及乘数为1/3等的有效数字，可认为无限制。

（2）对于高含量组分（>10%）的测定，一般要求分析结果为4位有效数字；对于中含量组分（1%~10%）的测定，一般要求分析结果为3位有效数字；对于低含量组分（<1%）的测定，一般只要求分析结果为2位有效数字。

六、出具检测报告

食品理化检测的结果，最后以检测报告的形式表达出来。检测报告的内容要根据出具报告的性质不同而有所不同，一般包括产品名称、生产日期及批号、受（送）检单位和生产单位的名称及地址、取样日期、检测类别、任务来源、检测项目、检测依据、检测结果填写检测项目的单项检测结果、判定依据及检测结论等。检测报告单必须列出各项项目的测定结果，并与相应的质量标准相对照比较，从而对产品做出合格或不合格的判断。检测报告的内容应完整，填写应规范、正确、清晰、判定准确，并严格执行校核、审批程序。检测报告必须由考核合格的检验技术人员填报，其他人员不得擅自报出检测结果；检测结果必须经第二者复核无误后，才能填写检测报告单；检测报告单一式两份，其中正本提供给服务对象，副本留存备查；检测报告单经签字和盖章后即可报出，但若遇到检测不合格或样品不符合要求等情况，检测报告单应交给技术人员审查签字后才能报出。

温馨提示

1. 随着科技的进步，食品检测技术水平朝着更加先进的方向发展。从业者须不断更新知识，跟上科技发展步伐。

2. 秉承科学严谨的作风，每个步骤应操作规范科学，如实记录与分析。

确定食品理化检测的流程（课后测试题）

任务四 确保食品理化检测实验室的安全

背景资料

实验室是从事实验教学、科学研究、社会服务的重要场所。实验室安全与管理，对工作人员具有深远的影响。近年来高校实验室事故时有发生，并多次出现人员伤亡，教育部实验室安全检查组成员、中国矿业大学（北京）资产与实验室管理处处长做了一个不完全统计：2001—2020 年，媒体公开报道的全国高校实验室安全事故有 113 起，共造成 99 人次伤亡。做好实验室安全是保证正常检测工作的前提，从实验室的布局、设备的维护保养，危险化学品的存放、仪器设备的使用记录、安全检查记录，到实验室的管理模式、管理制度等许多方面，都要求我们具有严谨求实、精益求精的作风，养成安全实验的良好习惯。

案例导入

2021 年 10 月 24 日，南京航空航天大学材料科学与技术学院的实验室发生了爆燃事故。此次事故造成 2 人死亡，9 人受伤。爆燃实验室是位于三楼的粉末冶金实验室，爆燃原因或与镁铝粉爆燃有关，镁铝粉遇到水、氧化铜，都会迅速发热并爆炸，威力巨大。目击者称自己一共听到三次爆响声，第二次爆响声后同学们才开始跑。事故发生后，有几个同学用水枪救火，一些受了伤的人慢慢撤出，结果又发生了更严重的爆燃，造成更大的伤亡。

任务描述

食品理化检测要求操作人员具有实事求是的科学态度，准确、细致、整洁等良好的科学习惯以及科学的思维方法，为保持正常的实验环境和秩序，防止意外事故的发生，使实验安全、顺利地进行，必须严格遵守实验规则，掌握实验室安全常识，了解实验室事故的预防及处理措施。

学习目标

❖ 知识目标

1. 知道安全实验的基本要求。
2. 掌握实验室事故的预防及处理措施。

❖ 技能目标

1. 能够说出防止实验室安全事件发生的措施。
2. 能够正确处理实验室一般伤害事故。

❖ 素质目标

1. 树立安全操作意识和规范意识。
2. 增强环境保护意识，树立绿色发展理念。
3. 形成对工作认真负责的态度。

课前准备

1. 学习资源准备

通过网络获取 GB/T 27476 系列标准文件、GB/T 24777—2009《化学品理化及其危险性检测实验室安全要求》，以及扫码获取视频《食品理化检测实验室安全》。

食品理化检测实验室安全（视频）

2. 完成预习任务

（1）阅读相关管理制度，观看视频，小组合作初拟实验室安全与管理方案。

（2）参与话题讨论：为什么要强化实验室安全与管理工作？

思政园地

要牢固树立安全发展理念，坚持人民利益至上，始终把安全生产放在首要位置，切实维护人民群众生命财产安全。

——习近平（2015 年 8 月 15 日，关于做好安全生产工作的批示）

必备知识

一、安全实验基本要求

为保证正常的实验环境和秩序，防止意外事故的发生，确保实验安全、顺利地进行，必须严格遵守实验基本要求。

（一）课前预习

根据课前任务的要求，认真预习，弄清实验目的、要求和原理；仪器结构、使用方法和注意事项；药品或试剂的等级、化学性质、物理性质（熔点、沸点、折射率、密度等）以及毒性与安全等；实验装置；实验步骤，完成课前任务单。

（二）实验前准备

首先检查药品、仪器是否齐全，做好一切准备工作后方能开始实验。

（三）课中遵守纪律

不迟到早退，不大声说笑，不擅自离开实验工位，不乱拿乱放，不将公物带出实验室，借用公物应自觉归还，损坏东西要如实登记，出了问题必须及时报告。

（四）实验中严守规程

严格遵守操作规程，保证实验安全、顺利地进行；如有事故发生，应沉着冷静、及时处理，并如实报告指导老师。

（五）实验中严谨操作

严格按照规范操作，仔细观察现象，认真思考，及时如实地把实验现象、数据记录在实验报告本上，不得随意乱记。

（六）正确处理废弃物

实验中火柴头、废纸片、碎玻璃等应投入废物箱中，以保持实验室的整洁；清洗或实验过程中的废液等按类别小心倒入有机废液缸内或无机废液缸内；切勿往水槽中乱抛乱倒杂物，以免堵塞或腐蚀水槽及水管、污染环境。

（七）节约水、电

做到随手关闭水龙头，杜绝跑冒滴漏；养成随手关灯的好习惯，做到人走灯灭；长时间不使用的设备应及时关机、切断电源。

（八）爱护仪器设备

损坏仪器应及时报告、登记补领及赔偿。使用精密仪器时，应严格遵守操作规程，不得任意拆装和搬动，如发现仪器有故障，应立即停止使用，并及时报告指导老师以排除故障。用毕，应登记，请指导老师检查、签名。

（九）按需取用试剂

取用药品试剂后，要及时盖好瓶盖，不得将瓶盖、滴管盖错、乱放，以免污染试剂；根据节约够用的原则，按需配制试剂；所有配好的试剂都要贴上标签，注明名称、配制人员、浓度及配制日期。

（十）保持实验室整洁

实验完毕后，应及时清洗仪器，将仪器、药品放回原处，并摆放整齐，清洁实验台面，做到台面、地面、水槽和仪器四净。学生轮流值日，负责打扫、整理实验室，检查水、气开关是否关紧，电源是否切断，关闭窗户。经实训员检查合格后，值日生方可离开实验室。

（十一）认真完成实验报告

每次实验后，必须尽快根据原始记录，认真分析问题、处理数据，根据不同实验的要求写出相应格式的实验报告，并及时交给指导老师。

二、实验室事故的预防及处理

食品理化检测需借助有关试剂对目标成分进行分析，若对化学品，尤其是对危险化学品的性质不清楚，违规操作，就可能诱发安全事故。危险化学品包括爆炸物、易燃气溶胶、氧化性气体、压力下气体、易燃液体、易燃固体、自反应物质、自燃液体、遇水放出易燃气体的物质、金属腐蚀物、氧化性液体、氧化性固体、有机过氧化物、有毒有害物质等。实验室应根据化学品的性质，结合其使用、存储、废弃的特点进行管理。

（一）实验室事故的预防

1. 防止中毒与污染

化学药品大多有不同程度的毒性，产生中毒的主要原因是皮肤或呼吸道接触有毒药品所引起的。在实验中要防止中毒发生，切实注意以下几点。

（1）对剧毒试剂必须制订保管、使用登记制度，并专人、专柜保管。实验室常见的剧毒试剂有甲硫磷、久效磷、对硫磷、甲胺磷、硫酸铊、氯化汞、氯化氰、氰化钾、氰化钠、氰化氢、氰化银钾、三氯硝基甲烷、三氧化二砷（砒霜）、五氧化二砷、氧化汞等。

（2）有腐蚀、刺激及有毒气体的试剂或实验，必须在通风橱内进行操作，并戴上防护用具，尽可能避免有机物蒸气在实验室内扩散。实验室常见的强酸有硫酸、硝酸、盐酸、高氯酸、硒酸、氢溴酸、氢碘酸、氯酸等；常见的强碱为碱金属氢氧化物（锂、钠、钾）、碱土金属氢氧化物（钙、锶、钡）；具有挥发性的试剂有氯化氢、乙醚、四氯化碳、二甲苯、四氯乙烯、甲苯、乙苯、苯乙烯等。

（3）进实验室要穿工作服，实验完毕要清洗仪器设备，并立即洗手。对沾染过有毒物质的仪器和用具，实验完毕应立即采取适当方法处理破坏或消除其毒性。药品不要粘在皮肤上，尤其是极毒的药品。实验完毕应立即洗手。称量任何药品都要使用工具，不得用手接触。

（4）严禁在实验室内饮水、进食。

2. 防止燃烧与爆炸

（1）妥善保存易燃、易爆、自燃、强氧化剂等试剂，使用时必须严格遵守操作规程。

①开启储有挥发性液体的瓶盖时，必须先充分冷却后再开启，开启瓶口必须朝向无人

处，以免液体喷溅而导致伤害。如遇瓶塞不易开启时，必须注意瓶内储物的性质，切不可贸然用火加热或乱敲瓶塞等。

②遇火、遇热、遇潮能引起燃烧、爆炸或发生化学反应，产生有毒气体的化学品应注意防火、防热、防潮、防水。氢气、乙炔、煤气和有机蒸气大量逸入空气，遇火可引起爆燃；金属钾、钠、白磷遇火都易发生爆炸；钾、钠、锂、氢化锂、氢化钠、四氢化锂铝、氢化铝钠、磷化钙、碳化钙（电石）、碳化铝、钾汞齐、钠汞齐、钾钠合金、镁铝粉等遇水易燃。因而严禁在开口容器或密闭体系中用明火加热有机溶剂，当用明火加热易燃有机溶剂时，必须要有蒸气冷凝装置或合适的尾气排放装置，尽量防止或减少易燃物的气体外逸；金属钠、金属钾应保存在煤油中，白磷应保存在水中，取用时应使用镊子。

③受日光照射能发生化学反应引起燃烧、爆炸、分解、化合或能产生有毒气体的化学品应注意避光。

④爆炸物在实验时应轻拿轻放，避免由于摩擦、振动、撞击发生爆炸。爆炸品应单独隔离限量储存，实验室的存放量不宜过大，如果存放量较大，应存放于独立的仓库之内。叠氮化钠、四硝化戊四醇、硝化甘油混合炸药（胶质炸药）、三硝基苯酚（苦味酸）、环三亚甲基三硝胺（黑索金）等药品具有爆炸性；硝酸盐类、硝酸酯类、三碘化氮、芳香族多硝基化合物、乙炔及其重金属盐、重氮盐、叠氮化物、有机过氧化物（如过氧乙醚和过氧酸）等本身容易爆炸的化合物，受热或被敲击时会爆炸。

⑤压缩气体和液化气体应与爆炸品、氧化剂、易燃物、自燃物、腐蚀物隔离储存，如液氮在温度升高或者压强降低可引起爆炸；二氧化碳、氮等都必须储存在耐压钢瓶中，一旦钢瓶受热，瓶内压力增大，就有引起燃烧爆炸的危险。易燃气体应与助燃气体、剧毒气体隔离储存；氧气应与油脂隔离储存，使用氧气钢瓶时，不得让氧气大量逸入室内，在含氧量约25%的大气中，物质燃烧所需的温度要比在空气中低得多，且燃烧剧烈，不易扑灭。盛装液化气体的容器属压力容器的，必须有压力表、安全阀、紧急切断装置，并定期检查，不得超装。

⑥易燃液体、遇湿易燃物品、易燃固体不得与氧化剂混合储存，具有还原性的氧化剂应单独存放，如乙醇和强氧化剂浓硝酸混合时会发生猛烈的爆炸反应。

⑦腐蚀性物品，应严密包装，避免泄漏，严禁与液化气体和其他物品共存。

（2）规范使用仪器，控制反应速度。常压操作时，切勿在封闭系统内进行加热或反应，在反应进行时，必须经常检查仪器装置的各部分有无堵塞现象；减压蒸馏时，不得使用机械强度不大的仪器（如锥形瓶、平底烧瓶、薄壁试管等）。如果反应过于猛烈，要根据不同情况采取冷冻和控制加料速度等，必要时可设置防爆屏。

（3）严格遵守安全用电规则，定期检查电器设备、电源线路，防止因电火花、短路、超负荷引发线路起火。

（4）室内必须配置灭火器材，并要定期检查性能。实验室灭火的方法要针对着火起因选用合适的方法。一般小火用湿布、石棉布或沙子覆盖燃烧物即可灭火。可燃液体燃着时，应立即将着火区域内的一切可燃物质移到安全区域，然后关闭通风器，防止扩大燃烧；若着火面积较小，可用湿布或沙土覆盖，隔绝空气使之熄灭。乙醚、甲苯等有机溶剂着火时，应用石棉布或沙土扑灭，而不能用水，否则会扩大燃烧面积；金属钠着火时，可选择沙土覆盖的方法。导线着火时不能用水或二氧化碳灭火器灭火，应立即切断电源或用四氯化碳灭火器灭火。

（5）健全岗位责任制，危险化学品要双人、双锁保管。领用时要实行专人审批、限量发放、双人监督配制等；称量和使用时要有安全防护措施；离开实验室或下班前认真检查电源、煤气、水源等，确保安全。

3. 防止触电

使用电器时，应防止人体与电器导电部分直接接触，不能用湿的手或湿的物体接触电源插头。为了防止触电，装置和设备的金属外壳等都应连接地线。实验台应保持干燥，以免电器漏电。实验结束应立即切断电源，将电源插头拔下。

4. 防止“三废”污染

实验室“三废”通常指实验过程中产生的废液、废气、废渣。这些废弃物多是有毒有害物质，其中有些是剧毒物质和强致癌物质，如不经处理而随意排放，将会造成环境污染，进而危害人体健康。实验室应建立程序确保实验室废弃物的安全收集、识别、存储和处置。

（1）废弃物的管理原则　将获取、收集、运输和处理废弃物的风险减至最小；将废弃物对人体和环境的危害影响减至最小。

（2）废液、废气、废渣等废弃物处理　应分类收集、存放和集中处理，确保不扩大污染，避免交叉污染。存放废弃物的容器、冰箱等，应加贴通用的危险标识。

①无害固体废弃物：用垃圾袋或桶存放于实验室内，当达到一定量时，丢弃在指定地方，统一处理。

②有害固体废弃物：各个实验室须备一个存放有害固体废弃物的专用桶或箱，达到一定量统一处理。

③有机液体废弃物：不得将有机废溶剂、废试剂等直接倒入下水道，须按照“碳氢化合物”“卤代烃”等进行分类，分别存放于专门的有机废液桶中，装满后统一处理。

④无机液体废弃物：不得将含有无机重金属的无机废液直接倒入下水道，而应存放于专门的废液桶中。无机废酸液必须用碱中和后，通过污水房进行排放。

⑤气体废弃物：有毒气体少时可通过排风设备排出室外；毒气量大时需经吸收液吸收处理。

⑥黄曲霉毒素污染：器皿、台面等，须经5%次氯酸钠溶液浸泡或擦拭干净。

（3）实验室应安排专人协调和负责处理废弃物　应确保废弃物只能由经过培训的人员处理，同时应采用适当的人员防护设备。无法在实验室妥善处理的剧毒品、致癌性废弃物应交环保部门或其他有资质的单位统一处理，并做好处理记录。

（二）实验室一般伤害事故的处理

实验过程中如不慎发生了意外事故，应及时采取救护措施，处理后受伤严重者应立即送医院医治。

1. 割伤

玻璃割伤后要仔细观察伤口有没有玻璃碎粒，若伤势不重则涂上碘伏，用绷带扎住或敷上创可贴药膏；若伤口很深流血不止，可在伤口上下10cm处用纱布扎紧，减慢流血或按紧主血管止血，急送医院医治。

2. 烫伤

小面积的烫伤按照“冲、脱、泡、盖、送”五步法进行急救处理。“冲”：在水龙头下用冷水持续冲洗受伤部位，或将受伤部位置于盛冷水容器中浸泡。“脱”：如果伤势较重，最好在冲完后将衣服脱掉或将覆盖伤处的衣、袜剪开，以防受伤皮肤粘连或被撕脱造成伤情加重。“泡”：脱掉衣服后继续冲洗或浸泡，最好持续 30min 以上，以达到降温止痛的效果。“盖”：伤者在往医院转运时要用干净纱布、毛巾或床单、衣被等覆盖物对创面进行遮盖保护，不要急着用毛巾擦拭，以免加重病情。“送”：送专业医院规范治疗。

如果烧烫伤面积大，比较严重，用冷水处理可能会加重全身反应，此时应立即送医院抢救。

如果烧烫伤部位在颜面、头颈部等特殊部位，即使伤处面积不大，也可能出现并发症，这时除用冷水紧急处理外，为防止发生休克，可以给伤者喝些淡盐水，补充血容量，减轻休克程度。

3. 化学灼伤

（1）浓酸灼烧　立即用大量水洗，再以 3%~5%碳酸溶液（或饱和碳酸氢钠溶液）洗，最后用水洗，轻拭干后涂氧化锌软膏（或硼酸软膏）等烫伤药膏。

（2）浓碱灼伤　立即用大量水洗，再用以 1%~2%乙酸溶液重复洗，最后用水洗，轻拭干后上氧化锌软膏（或硼酸软膏）等烫伤药膏。

（3）溴灼伤　立即用大量水洗，再用酒精（或 10%硫代硫酸钠溶液）轻擦至无溴液存在为止，再用水冲洗干净，然后涂上甘油或鱼肝油软膏。

（4）钠灼伤　可见的小块用镊子移去，其余与浓碱灼伤处理相同。

（5）白磷灼伤　先用 1%硫酸铜溶液或浓高锰酸钾溶液洗涤伤口，然后用浸过硫酸铜溶液的绷带包扎。

4. 中毒

溅入口中尚未吞下者应立即吐出，用大量水冲洗口腔。如已吞下，应根据毒物性质给以解毒剂，并立即送医院。

（1）腐蚀性毒物　对于强酸先饮大量水，然后服用氢氧化铝膏、鸡蛋清；对于强碱，也应先饮大量水，然后服用醋、酸果汁、鸡蛋清。不论酸或碱中毒皆再给以牛乳灌注，不要吃呕吐剂。

（2）刺激性毒物及神经性毒物　先食用牛乳或鸡蛋清使之冲淡并缓和，再服用硫酸铜溶液（约 30g 溶于一杯水中）催吐，并用手指伸入咽喉部，以促使呕吐，然后立即送医院治疗。

（3）吸入气体　将中毒者移至室外，解开衣领及纽扣，呼吸新鲜空气。吸入了溴气、氯气、氯化氢等气体时，可吸入少量酒精和乙醚的混合蒸气以解毒，同时用碳酸氢钠溶液漱口。

5. 异物入眼

如试剂溅入眼内，应立即用洗眼杯或洗眼龙头冲洗并及时送医院治疗。如碎玻璃飞入眼内，则用镊子移去碎玻璃，或在盆中用水洗，切勿用手揉，并及时送医院治疗。

确保食品理化检测实验室的安全（课后测试题）

6. 触电

立即切断电源。必要时进行人工呼吸。

模块一

常用仪器的认识与使用

背景资料

食品理化检测是运用物理和化学的相关知识，借助相关仪器设备对食品、食品添加剂及食品相关产品进行的检测，在检测过程中需要用到许多仪器，因此，熟练掌握实验室常用仪器的使用；规范使用吸量管、容量瓶和滴定管等仪器，对于获得准确的实验数据至关重要。

项目一

常用仪器的认识

任务五 常用器皿及设备的认识

任务描述

化学实验常用的仪器中，大部分为玻璃仪器和瓷质类仪器。玻璃仪器的种类很多，按用途大体可分为容器类、量器类和其他仪器类。请以小组为单位，查阅相关标准和资料，收集整理实验室常用器皿及设备的资料，参与话题讨论，小组合作写出15种实验室常见器皿和设备的使用方法及注意事项。

学习目标

❖ 知识目标

1. 熟悉常用器皿和设备的主要用途。
2. 掌握常用器皿和设备的使用方法及注意事项。

❖ 技能目标

1. 能够识别常见器皿和设备。
2. 能根据实验内容选出合适的器皿和设备。

❖ 素质目标

1. 具有相互协作的团队精神。

2. 养成收集整理资料的习惯。

课前准备

1. 学习资源准备

通过网络获取 GB/T 12810—2021《实验室玻璃仪器　玻璃量器的容量校准和使用方法》、GB/T 15724—2008《实验室玻璃仪器　烧杯》、GB/T 12804—2011《实验室玻璃仪器　量筒》、GB/T 11414—2007《实验室玻璃仪器　瓶》、GB/T 21298—2007《实验室玻璃仪器　试管》、GB/T 12805—2011《实验室玻璃仪器　滴定管》、GB/T 12808—2015《实验室玻璃仪器　单标线吸量管》、GB/T 12803—2015《实验室玻璃仪器　量杯》、GB/T 12806—2011《实验室玻璃仪器　单标线容量瓶》、GB/T 12807—2021《实验室玻璃仪器　分度吸量管》、QB/T 2561—2002《实验室玻璃仪器　试管和培养管》、QB/T 2110—1995《实验室玻璃仪器　分液漏斗和滴液漏斗》、GB/T 22362—2023《实验室玻璃仪器　烧瓶》、GB/T 15723—1995《实验室玻璃仪器　干燥器》、GB/T 22067—2008《实验室玻璃仪器　广口烧瓶》、GB/T 28211—2011《实验室玻璃仪器　过滤漏斗》、GB/T 28212—2011《实验室玻璃仪器　冷凝管》、GB/T 15725. 6—1995《实验室玻璃仪器　磨口烧瓶》、JJG 196—2006《常用玻璃量器检定规程》等相关资料，扫码获取视频《烧杯的使用》《量筒的使用》《干燥器的使用》。

烧杯的使用（视频）　　量筒的使用（视频）　　干燥器的使用（视频）

2. 完成预习任务

（1）阅读相关标准，查询相关资料，小组合作写出 15 种常见器皿和设备的使用方法及注意事项。

（2）参与话题讨论：实验室器皿和设备对理化检测的重要性。

思政园地

失之毫厘，谬以千里。

——《易经》

必备知识

一、实验室常用的器皿和设备

（一）计量类

常用于度量质量、体积、温度等的仪器有量筒、容量瓶、滴定管等，其主要用途和注意事项如表 1-1 所示。

表 1-1　　计量类仪器的主要用途和注意事项

仪器	主要用途	注意事项
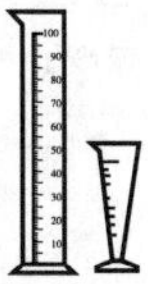 量筒、量杯	粗略地量取一定体积的液体	(1) 不可作实验容器（如溶解、稀释、反应等）； (2) 不可量取热溶液或热液体（在标明的温度范围内使用）； (3) 注入液体后，将量筒放在水平的桌面上，等待 1~2min，使附着在内壁上的液体流下来，再定容、读刻度值； (4) 读数时，视线应和液面保持水平，读取与弯月底面相切的刻度
 容量瓶	配制准确浓度的溶液	(1) 用前需检漏； (2) 不可直接溶解溶质； (3) 不能代替试剂瓶用来存放溶液； (4) 磨口瓶塞是配套的，不能互换
碱式滴定管  酸式滴定管 滴定管	准确放出不确定量液体	(1) 使用前应先检漏，再依次用自来水和蒸馏水清洗，然后用标准滴定溶液润洗； (2) 排气泡后，调整滴定管内液面，使其处于“0”刻度； (3) 读数时，滴定管必须保持垂直，视线与管内液面处于同一水平线上
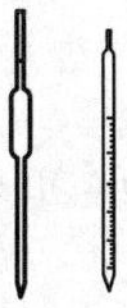 吸量管	精确移取一定体积的液体	(1) 使用前应洗净，并用欲移取的溶液润洗； (2) 吸液时管的下口插入欲吸取的溶液中 10~20mm 处，避免吸空或外壁黏附溶液过多； (3) 调节液面使溶液的弯月面底部与标线相切； (4) 放出溶液时若吸量管未标明“吹”字，则残留在管尖末端内的溶液不可吹出
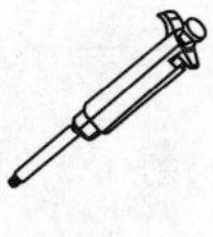 移液枪（器）	少量或微量液体的移取	(1) 设定体积应在移液器设定的规格范围内，不可超量程使用； (2) 装枪头需上紧，以免吸液时脱离； (3) 垂直吸液，慢吸慢放； (4) 放液分两档排液； (5) 用完将刻度调至最大量程
 温度计	测定液体的温度	(1) 不可超过其最大量程； (2) 不可当搅拌器使用； (3) 水银球放置的位置要合适，水银球部位玻璃极薄（传热快）不可接触器壁，以防碎裂，如测液体温度时，水银球应置于液体中；做石油分馏实验时水银球应放在分馏烧瓶的支管处

（二）加热类

加热类仪器包括能直接加热的仪器和需间接加热的仪器。

1. 能直接加热的仪器

常见的能直接加热的仪器有坩埚、蒸发皿、试管等，其主要用途和注意事项如表 1-2 所示。

表 1-2　　能直接加热的仪器的主要用途和注意事项

仪器	主要用途	注意事项
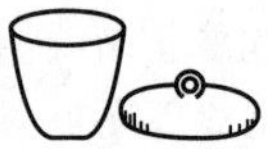 坩埚	用于灼烧固体，使其反应（如分解），并用于称量	（1）能耐 1200~1400℃的高温，但应避免骤冷； （2）有盖，可防止内容物迸溅； （3）热坩埚及盖要用坩埚钳夹取； （4）热坩埚冷却时应放在干燥器中
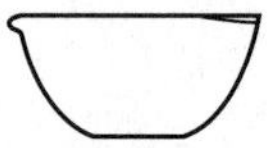 蒸发皿	（1）蒸发液体； （2）浓缩溶液； （3）干燥固体物质	（1）加热后不能骤冷，防止破裂； （2）加热时用三脚架或铁架台固定； （3）蒸发溶液时不可加得太满，液面应至少低于边缘 1cm 处； （4）加时要不断用玻璃棒搅拌，防止液体局部受热四处飞溅； （5）加热完后，需要用坩埚钳移动蒸发皿至石棉网上
 试管	（1）用作少量试剂溶解或反应的仪器； （2）收集少量气体、装配小型气体发生器	（1）加热时外壁要擦干，用试管夹夹住或用铁夹固定在铁架台上； （2）加热固体时，管口略向下倾斜，固体平铺在管底； （3）加热液体时液体量不超过容积的 1/3，管口向上倾斜，与桌面成 45°，切忌管口对着人； （4）装溶液时不超过试管容积的 1/2

2. 需间接加热的仪器

烧杯、锥形瓶、烧瓶等属于需间接加热的仪器，其主要用途和注意事项如表 1-3 所示。

表 1-3　　能间接加热的仪器的主要用途和注意事项

仪器	主要用途	注意事项
 烧杯	（1）配制、浓缩、稀释、盛装、加热溶液； （2）较多试剂的反应容器； （3）水浴加热器	（1）加热时垫石棉网，外壁应擦干； （2）加热液体时液体量不超过容积的 1/2，不可蒸干； （3）反应时液体不超过 2/3； （4）溶解时要用玻璃棒轻轻搅拌
 锥形瓶	（1）加热处理试样； （2）容量分析滴定； （3）收集液体； （4）组装洗气瓶	（1）加热时垫石棉网，外壁应擦干； （2）注入的液体最好不超过其容积的 1/2； （3）振荡时向同一方向旋转
 碘量瓶	（1）碘量法、溴酸钾法等会生成发挥性物质的定量分析； （2）需要剧烈振动操作的反应容器	（1）加热时要打开塞，温度不能过高； （2）非标准磨口要保持原配塞； （3）滴定时，应用中指和无名指把塞子夹住，而不可放置于操作台上

续表

仪器	主要用途	注意事项
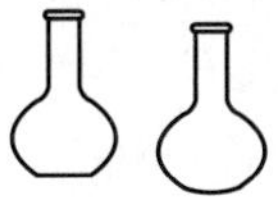 烧瓶	用作加热或不加热条件下较多液体参加的反应容器	（1）平底烧瓶一般不作加热仪器，圆底烧瓶加热需垫石棉网，或水浴加热； （2）液体量不超过容积的 1/2； （3）三口圆底烧瓶侧管插入温度计于溶液中，中间瓶口装滴液漏斗
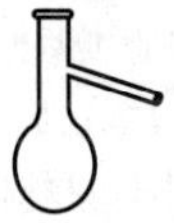 蒸馏烧瓶	（1）液体混合物的蒸馏或分馏； （2）装配气体发生器	（1）加热要垫石棉网； （2）要加碎瓷片或沸石防止暴沸； （3）分馏时温度计水银球宜在支管口处
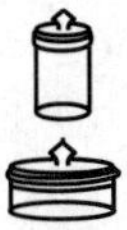 称量瓶	（1）高型称量瓶用于准确称量基准物、样品等固体； （2）扁型称量瓶用做测定水分或者在烘箱中烘干基准物	（1）用前应洗净烘干，不能直接用火加热； （2）不用时应洗净，在磨口处垫一小纸条； （3）盖与瓶身是磨口配套的，不能互换
 表面皿	（1）作盖子盖在蒸发皿或烧杯上，防止灰尘落入蒸发皿或烧杯； （2）作容器暂时盛放固体或液体试剂，方便取用； （3）作承载器用来承载 pH 试纸； （4）作称量容器，对有腐蚀性物质的称量	（1）作仪器盖子时，表面皿直径应大于仪器口径 1cm； （2）用于称量时，应洗净、烘干

（三）容器类

用于盛装或储存固体、液体、气体等各种化学试剂的器皿，如试剂瓶、滴瓶等，其主要用途和注意事项如表 1-4 所示。

表 1-4　　容器类仪器的主要用途和注意事项

仪器	主要用途	注意事项
 试剂瓶	（1）广口瓶盛放固体试剂（粉末或碎块状）； （2）细口瓶盛放液体试剂	（1）玻璃瓶口内侧磨砂，且与瓶塞一一对应，不可盖错，不用时应洗净，并在磨口处垫上纸条； （2）有无色和棕色两种，见光分解需避光保存的用棕色瓶； （3）盛放强碱固体和溶液时，不能用玻璃塞，需用胶塞和软木塞； （4）不能用于配制溶液，也不能用作反应器
 滴瓶	盛装实验时需按滴数加入液体的容器	（1）由滴管和滴瓶组成，滴瓶口为磨口，滴管置于滴瓶内； （2）不可长时间盛放强碱（玻璃塞），不可久置强氧化剂； （3）有无色和棕色两种，见光分解需避光保存的应盛放在棕色瓶内； （4）滴管不可倒放、横放，以免试剂腐蚀滴管； （5）滴管用毕应及时放回原瓶，不可“串瓶”

（四）分离类

用于进行过滤、分液、萃取、蒸发、灼烧、结晶、分馏等分离提纯操作的仪器，除了前面介绍的坩埚、烧瓶、烧杯、蒸发皿外，还有漏斗、分液漏斗、冷凝管等。漏斗、分液漏斗、布氏漏斗、冷凝管的主要用途和注意事项如表 1-5 所示。

表 1-5　　分离类仪器的主要用途和注意事项

仪器	主要用途	注意事项
 漏斗	（1）向小口容器中注入液体； （2）用于过滤装置中； （3）用于防倒吸装置中； （4）长颈漏斗常用于气体发生装置中； （5）冷凝回流消化过程中的水分	（1）过滤时，做到“一贴、二低、三靠”，即滤纸紧贴漏斗；滤纸边缘低于漏斗边缘，液体液面低于滤纸边缘；烧杯靠玻璃棒，玻璃棒靠三层滤纸处，漏斗颈尖端靠承接滤液的容器内壁，防止滤液溅失（出）； （2）趁热过滤时，应将漏斗置于金属加热夹套中进行。若无金属夹套时，可事先把漏斗用热水浸泡预热方可使用； （3）长颈漏斗加液时斗颈应插入液面内，防止气体自漏斗泄出； （4）消化时，漏斗直径应稍大于定氮瓶（管）口径
 分液漏斗	（1）分离密度不同且互不相溶的液体； （2）向反应器中滴加液体； （3）组装气体发生装置	（1）使用前玻璃活塞应涂薄层凡士林，但不可太多，以免阻塞流液孔，并检查是否漏液； （2）振荡时，塞子的小槽应与漏斗口侧面小孔错位封闭塞紧； （3）分液时，打开上盖或将塞上的凹槽对准上口小孔，下层液体从漏斗颈流出，上层液体要从漏斗口倾出； （4）作加液器时，漏斗下端不能浸入液面下； （5）长期不用分液漏斗时，应在活塞里面夹一纸条防止粘连，并用一橡筋套住活塞，以免失落
 抽滤瓶和布氏漏斗	用于吸滤装置，使析出的晶体从母液中分离出来，吸滤瓶用于接收滤液	（1）布氏漏斗以橡皮塞固定在抽滤瓶上，须紧密不漏气；布氏漏斗下端的斜面对着抽滤瓶的支管； （2）滤纸应略小于布氏漏斗的底面，但要把所有的孔都覆盖住，抽滤之前必须用同一种溶剂将滤纸湿润，使滤纸紧贴于布氏漏斗的底面； （3）打开抽气泵开关，倒入固液混合物，开始抽滤，尽量使要过滤的物质处在布氏漏斗中央； （4）过滤完后，先抽掉抽滤瓶接管，后关抽气泵
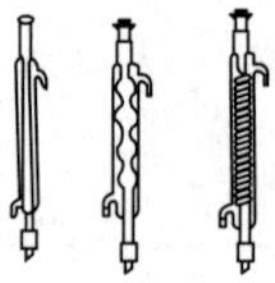 冷凝管	用于蒸馏分馏，冷凝易液化的气体	（1）蒸馏沸点低于 140℃ 的液体，用直形冷凝管；沸点高的液体且须加快蒸馏时，用蛇形冷凝管； （2）组装时用铁架台的铁夹夹住冷凝管的重心部位（约中上方），冷凝管头高尾低，冷凝水下进上出；蛇形冷凝管须垂直装置，不可斜装； （3）蒸馏时先通冷凝水，再加热

（五）夹持类

常用于固定、夹持各种仪器的用品或仪器有铁架台、坩埚钳、试管夹等，其主要用途和注意事项如表 1-6 所示。

表 1-6　　常见的夹持类仪器的主要用途和注意事项

仪器	主要用途	注意事项
 铁架台	固定或放置反应容器	（1）常配有能上下移动的铁圈、烧瓶夹、滴定管夹、冷凝管夹、铁夹等附加器械； （2）调节好铁圈、铁夹的距离和高度，注意重心，防止放立不稳； （3）用铁夹夹持仪器时，应以仪器不能转动、下滑为宜，过紧易夹碎玻璃器皿，过松易导致器皿脱落
 坩埚钳	（1）夹持坩埚和坩埚盖的钳子； （2）夹持蒸发皿	（1）夹持热坩埚时，先将钳头预热，避免瓷坩埚骤冷而炸裂； （2）夹持瓷坩埚或石英坩埚等质脆易破裂的坩埚时，既要轻夹又要夹牢
 试管夹	夹持试管进行简单加热	（1）夹持试管时，试管夹应从试管底部套入，夹于距试管口1/3处或中上部处； （2）在夹持住试管后，握住试管夹的长柄处，拇指不要按住试管夹的短柄（即活动柄），以防拇指稍用力造成试管脱落打碎； （3）取下时，从上往下拿，始终不接触管口

（六）其他类

另外，还有干燥器、研钵、毛刷、药匙、石棉网等仪器，其主要用途和注意事项如表1-7所示。

表 1-7　　其他仪器的主要用途和注意事项

仪器	主要用途	注意事项
 干燥器	存放需要保持干燥的试剂或物品	（1）最常用的干燥剂是无水氯化钙和变色硅胶，装至干燥器下室的一半即可，以免沾污坩埚、称量瓶等。变色硅胶干燥时为蓝色，受潮后变粉红色，可以在不高于120℃条件下干燥至其变蓝； （2）干燥器盖子与磨口边缘处涂一层凡士林以保持密封性； （3）移动时要用双手端着干燥器，并用大拇指紧紧按住盖子，以防盖子滑落而打碎； （4）开盖时左手按扶住干燥器，右手握住盖柄沿水平方向向左前方推开器盖，盖子取下后放在桌上安全的地方（注意要磨口向上，圆顶朝下）； （5）取放物品时为防止空气受热膨胀而导致盖子被打翻，很热的物品稍冷后放入，并在冷却过程中不时把盖子稍微推开（<1s），以放出热空气；当坩埚或称量瓶等放入干燥器时，应放在瓷板圆孔内，但称量瓶若比圆孔小时则应放在瓷板上； （6）取放好物品后，及时盖好干燥器盖。加盖时，也应当拿住盖柄，沿水平方向推移盖好

续表

仪器	主要用途	注意事项
 研钵	把固体研碎或使固体混合均匀	（1）研磨时不能用力过猛或锤击，大块的固体只能先压碎再研磨； （2）要制成混合物粉末，应将组分分别研磨后再混合； （3）易爆物质只能轻轻压碎，不能研磨； （4）研磨对皮肤有腐蚀性的物质时，应在研钵上盖上厚纸片或塑料片，然后在其中央开孔，插入研杵后再行研磨； （5）装物最多占容积的 1/3
 毛刷	刷洗玻璃仪器	（1）使用前检查顶部竖毛是否完整，避免顶端铁丝戳破玻璃仪器； （2）刷洗器皿时，须转动或上下移动毛刷，但用力不能过猛
 药匙	取固体物质	（1）有牛角、不锈钢和塑料等材质，两端各有一勺，一大一小。根据试剂的需要量，可选用一端； （2）药匙用毕，需洗净，用滤纸吸干后，再取另一种试剂
 石棉网	垫在受热仪器与热源之间，使受热物体均匀受热	（1）不要与水接触，以免石棉脱落或铁网生锈； （2）轻拿轻放，避免硬物撞击而使石棉绒脱落； （3）严禁折叠

二、常用器皿及设备仪器的洗涤

沾污的器皿和仪器，根据污物的性质，采用不同洗液，通过化学或物理作用，有效地洗净仪器。洗涤是否符合要求，对检测工作的准确度和精密度均有影响。

1. 洗涤方法及技术要求

不同洗涤方法的适用对象及技术要求如表 1-8 所示。

表 1-8　玻璃仪器的洗涤方法及技术要求

洗涤方法	适用对象	技术要求
水刷洗	有水溶性杂质、部分水不溶性物质和灰尘的烧杯、烧瓶、锥形瓶、试管等	（1）根据仪器的规格和形状，选择适宜的毛刷； （2）左手持要清洗的仪器，盛入一半体积的水； （3）右手用刷子在内壁前后左右各刷一遍，再用自来水连续冲刷数遍，直至污迹消失； （4）蒸馏水润洗内壁 3 次
低泡沫洗液洗刷	有油污等有机物的烧杯、烧瓶、锥形瓶、试管等	（1）左手持要清洗的仪器； （2）右手用刷子蘸取适量洗涤剂刷洗仪器的内外壁，然后用自来水连续冲刷数遍，直至污迹消失； （3）蒸馏水润洗内壁 3 次； （4）将仪器浸于温热的洗涤剂水溶液中，在超声波清洗机液槽中超洗数分钟，再刷洗，效果更佳

续表

洗涤方法	适用对象	技术要求
洗液洗	(1) 不宜用毛刷刷洗的滴定管、容量瓶、吸量管等； (2) 用毛刷刷洗不干净的玻璃仪器	(1) 先用自来水洗去尘土、水溶性污物，再尽可能倾掉残留液； (2) 在仪器中加入少量洗液，慢慢转动仪器，使其内壁全部浸润，但洗液不流出，旋转几周后，把洗液倒回原瓶； (3) 依次用自来水冲洗、蒸馏水润洗

2. 常用洗液

针对仪器沾污物的性质，采用不同洗液通过化学或物理作用能有效地洗净仪器。洗液的使用要考虑能有效地除去污染物，不引进新的干扰物质（特别是微量分析）又不腐蚀器皿。常用洗液的制备及使用注意事项如表 1-9 所示。

表 1-9　常用洗液的制备及使用注意事项

洗液名称	配制方法	注意事项
强酸氧化剂洗液	铬酸洗液（50g/L）：将研细的重铬酸钾 20g 溶于 40mL 水中，慢慢加入 360mL 浓硫酸，边加边搅拌	(1) 可除去油污； (2) 少量铬酸洗液刷洗或浸泡过夜； (3) 洗液呈绿色时，表示失效； (4) 废液用硫酸亚铁处理后再排放
酸性洗液	(1) 浓盐酸、浓硫酸、浓硝酸； (2) (1∶1) ~ (1∶9) 的盐酸或硝酸溶液	(1) 可洗去碱性物质或某些无机盐沉淀； (2) 采用浸泡或浸煮的方法，但浸煮时温度不宜过高，否则浓酸挥发产生刺激性气体
碱性洗液	10%以上氢氧化钠溶液，5% ~ 10%磷酸钠溶液、磷酸氢二钠溶液、碳酸钠溶液	(1) 可洗去油污； (2) 采用长时间（24h 以上）浸泡或浸煮法，但煮的时间不宜过长，否则会腐蚀玻璃
氢氧化钠-乙醇洗液	将 120g 氢氧化钠溶于 150mL 水中，用 95%乙醇稀释至 1000mL	(1) 可洗去油污及某些有机物； (2) 不可长时间浸泡，以防玻璃磨口被腐蚀
碱性高锰酸钾洗液	将 30g 高锰酸钾溶于少量水后，再加入 10g 氢氧化钠，并稀释至 100mL	(1) 可洗去油污或其他有机物； (2) 洗后容器沾污处有褐色二氧化锰析出，再用浓盐酸或草酸洗液等还原剂去除
酸性草酸或盐酸羟胺洗液	称取 10g 草酸或 1g 盐酸羟胺，溶于 100mL 20%盐酸溶液中	(1) 洗涤氧化性物质，如洗涤高锰酸钾洗液产生的二氧化锰； (2) 可加热使用
硝酸-氢氟酸洗液	将 50mL 氢氟酸、100mL 硝酸和 350mL 水混合，储于塑料瓶中盖紧	(1) 能去除玻璃、石英器皿表面的金属离子； (2) 不可用于洗涤量器、玻璃砂芯滤器、吸收池及光学玻璃零件； (3) 使用时要特别注意安全，必须戴防护手套
碘-碘化钾溶液	将 1g 碘和 2g 碘化钾溶于水中，用水稀释至 100mL	(1) 用于洗涤用过硝酸银滴定液后留下的黑色污物； (2) 可用于擦洗沾过硝酸银的白瓷水槽
有机溶剂	乙醚、丙酮、二甲苯、二氯乙烷等	可洗去油污及溶于该溶剂的有机物质

续表

洗液名称	配制方法	注意事项
乙醇-浓硝酸	2mL 乙醇、4mL 浓硝酸加入要洗涤的容器内	(1) 洗去以一般方法很难洗净的少量残留有机物; (2) 洗液要现用现配，不可事先混合，使用时要等反应停止后再用水冲洗; (3) 应在通风橱中进行操作，不可塞住容器，应做好防护
尿素洗液	将 45g 尿素溶于水中，用水稀释至 100mL	用于洗涤器皿附着的蛋白质

温馨提示

1. 上述的化学实验常用器皿及设备，注意有的不可以加热，以免影响其精密度。
2. 洗液中含有强酸性、强碱性、强氢氧化性试剂，使用过程中注意采取防护措施。
3. 遵守实验室管理规定，保证实验安全、顺利进行。

考核评价

通过小组自评、组间互评、教师评价，根据课前学习任务的完成情况评价自学能力，根据课中关键操作点的规范性评价操作技能，根据沟通交往、解决问题、时间管理、科学严谨的表现评价工作素养，根据实训报告、课后测试评价课后巩固提升。

常用器皿及设备的认识（考核评价表）

常用器皿及设备的认识（课后测试题）

项目二

常用计量类仪器的使用

任务六 吸量管的使用

任务描述

吸量管又称移液管，是用来准确量取一定体积液体的量器，分为单标吸量管和分度吸量管。单标吸量管中部吹成圆柱形，圆柱形以上及以下为较细的管颈，下部的管颈拉尖，上部的管颈刻有一环状刻度；分度吸量管是由上而下刻有容量数字，下端拉尖的圆形玻璃管。请独自查询资料、参与话题讨论、学习视频里面的内容，小组合作梳理、拟出单标吸量管和分度吸量管的使用步骤。

学习目标

❖ 知识目标

1. 知道单标吸量管和分度吸量管的相同与不同之处。
2. 掌握单标吸量管和分度吸量管的规范使用方法。

❖ 技能目标

能利用单标吸量管和分度吸量管准确熟练移取一定体积的溶液。

❖ 素质目标

1. 养成规范操作意识和团队合作精神。
2. 具有实事求是、严谨认真的实验态度。

课前准备

完成预习任务。

（1）观看视频，小组合作梳理、拟出吸量管的使用步骤。

（2）参与话题讨论：单标吸量管和分度吸量管的相同和不同之处。化学分析实验中准确测量溶液体积的常用量器有哪些？

思政园地

我国工人阶级和广大劳动群众要树立终身学习的理念，养成善于学习、勤于思考的习惯，实现学以养德、学以增智、学以致用。

——习近平（2020 年 11 月 24 日，在全国劳动模范和先进工作者表彰大会上的讲话）

必备知识

单标吸量管和分度吸量管的区别如下。

1. 规格

单标吸量管只有几个固定规格，所以使用上受到限制；分度吸量管基本上可以随意量取，所以应用广泛。

2. 刻度

单标吸量管只带满程刻度，分度吸量管带全程刻度，但在操作时容易产生误差。

3. 精确度

单标吸量管比分度吸量管精确度上设计要求更高、量取时更加精确。

4. 量出和量入

单标吸量管作为量出式仪器，主要测量用它放出的液体体积。分度吸量管作为量入式仪器，主要测量用它吸入的溶液体积。

5. 形状

单标吸量管有玻璃肚；分度吸量管是一种直行玻璃管。

任务实施

单标吸量管和分度吸量管的使用步骤、操作方法及要求如表 1-10 所示。

表 1-10　　单标吸量管和分度吸量管的使用步骤、操作方法及要求

使用步骤	操作方法	要求
检查	(1) 检查流液口：上管口是否平整，流液口有没有破损	(1) 吸量管的管口和尖嘴应完好无损； (2) 吸量管的流液口应制成一平滑而减缩的锥形流液口，流液口的内径不应有能引起液体紊流的突变收缩
	(2) 检查吸量管储液泡、吸量管刻度以上部位的主要标志，是否有商标、标准温度、标称容量数字及单位、级别及规定等待时间等	吸量管储液泡应为圆柱形，按需要也可以是椭圆形，储液泡、吸管和流液管相接；吸量管接口为锥形以利于储放液体
洗涤	(1) 吸量管不太脏时，用自来水冲洗； (2) 当用水洗不干净时，可用洗液洗涤，再用自来水洗涤至不挂水珠； (3) 如吸量管油污比较严重，可用洗液洗涤，吸入 1/3 容积的铬酸洗液，平放并转动吸量管，使洗液润洗其内壁，洗毕将洗液放回原瓶，稍后用自来水冲洗，再用去离子水清洗 2~3 次备用	用水洗涤后需用蒸馏水润洗 3 次以上 (1) 铬酸洗液可重复使用，失效的铬酸洗液为绿色； (2) 洗净的吸量管内外壁不应挂水珠
吸取溶液	(1) 蒸馏水润洗后的吸量管，在使用前须用吸水纸由上而下擦拭管外壁，并吸净尖端内外的残留水	(1) 吸量管不能移取太热或太冷的溶液； (2) 同一实验中应尽可能使用同一支吸量管
	(2) 润洗吸量管 ①左手拿洗耳球，右手拿吸量管，将吸量管插入烧杯中吸取溶液至其容量的 1/3 时，立即用右手食指按住管口，取出吸量管	(1) 吸取溶液之前，先将烧杯用溶液润洗 2~3 次； (2) 润洗的目的是置换管内壁的水分，确保移取溶液的浓度不变
	②用两手的拇指及食指分别拿住吸量管两端，横持并转动吸量管，使溶液流遍全管内壁	手勿触碰到吸量管下端溶液
	③将溶液从下端尖口处排入废液杯内，如此反复操作 3~4 次，完成润洗操作	(1) 吸出的溶液请勿放回原瓶； (2) 润洗完后用吸水纸从管高度的 1/3 处，由上而下擦拭外壁
	(3) 吸取溶液 ①右手的拇指与中指拿住润洗好的吸量管的标线以上部分（无名指和小指依次靠拢中指），将润洗好的吸量管插入待取溶液的液面下 1~2cm 处	吸量管插入待取溶液中不能太浅以免吸入空气，也不能太深以免吸起溶液中的残渣及使管外壁粘带溶液过多
	②左手拿起洗耳球，排出洗耳球内的空气，将洗耳球尖端插入吸量管上端，并封紧吸量管口，逐步松开洗耳球，以吸取溶液	在使用吸量管时，为了减少测量误差，每次都应以最上面的刻度（“0”刻度）为起始点，放出所需体积的溶液

续表

使用步骤	操作方法	要求
吸取溶液	③当液面上升至标线以上时，移开洗耳球，立即用右手食指堵上管口	如移开洗耳球后，吸取溶液下落至标线下，应重新吸取
	④将吸量管提出待吸液，使其保持垂直，管尖抵在烧杯内壁上约 15s 后，用吸水纸擦干管下端粘带的少量溶液	操作过程中吸量管始终保持垂直
调节液面	（1）将吸量管管尖紧靠烧杯内壁，左手拿烧杯并使其倾斜 30°，使吸量管保持垂直，刻度线和视线保持水平	
	（2）微微松动食指，并用拇指和中指慢慢转动吸量管，使溶液缓慢下降至溶液的凹液面与标线相切处	（1）对于无色或浅色溶液，应使凹液面下缘与标线相切；（2）溶液颜色太深而不能观察到凹液面时，可使两侧最高点与标线相切
	（3）应用食指按紧管口，使液体不再流出，小心把吸量管移入接收溶液的容器中，使吸量管的下端与容器内壁上端接触	用于盛放溶液的接收器在实验前应清洗干净
放液	（1）将吸量管直立，使接收器倾斜 30°，管下端紧靠接收器内壁，松开食指，让溶液自由流下	
	（2）当管内溶液流尽后，再停 15s，并将吸量管左右转动一下（或前后小距离滑动几下），取出吸量管	（除标有“吹”字样吸量管外）不要把残留在管尖端的液体吹出，因在校准吸量管容积时，没有算上这部分液体

温馨提示

1. 吸量管属于精密玻璃仪器，流液口破损的禁止使用。
2. 为了保护环境，需将废液倒入对应的废液桶中。
3. 遵守实验室管理规定，及时完成清洗和整理工作，保持实验室的清洁整齐。

考核评价

通过小组自评、组间互评、教师评价，根据课前学习任务的完成情况评价自学能力，根据课中关键操作点的规范性评价操作技能，根据沟通交往、解决问题、时间管理、科学严谨的表现评价工作素养，根据实训报告、课后测试评价课后巩固提升。

吸量管的使用（考核评价表）

吸量管的使用（课后测试题）

任务七 滴定管的使用

任务描述

滴定管是滴定分析时所使用的准确测量所滴加的滴定剂体积的量器，是一种量出式仪器，只用来测量它所放出的溶液的体积。它是细长、均匀并有精细刻度的玻璃管，下端呈尖嘴状。玻璃管下端有一旋塞的是酸式滴定管，用于装除碱液以外的溶液；下端有玻璃珠的是碱式滴定管，装除氧化性溶液以外的液体。请独自查询资料，参与话题讨论、学习视频里面的内容，小组合作梳理、拟出酸式滴定管和碱式滴定管的使用步骤。

学习目标

❖ 知识目标

1. 认识酸式滴定管和碱式滴定管。
2. 知道滴定管的维护和保养方法。
3. 掌握酸式滴定管和碱式滴定管的规范使用方法。

❖ 技能目标

1. 能正确进行连续滴加、逐滴滴加和半滴滴加等3种滴定操作。
2. 能对滴定管正确进行润洗、排气泡操作。
3. 能规范、熟练完成滴定操作。

❖ 素质目标

1. 养成规范操作意识和团队合作精神。
2. 具有科学严谨、实事求是的实验态度。

课前准备

1. 学习资源准备

通过扫码获取酸式滴定管和碱式滴定管的规范操作方法的视频《滴定管的使用》。

滴定管的使用
（视频）

2. 完成预习任务

（1）观看视频，小组合作梳理、拟出酸式滴定管和碱式滴定管的使用步骤。

（2）参与话题讨论：酸式滴定管和碱式滴定管在构造上的差异。滴定过程中如何去减少滴定误差？

思政园地

不惰者，众善之师也。

——晋·葛洪《抱朴子·广譬》

必备知识

1. 滴定管的准确度

常量分析用的滴定管为50mL或25mL，刻度低至0.1mL，读数可估计到0.01mL，一般有±0.02mL 的读数误差，所以每次滴定所用溶液体积最好在 20mL 以上，若滴定所用体积过小，则滴定管刻度读数误差影响增大。例如，所用体积为 10mL，读数误差为±0.02mL，则其相对误差达（±0.02/10）×100% = ±0.2%；所用体积为 20mL，则其相对误差即减小至±0.1%。10mL 滴定管一般刻度可以区分为 0.1mL、0.05mL。用于半微量分析区分低至 0.02mL，可以估计读到 0.005mL。在微量分析中，通常采用微量滴定管，其容量为 1~5mL，刻度区分低至 0.01mL，可估计读到 0.002mL。

2. 滴定管的种类

（1）酸式滴定管（玻璃旋塞滴定管）　酸式滴定管的玻璃旋塞是固定配合该滴定管的，所以不能任意更换。要注意玻璃旋塞是否旋转自如，通常是取出旋塞，擦干，在旋塞两端沿圆周抹一薄层凡士林作润滑剂（或真空活塞油脂），然后将旋塞插入，顶紧，旋转几下使凡士林分布均匀（几乎透明）即可，再在旋塞尾端套一橡皮圈，使之固定。凡士林不要涂得太多，否则易使旋塞中的小孔或滴定管下端管尖堵塞。

（2）碱式滴定管　碱式滴定管的管端下部连有橡皮管，管内装一玻璃珠控制开关，一般用作碱性滴定液的滴定。其准确度不如酸式滴定管，主要由于橡皮管的弹性会造成液面的变动。具有氧化性的溶液或其他易与橡皮管起作用的溶液，如高锰酸钾、碘、硝酸银等不能使用碱式滴定管。在使用前，应检查橡皮管是否破裂或老化及玻璃珠大小是否合适，无渗漏后才可使用。

任务实施

酸式滴定管和碱式滴定管的使用步骤、操作方法及要求如表 1-11 所示。

表 1-11　　滴定管的使用步骤、操作方法及要求

使用步骤	操作方法	要求
滴定管的准备	（1）检查 ①酸式滴定管：检查玻璃旋塞是否配合紧密，转动是否灵活； ②碱式滴定管：检查橡皮管是否老化、变质；玻璃珠是否适当	（1）酸式滴定管玻璃旋塞配合不紧密将出现严重的漏液现象； （2）碱式滴定管玻璃珠过大，不便于操作；过小则会漏液
	（2）检漏，将滴定管内装水至“0”刻度，垂直夹在滴定管架上，放置 1~2min，观察管内液面是否降低。酸式滴定管还要将旋塞旋转 180°后再观察一次，若液面降低，表明滴定管漏水，需处理后，如无漏水现象即可使用	（1）碱式滴定管如出现漏水需更换橡胶管或玻璃珠； （2）酸式滴定管如漏水需涂凡士林。方法是将滴定管平放于台面上，取出旋塞，用滤纸将旋塞和旋塞槽内的水擦干。取少许凡士林在旋塞的两头涂上薄薄的一层，将旋塞插入旋塞槽内并向同一方向转动，直到其中的油膜变得均匀透明为止。若旋塞转动不灵活或油膜出现纹路，说明凡士林涂得不够，这样会导致漏液；若凡士林涂得太多，会堵塞旋塞孔，此时必须将旋塞取出，重新处理。涂好凡士林后，用乳胶圈套在装好的旋塞末端，以防滴定时旋塞脱落

续表

使用步骤	操作方法	要求
滴定管的准备	(3) 洗涤 ①蘸肥皂水或其他洗液刷洗，再用自来水冲洗； ②如果洗不干净，可用铬酸洗液洗涤	碱式滴定管用洗液洗涤时要拔去橡皮管，接上一小段塞有玻璃棒的橡皮管，倒入洗液浸洗，再用自来水冲洗
	(4) 待装液润洗 ①加入标准溶液前，50mL 滴定管先用蒸馏水润洗 3~5 次，每次 10~15mL，润洗时两手平端滴定管。慢慢旋转，让水布满滴定管内壁，然后一部分水从管口倒出，余下的水从尖嘴放出； ②再用标准溶液润洗 3 次，润洗方法与用蒸馏水润洗方法相同。润洗完毕，装入标准溶液至“0”刻度以上	(1) 蒸馏水润洗时可用洗瓶加入蒸馏水； (2) 标准滴定溶液应直接倒入滴定管中，不得用其他容器（如烧杯、漏斗等）来转移
	(5) 排气泡，检查旋塞附近（或橡皮管内）、尖嘴处有无气泡，如有气泡则应排出。 ①酸式滴定管：用右手拿住滴定管，使其倾斜约 30°，左手迅速打开旋塞使溶液冲下，将气泡赶出； ②碱式滴定管：可将橡皮管向上弯曲，挤压玻璃珠所在部位稍上处，使溶液从管口喷出，即可排出气泡	排气泡前先将滴定管内溶液加至“0”刻度以上
	(6) 调“0”刻度，赶尽气泡后调节液面至“0”刻度处	滴定时每次都应从 0mL 开始，以减少体积误差
滴定操作	(1) 滴定方法 ①滴定前必须吹掉滴定管尖端悬挂的液滴，读取初读数，然后将滴定管尖端放入锥形瓶（烧杯）内约 1cm 处，但不要靠锥形瓶颈壁（烧杯壁）； ②使用酸式滴定管时，用左手控制滴定管的旋塞，大拇指在前，食指和中指在后，无名指略微弯曲，轻轻向内扣住旋塞，手心宽握，以免旋塞松动，甚至顶出旋塞。右手握持锥形瓶（或烧杯），边滴边摇动，向同一方向做圆周旋转； ③使用碱式滴定管时，左手拇指在前，食指在后，捏住橡皮管中下部玻璃珠所在部位稍上处，捏挤橡皮管，使其与玻璃珠之间形成一条缝隙，溶液即可流出	摇动锥形瓶的时候，不能前后振动，避免溶液溅出；碱式滴定管在滴定时不能捏挤玻璃珠下方的橡皮管，否则空气会进入而形成气泡
	(2) 滴速控制 ①连续滴加：开始可稍快，呈“见滴成线”，滴定速度一般为 10mL/min，即每秒 3~4 滴； ②逐滴滴加：接近终点时，应改为一滴一滴地加入，即加一滴摇几下，边加边摇； ③半滴滴加：最后是每加半滴摇匀。用锥形瓶（或烧杯）承接半滴溶液时，应使悬挂的半滴溶液沿壁流入锥形瓶（或烧杯）内，并用洗瓶吹入少量蒸馏水冲洗锥形瓶颈（或烧杯内壁），使附着在瓶壁的溶液全部流下，然后摇动锥形瓶（或烧杯），如此继续滴定至准确达到终点为止	(1) 滴定速度不能太快而滴成“水线”； (2) 无论哪一种滴定滴速，滴定过程中注意不要产生气泡

续表

使用步骤	操作方法	要求
滴定管的读数	(1) 注入或放出溶液后需静置 1～2min 再读数，读数时用右手大拇指和食指捏住滴定管刻度线以上部位，保持滴定管竖直，眼睛平视液面； (2) 读数时，眼睛应和凹液面最低点相切。对于无色溶液或浅色溶液，应读取弯月面下缘实线的最低点，即视线与弯月面下缘实线的最低点应在同一水平面上；如为有色溶液，弯月面看不出时，可读液面两侧的最高点处。注意初读数与终读数必须按同一方法读数	(1) 对于常量滴定管，读数应读至小数点后第二位； (2) 为了协助读数，可采用读数卡，这种方法有利于初学者练习读数。读数卡可用黑纸或涂有黑长方形的白纸。读数时，将读数卡放在滴定管背后，使黑色部分在弯月面下约 1mm 处，此时即可看到弯月面的反射层成为黑色，然后读此黑色弯月面下缘的最低点
滴定管的保存	实验完毕后，将滴定管内的剩余溶液倒出，洗净滴定管	(1) 滴定管内的溶液不要倒回原试剂瓶； (2) 洗净的滴定管装满蒸馏水，并用盖子盖住管口，或洗净后倒置于滴定管架上

温馨提示

1. 本项目涉及精密玻璃仪器的使用，本着严谨认真的实验态度，规范使用仪器。
2. 为了保护环境，需将废液倒入对应的废液桶中。
3. 遵守实验室管理规定，及时完成清洗和整理工作，保持实验室的清洁整齐。

考核评价

通过小组自评、组间互评、教师评价，根据课前学习任务的完成情况评价自学能力，根据课中关键操作点的规范性评价操作技能，根据沟通交往、解决问题、时间管理、科学严谨的表现评价工作素养，根据实训报告、课后测试评价课后巩固提升。

滴定管的使用（考核评价表）

滴定管的使用（课后测试题）

任务八 容量瓶的使用

任务描述

容量瓶主要用于准确配制一定体积和一定物质的量浓度的溶液，它是一种细颈、梨形的平底玻璃瓶，配有磨口塞，瓶颈刻有标线，当瓶内液体在指定温度下达到标线时，其体积数即为瓶上注明的容积数。请独自查询资料，参与话题讨论、学习视频里面的内容，小组合作梳理、拟出利用容量瓶配制溶液的步骤。

学习目标

❖ 知识目标

1. 认识容量瓶及其构造。
2. 掌握容量瓶检漏、洗涤、引流和定容等操作方法。
3. 掌握利用容量瓶规范配制一定体积和浓度溶液的方法。

❖ 技能目标

1. 能正确对容量瓶进行检漏。
2. 能规范进行引流、定容等操作。
3. 能利用容量瓶规范配制溶液。

❖ 素质目标

1. 养成规范操作意识和团队合作精神。
2. 具有科学严谨、实事求是的实验态度。

课前准备

1. 学习资源准备

通过扫码获取视频《容量瓶的使用》。

2. 完成预习任务

（1）观看视频，小组合作梳理、拟出溶液配制的步骤。

（2）参与话题讨论：配制溶液时，定容时仰视和俯视对溶液浓度是否有影响？

容量瓶的使用（视频）

思政园地

要适应新一轮科技革命和产业变革的需要，密切关注行业、产业前沿知识和技术进展，勤学苦练、深入钻研，不断提高技术技能水平。

——习近平（2020 年 11 月 24 日，在全国劳动模范和先进工作者表彰大会上的讲话）

必备知识

容量瓶的校正方法如下。

1. 绝对校正法

将洗净、干燥、带塞的容量瓶准确称量（空瓶质量）。注入蒸馏水至标线，记录水温，用滤纸条吸干瓶颈内壁水滴，盖上瓶塞称量，两次称量之差即为容量瓶容纳的水的质量。根据上述方法算出该容量瓶 20℃时的真实容积数值，求出校正值。

2. 相对校正法

预先将容量瓶洗净控干，用洁净的吸量管吸取蒸馏水注入该瓶中。假如容量瓶容积为 250mL，吸量管为 25mL，则共吸 10 次，观察容量瓶中水的弯月面是否与标线相切，若不相切，表示有误差，一般应将容量瓶烘干后再重复校正一次，如果仍不相切，在容量瓶颈上做一新标记，以后配合该吸量管使用时，可以新标记为准。

任务实施

容量瓶的使用步骤、操作方法及要求如表1-12所示。

表1-12 容量瓶的使用步骤、操作方法及要求

使用步骤	操作方法	要求
检查	(1) 检查容量瓶的标度刻线位置离瓶口是否太近	太近不便于混匀溶液
	(2) 检漏：向容量瓶中装入自来水且超过标线1~2cm，塞紧瓶塞，用左手食指按住瓶塞，其余手指拿住瓶颈标线以上部分；右手三指托住容量瓶底，将其倒立（瓶口朝下）2min，观察容量瓶瓶塞周围是否漏水。若不漏水，将瓶正立，将瓶塞旋转180°后，再次倒立，检查是否漏水，若两次操作容量瓶瓶塞周围皆无水漏出，即表明容量瓶不漏水	为使瓶塞不被沾污和混淆，检漏后用橡皮筋将塞子系在瓶颈上
洗涤	(1) 容量瓶洗涤时，遵循少量多次的原则。先用自来水洗涤，控去瓶内水分，若内壁不挂水珠，用蒸馏水淋洗3~4次，即可备用，否则，应用洗液洗涤； (2) 洗液洗涤的方法是尽量控去瓶内水分，倒入少量洗液，转动瓶子使洗液布满全部内壁，然后放置数分钟，将洗液倒回原瓶，再依次用自来水、蒸馏水洗净	玻璃仪器洗净的标准：内壁附着均匀的水膜，不聚成水滴，也不成股流下
定量转移溶液	(1) 用固体物质配制溶液时，先将准确称量好的固体物质放在烧杯中，用少量溶剂溶解，然后利用玻璃棒引流将溶液转移到容量瓶里。引流的方法：右手将玻璃棒一端靠在容量瓶颈内壁刻度线以下，左手拿烧杯，烧杯嘴紧靠玻璃棒，使溶液沿玻璃棒缓慢流入容量瓶中；最后烧杯上提，最后一滴溶液留在玻璃棒上，待玻璃棒上的溶液流入容量瓶后，取出玻璃棒放回烧杯中	(1) 容量瓶不能进行加热，如果溶质在溶解过程中放热，要等溶液冷却后再进行转移，因为一般的容量瓶是在20℃下标定的，若将温度较高或较低的溶液注入容量瓶，容量瓶就会热胀冷缩，所量体积就会不准确，导致所配制的溶液浓度偏高或偏低； (2) 不能在容量瓶里进行溶质的溶解； (3) 引流时注意不要让玻璃棒其他部位接触容量瓶口，防止液体流到容量瓶外壁
	(2) 为保证溶质能全部转移到容量瓶中，要用少量溶剂多次洗涤烧杯，并把洗涤溶液全部转移到容量瓶里	用于洗涤烧杯的溶剂总量注意不能超过容量瓶的标线
稀释	溶液转移至容量瓶后，加溶剂稀释至容积的2/3时，用右手食指和中指夹住瓶塞的扁头，其余手指捏住瓶颈刻度线上方，拿起容量瓶，朝同一方向摇动几周（切勿倒转摇动），使溶液初步混匀	用容量瓶稀释一定量、一定浓度的溶液时，可用吸量管移取一定体积的溶液于容量瓶中，加溶剂稀释
定容	向容量瓶内加入溶剂，当液面距离标线1cm左右时，应改用滴管小心滴加，最后使液体的弯月面最低处与标线正好相切（若加溶剂超过标线，则需重新配制）	容量瓶的容积是特定的，刻度是不连续的，所以一种型号的容量瓶只能配制同一体积的溶液。配制溶液时，根据需要配制溶液的体积，选用与所配溶液体积相同规格的容量瓶

续表

使用步骤	操作方法	要求
摇匀	盖紧瓶塞，左手食指压住瓶盖，其余手指拿住瓶颈标线以上部分，右手的三个指尖托住瓶底边缘，然后将容量瓶倒转摇动，使气泡上升至顶部，同时使瓶振荡以混匀溶液，再倒转过来，如此反复10次使瓶内的液体混合均匀	(1) 静置后如果发现液面低于刻度线，是因为容量瓶内极少量溶液在瓶颈处润湿所损耗，所以并不影响所配制溶液的浓度，故不要向瓶内继续加入溶剂，否则，将使所配制的溶液浓度降低； (2) 容量瓶只能用于配制溶液，不能储存溶液，因为溶液可能会腐蚀瓶体，从而使容量瓶的精确度受到影响； (3) 容量瓶使用完毕应立即用水冲洗干净，如长期不用，磨口处应用纸片将磨口与瓶塞隔开保存

温馨提示

1. 容量瓶的玻璃磨口瓶塞与瓶子若不配套，会导致漏液，使用时需小心操作，谨防瓶塞跌落损坏。

2. 遵守实验室管理规定，及时完成清洗和整理工作，保持实验室的清洁整齐。

考核评价

通过小组自评、组间互评、教师评价，根据课前学习任务的完成情况评价自学能力，根据课中关键操作点的规范性评价操作技能，根据沟通交往、解决问题、时间管理、科学严谨的表现评价工作素养，根据实训报告、课后测试评价课后巩固提升。

容量瓶的使用
（考核评价表）

容量瓶的使用
（课后测试题）

模块二

乳及乳制品检测

背景资料

乳业发展对于人民健康和消除贫困具有战略性作用，然而2008年的三聚氰胺事件引起了国内民众的恐慌，严重影响了中国乳业的发展。中国人民政府高度重视食品安全，随着以GB 19301—2010《食品安全国家标准　生乳》为代表的系列标准的实施以及代表我国当前生鲜乳生产和质量的最高企业标准T/SFLA 001—2019《中国农垦乳业联盟产品标准　生鲜乳》的发布，我国乳业生产持续增长，乳品质量持续保持较高水平。2022年，全国奶类产量4026.5万t，同比增长6.6%；乳制品产量3117.7万t，同比增长2%。生鲜乳抽检合格率均达到100%，乳制品总体抽检合格率99.88%；生乳中乳蛋白、乳脂肪抽检平均值达到欧美奶业发达国家水平，国产婴幼儿配方乳粉市场占有率超过68%；三聚氰胺等重点监控违禁添加物抽检合格率连续14年保持100%。

项目一

生乳的检测

任务九　酒精试验测定生乳的新鲜度

案例导入

某小型乳制品企业的化验员未按要求进行化验，就违规收购了一批生牛乳，可该批生牛乳的热稳定性较差，在杀菌时发生了凝固，阻塞了管道，乳无法通过板式换热器；并且由于乳凝在管壁上，使设备难于清洗，导致生产无法正常进行，给乳品加工企业带来了巨大的经济损失。

任务描述

原料乳营养丰富，在适宜的条件下，微生物极易繁殖，从而导致新鲜度下降。因此，各乳制品企业对于原料乳的验收，首先从新鲜度开始。对于企业而言，时间就是金钱，因而新鲜度的检验不仅要及时，而且检测过程也应该快速。请独自查询资料，参与话题讨论，合作制订检测方案并完成样品检测。

学习目标

❖ 知识目标

1. 理解酒精试验的原理。
2. 熟悉酒精试验所需的仪器和试剂。
3. 掌握酒精试验的操作步骤和判断方法。

❖ 技能目标

1. 能够正确配制 68%的中性酒精。
2. 能够对牛乳进行酒精试验，并根据结果判断其新鲜度。

❖ 素质目标

1. 树立食品安全责任意识。
2. 具有规范操作的意识。
3. 养成严谨细致的工作态度和及时清洁整理的工作习惯。

课前准备

1. 学习资源准备

扫码获取视频《牛乳新鲜度的检测》。

牛乳新鲜度的检测（视频）

2. 完成预习任务

（1）阅读相关资料，观看视频，小组合作初拟检测方案。

（2）遵循够用节约的原则，设计试剂的配制量，汇总所需仪器设备的规格和数量。

（3）参与话题讨论：酒精试验并非 GB 19301—2010《食品安全国家标准　生乳》中规定的检测项目，可乳制品企业为什么要开展该项检测？

思政园地

食品安全源头在农产品，基础在农业，必须正本清源，首先把农产品质量抓好。

——习近平（2013 年 12 月 23—24 日，在 2013 年中央农村工作会议上的讲话）

必备知识

1. 检测原理

新鲜乳中的酪蛋白微粒，由于其表面带有相同的负电荷和具有水合作用，故以稳定的胶粒悬浮状态分散在乳中。当乳的新鲜度下降、酸度增高时，酪蛋白微粒带有的负电荷被 H^+ 中和，而导致负电荷减少；当 pH 达到 4.6（酪蛋白的等电点）时，酪蛋白微粒便形成数量相等的正负电荷，失去排斥力，胶粒极易聚合成大胶粒而被沉淀出来。此外，加入强亲水物质如酒精、丙酮等，能夺取酪蛋白胶粒表面的结合水层，也使胶粒易被沉淀出来。酒精试验就是依据不同酸度的乳加入酒精后，酪蛋白凝结的情况不同，从而判断乳的新鲜程度。在酒精试验时，乳的酸度越高，酒精浓度越大，乳的絮凝现象越易发生。

2. 检测标准

（1）不同酸度的生乳在68%中性酒精中的絮凝特征如表2-1所示。

表2-1　　生乳酒精絮凝特征（68%中性酒精）

生乳酸度/°T	絮凝特征	生乳酸度/°T	絮凝特征
18~20	不出现絮片	25~26	中型絮片
21~22	很细小的絮片	27~28	大型絮片
23~24	细小的絮片	29~30	很大的絮片

（2）利用不同浓度酒精判断生乳酸度的标准，如表2-2所示。

表2-2　　不同浓度酒精判断生乳酸度的标准

酒精体积分数/%	界限酸度（不产生絮片的酸度/°T）
68	<20
70	<19
72	<18

任务实施

一、仪器准备

生乳的酒精试验所需的仪器如表2-3所示。

表2-3　　所需仪器

序号	仪器名称	规格	数量	用途
1	试管	20mL	2	酒精试验反应容器
2	吸量管	2mL	3	吸取生乳样品、酒精
3	量筒	50mL	1	量取无水乙醇
4	容量瓶	50mL	1	配制68%中性酒精
5	试剂瓶	60mL	1	储存68%中性酒精

二、试剂配制

68%中性酒精：量取34mL无水乙醇于50mL容量瓶中，用煮沸并冷却至室温的水定容至刻度线。

三、操作步骤

生乳酒精试验的方法及要求如表2-4所示。

表 2-4　　样品检测方法及要求

序号	步骤	操作方法	要求
1	取样	取 2mL 样品于 20mL 试管中	所用吸量管和试管必须洁净、干燥，样品中不可混入水分及其他离子
2	加酒精	加入 2mL 68% 中性酒精于上述试管中	（1）样品与酒精等量混合； （2）酒精要纯，pH 必须调到中性，使用时间超过 5～10d 必须重新调节
3	混匀	迅速轻轻摇动、混匀	
4	观察	有无白色絮片产生	冰冻牛乳会形成酒精阳性乳，但热稳定性较高，可作为原料使用

四、数据分析及处理

将检测过程中获得的数据及时填写在原始数据记录表 2-5 中。

表 2-5　　生乳酒精试验的原始数据记录表

<table>
<tr><td>检测日期</td><td></td><td>样品名称</td><td></td><td>样品规格</td><td></td></tr>
<tr><td>检测依据</td><td colspan="3"></td><td>样品状态</td><td></td></tr>
<tr><td colspan="6">样品的测定</td></tr>
<tr><td colspan="2">样品编号</td><td colspan="2">1</td><td colspan="2">2</td></tr>
<tr><td colspan="2">絮凝特征</td><td colspan="2"></td><td colspan="2"></td></tr>
<tr><td colspan="2">生乳酸度/°T</td><td colspan="2"></td><td colspan="2"></td></tr>
<tr><td colspan="6">结论：</td></tr>
</table>

温馨提示

1. 秉承科学严谨的作风，如实记录实验现象及实验数据，细致分析结果。
2. 遵守实验室管理规定，及时完成清洗和整理工作，保持实验室的清洁整齐。

相关知识

1. 酒精阳性乳

用体积分数 68%或 70%的酒精与等量的乳进行混合，凡产生絮状凝块的乳称为酒精阳性乳。通常是因为挤乳后鲜乳的储存温度不适宜，乳酸菌生长繁殖产生了乳酸和其他有机酸而导致酸度升高，使乳呈酒精试验阳性。

2. 低酸度酒精阳性乳

有些生乳虽然酸度低（16°T 以下），但酒精试验也呈阳性，被称为低酸度酒精阳性乳。用低酸度酒精阳性乳加工消毒乳、发酵乳、乳粉等乳制品，其微生物和理化指标都符合乳制品标准的要求，但其感官指标中的组织状态和风味欠佳。

考核评价

通过小组自评、组间互评、教师评价，根据课前学习任务的完成情况评价自学能力，根据课中关键操作点的规范性评价操作技能，根据沟通交往、解决问题、时间管理、科学严谨的表现评价工作素养，根据实训报告、课后测试评价课后巩固提升。

酒精试验测定生乳的新鲜度（考核评价表）

酒精试验测定生乳的新鲜度（课后测试题）

任务十 密度瓶法测定生乳的相对密度

案例导入

杨凌有大大小小的奶站几十家，是陕西省的重要奶源基地之一。这些奶站大部分都是机器化挤奶，奶农每天按时将奶牛赶到奶站，用挤奶器将牛乳挤出，牛乳通过管道直接灌装到奶罐。奶站的任务就是收购生鲜牛乳，储存到奶罐，通过专用车辆送到乳品加工生产企业。2007 年 3 月 25 日，中央电视台的记者发现，为了增加分量多卖钱，杨凌某奶站在乳业公司拉奶的车来之前先往奶罐里注水。然后，为了达到乳品企业收奶的标准，奶站还要将蛋白、脂肪等掺入已经注过水的牛乳中，让这些掺假牛乳从乳制品企业常规检测指标上看起来合格。掺假时使用的脂肪油、蛋白粉、脂肪粉、麦芽糊精、抗坏血酸钠等添加剂仅值 500 多元，可用水凭空兑出 2000 多元的“牛乳”掺到真牛乳中。

任务描述

按照规模化程度和生产组织管理划分，我国奶牛养殖的主要模式包括公司+散户、奶牛合作社、公司+规模化牧场三种。由于原料乳来源的多样性、养殖从业人员职业道德素质的参差不齐，在利益的驱动下，原料乳掺水现象时有发生。正常的液态食品，其相对密度都在一定的范围内，可以通过测量相对密度来了解食品的纯度或者掺假情况。请独自查询资料、参与话题讨论，合作制订牛乳相对密度的检测方案并完成样品检测。

学习目标

❖ 知识目标

1. 了解密度测定的意义。
2. 理解有关密度的概念，掌握不同条件下相对密度的换算方法。
3. 知道密度瓶法测定牛乳相对密度的依据，理解检测原理，熟悉适用范围和特点。
4. 熟悉该检测方法所需仪器设备。

5. 掌握密度瓶法测定样品的操作方法及要求。

❖ 技能目标

1. 能够准确查找相关资料，获取牛乳密度的检验方法。
2. 能够正确使用密度瓶对牛乳的相对密度进行测定。

❖ 素质目标

1. 树立诚信意识。
2. 养成规范操作的习惯。
3. 具有严谨细致的工作态度。
4. 养成及时清理、打扫的习惯。

课前准备

1. 学习资源准备

通过网络获取 GB 5009. 2—2016《食品安全国家标准　食品相对密度的测定》第一法，以及扫码获取视频《生鲜乳的检测－相对密度的测定》。

生鲜乳的检测－相对密度的测定（视频）

2. 完成预习任务

（1）阅读相关资料，观看视频，小组合作初拟检测方案。

（2）汇总所需仪器设备的规格和数量。

（3）参与话题讨论：测定相对密度时应标示出什么温度？为什么要标示温度？

思政园地

各类企业都要把守法诚信作为安身立命之本，依法经营、依法治企、依法维权。法律底线不能破，偷税漏税、走私贩私、制假贩假等违法的事情坚决不做，偷工减料、缺斤短两、质次价高的亏心事坚决不做。

——习近平（2016 年 3 月 4 日，在看望出席全国政协十二届四次会议民建、工商联界委员并参加联组会时的讲话）

必备知识

1. 相关概念

（1）密度 ρ　物质在一定温度下，每单位体积物质的质量。以符号 ρ 表示，单位为 g/cm^3。

（2）相对密度 d　某一温度下物质的质量与同体积某一温度下水的质量之比。

2. 密度的特性

因为物质一般都具有热胀冷缩的性质，所以密度和相对密度的值都随温度的改变而改变。故密度应标示出测定时物质的温度，表示为 ρ_t。而相对密度应标示出测定时物质的温度及水的温度，表示为 $d_{t_2}^{t_1}$，其中 t_1 表示物质的温度，t_2 表示水的温度。当用密度瓶或密度天平测定液体的相对密度时，以测定溶液对同温度水的相对密度比较方便。通常测定液体在 20℃时对水在 20℃时的相对密度，以 d_{20}^{20} 表示。

3. 不同温度下相对密度的换算

d_{20}^{20} 与 d_{4}^{20} 之间可用式（2-1）换算：

$$d_{4}^{20} = d_{20}^{20} \times 0.99823 \tag{2-1}$$

式中　0.99823——水在 20℃时对水在 4℃时的相对密度。

例：若某液体试样的 d_{20}^{20} 为 1.085，则其 d_{4}^{20} 为多少？

解：$d_{4}^{20} = 1.085 \times 0.99823 = 1.083$

4. 产品标准

生乳相对密度的质量标准如表 2-6 所示。

表 2-6　　生乳相对密度的质量标准

品类	相对密度/（20℃/4℃）	标准依据
生乳	≥ 1.027	GB 19301—2010《食品安全国家标准　生乳》

5. 检测标准

GB 5009.2—2016《食品安全国家标准　食品相对密度的测定》第一法：密度瓶法。

6. 检测原理

在 20℃时分别测定充满同一密度瓶的水及试样的质量，由水的质量可确定密度瓶的容积即试样的体积，根据试样的质量及体积可计算试样的密度，试样密度与水密度比值为试样相对密度。

任务实施

一、仪器设备准备

密度瓶法测定生乳相对密度所需的仪器设备如表 2-7 所示。

表 2-7　　所需仪器设备

序号	仪器名称	规格	数量	用途
1	精密密度瓶	25mL	1	测定相对密度的容器
2	分析天平	0.001g	1	称重
3	电热恒温干燥箱		1	密度瓶的干燥
4	干燥器		1	保持密度瓶在冷却期间的干燥
5	恒温水浴锅		1	保持样品处于 20℃的恒温条件
6	空调		1	保持天平室内 20℃恒温条件

二、操作步骤

1. 密度瓶的准备

密度瓶准备的方法及要求如表 2-8 所示。

表 2-8　　密度瓶准备的方法及要求

序号	步骤	操作方法	要求
1	清洁	（1）先依次用自来水、去污剂、自来水将密度瓶洗干净，蒸馏水至少润洗3次；（2）再依次用乙醇、乙醚洗涤后回收有机溶剂	（1）乙醇和乙醚不仅可除去密度瓶中残留的脂肪，还具有挥发性，有助于密度瓶中水分的蒸发；（2）用有机溶剂洗涤时，需在通风橱中进行，以防中毒；同时需避免明火，以防爆炸
2	干燥	将密度瓶瓶身及配套的支管小帽置于101~105℃的电热恒温干燥箱中干燥1h；将附温度计的瓶盖置于40℃左右的电热恒温干燥箱中干燥1h	需将密度瓶配套的支管小帽取下置于密度瓶旁边；瓶盖上附的温度计的计量范围是-5~45℃，故不可于101~105℃下干燥，否则会导致温度计的损毁；干燥箱门需打开一条缝，防止爆炸
3	冷却	将干燥后的密度瓶置于内附有效干燥剂的干燥器内，冷却30min	（1）常用的干燥剂是变色硅胶，随着水分含量的增加，其颜色由蓝色逐渐转变成浅红色；（2）拿取密度瓶时需带棉手套
4	称量	用分析天平称量密度瓶的质量，精确至0.001g	为保持称量环境的干燥，分析天平中可放置适量变色硅胶
5	干燥、恒重	依次重复进行干燥、冷却、称量操作，直至恒重	前后两次称量差值不超过0.002g即达到恒重

2. 样品的测量

密度瓶法测定样品相对密度的方法及要求如表2-9所示。

表 2-9　　样品测量的方法及要求

序号	步骤	操作方法	要求
1	加样	密度瓶中装满试样	密度瓶中不得有气泡
2	升温	置20℃水浴中浸0.5h，使内容物的温度达到20℃	（1）水浴锅内的水应清洁、无油污，防止瓶外壁被污染；（2）水浴锅应置于水平台面上
3	加盖	盖上瓶盖，并用细滤纸条吸去支管标线上的试样，盖好小帽	
4	擦干	取出密度瓶，用滤纸将密度瓶外擦干	不得直接用手接触密度瓶球部，以免液体受热溢出，因此，需戴隔热手套拿取瓶颈或用工具夹取
5	称量	置20℃恒温的天平室内0.5h，称量	天平室气温不得高于20℃，以免液体受热溢出

3. 纯水的测量

将试样倾出，洗净密度瓶，以蒸馏水替代试样，重复以上升温、加盖、擦干、称量操作。

三、数据分析及处理

1. 结果计算

样品相对密度通过式（2-2）计算：

$$d_{20}^{20} = \frac{m_2 - m_0}{m_1 - m_0} \tag{2-2}$$

式中 m_0——空密度瓶质量，g；

m_1——密度瓶和水的质量，g；

m_2——密度瓶和样品的质量，g。

计算结果表示到称量天平的精度的有效数位（精确到 0.001）。

2. 精密度

在重复性条件下获得的两次独立测定结果的绝对差值不得超过算术平均值的 5%。

3. 原始数据记录

将检测过程中获得的数据及时填写在原始数据记录表 2-10 中。

表 2-10　密度瓶法测定生乳相对密度的原始数据记录表

<table>
<tr><td>检测日期</td><td></td><td>样品名称</td><td></td><td>样品规格</td><td></td></tr>
<tr><td>检测依据</td><td colspan="3"></td><td>样品状态</td><td></td></tr>
<tr><td colspan="6">样品的测定</td></tr>
<tr><td colspan="2">样品编号</td><td colspan="2">1</td><td colspan="2">2</td></tr>
<tr><td colspan="2">密度瓶质量/g</td><td colspan="2"></td><td colspan="2"></td></tr>
<tr><td colspan="2">密度瓶+样品的质量/g</td><td colspan="2"></td><td colspan="2"></td></tr>
<tr><td colspan="2">密度瓶+水的质量/g</td><td colspan="2"></td><td colspan="2"></td></tr>
<tr><td rowspan="2">样品的相对密度 d_{20}^{20}</td><td>测定值</td><td colspan="2"></td><td colspan="2"></td></tr>
<tr><td>平均值</td><td colspan="4"></td></tr>
<tr><td>精密度/%</td><td>测定值</td><td></td><td colspan="2">允许偏差</td><td></td></tr>
<tr><td colspan="2">计算公式</td><td colspan="4"></td></tr>
<tr><td colspan="2">产品相对密度 d_{20}^{20} 标准</td><td colspan="4"></td></tr>
<tr><td colspan="6">结论：</td></tr>
</table>

温馨提示

1. 本项目涉及的有机试剂具有极强的挥发性，且乙醚还具有麻醉作用，需按要求在通风橱中规范操作，避免明火，确保安全。

2. 干燥密度瓶时，涉及高温操作，需谨防烫伤。

3. 秉承科学严谨的作风，如实记录数据，细致分析结果。

4. 为了保护环境，需将废液倒入对应的废液桶中。

5. 遵守实验室管理规定，及时完成清洗和整理工作，保持实验室的清洁整齐。

相关知识

1. 相对密度测定的意义

（1）检验液态食品的纯度和浓度　各种液态食品都有一定的相对密度，当其组成成分和浓度发生改变时，其相对密度也会发生改变，如全脂牛乳的密度为 1.027~1.032g/cm³，若掺水后，其密度就会降低。

（2）推算固形物含量　对于果汁、果酱等，根据测得的相对密度通过换算或查专用经验表格可以确定可溶性固形物或总固形物含量。

2. 食品中相对密度测定的方法及适用对象

（1）密度瓶法　适用于各种液态食品试样，特别是样品量较少的液态食品、挥发性样品的测定。

（2）天平法　适用于挥发性液态样品的测定。

（3）比重计法　适用于需要样液量多的液体试样、不易挥发性试样的测定。

考核评价

通过小组自评、组间互评、教师评价，根据课前学习任务的完成情况评价自学能力，根据课中关键操作点的规范性评价操作技能，根据沟通交往、解决问题、时间管理、科学严谨的表现评价工作素养，根据实训报告、课后测试评价课后巩固提升。

密度瓶法测定生乳相对密度（考核评价表）

密度瓶法测定生乳相对密度（课后测试题）

方法拓展

比重计法测定生乳的相对密度

（一）检测标准

GB 5009.2—2016《食品安全国家标准　食品相对密度的测定》第三法。

（二）检测原理

比重计利用了阿基米德原理，将待测液体倒入一个较高的容器，再将比重计放入液体中。比重计下沉到一定高度后呈漂浮状态。此时液面的位置在玻璃管上所对应的刻度就是该液体的密度。测得试样和水的密度的比值即为相对密度。

（三）仪器设备的准备

乳稠计、200mL 量筒、温度计。

（四）检测过程

1. 样品测定

利用乳稠计测定生牛乳相对密度的方法及要求如表 2-11 所示。

表 2-11　　样品测量的方法及要求

序号	步骤	操作方法	要求
1	仪器准备	乳稠计洗净擦干、量筒洗净晾干	
2	加样	试样缓慢倒入量筒中至3/4处	避免产生气泡、泡沫
3	放乳稠计	乳稠计缓慢放入试样中，保持试样温度在20℃，待其静置后，再轻轻按下少许	量筒置于水平桌面上，乳稠计缓慢放入试样中，以防破损
4	读数	待其自然上升，静置至无气泡冒出后，从水平位置观察与液面相交处的刻度	因乳呈白色，不易看清弯月面下缘时，则以弯月面上缘为准

2. 查水的密度

查阅水的温度与密度对照表可知4℃时水的密度为$1g/cm^3$。

（五）数据分析及处理

1. 结果计算

试样和水的密度比值即为试样相对密度；如测得温度不是标准温度，应对测得值加以校正。

乳稠计是专用于测定牛乳相对密度的比重计，测量相对密度的范围1.015~1.045，是将相对密度减去1.000后再乘以1000作为刻度，以度（符号：数字右上角标“°”）表示，其刻度范围为15°~45°。使用时把测得的读数按上述关系可换算为相对密度。

乳稠计按其标度方法不同分为两种：一种是按20°/4°标定的，另一种是按15°/15°标定的（附表1、附表2）。两者的关系是后者读数是前者读数加0.002，即：

$$d_{15}^{15} = d_4^{20} + 0.002 \tag{2-3}$$

使用乳稠计时，若测定温度不是标准温度，应将读数校正为标准温度下的读数。对于20°/4°乳稠计，在10~25℃内，温度每升高1℃，乳稠计读数平均下降0.2°，即相当于相对密度平均减小0.0002。故当乳温高于标准温度20℃时，每高1℃应在得出的乳稠计读数上加0.2°，乳温低于20℃时，每低1℃应减去0.2°。

例1：当被测样品的温度为16℃时，20°/4°乳稠计读数为31°。

换算为20℃应为：31－（20－16）×0.2＝31－0.8＝30.2

$$d_4^{20} = 1+30.2/1000 = 1.0302$$

$$d_{15}^{15} = 1.0302+0.002 = 1.0322$$

例2：当被测样品的温度为25℃时，20°/4°乳稠计读数为29.8°。

换算为20℃应为：29.8 +（25－20）×0.2＝29.8+1.0 ＝30.8

$$d_4^{20} = 1+30.8/1000 = 1.0308$$

$$d_{15}^{15} = 1.0308+0.002 = 1.0328$$

比重计法测定生乳的相对密度（课后测试题）

2. 精密度

在重复性条件下获得的两次独立测定结果的绝对差值不得超过算术平均值的5%。

任务十一 酚酞指示剂法测定生乳的酸度

案例导入

青藏高原以盛产纯天然、无污染的乳制品著称，青海省乳制品产业蓬勃发展，并逐渐在全国站稳脚跟。然而 2014 年，部分奶农却遭遇奶站拒收鲜乳的尴尬，大量牛乳过剩，发生倾倒牛乳事件，其原因竟然是牛乳质量不过关。部分散养户的生产条件落后，手工挤奶过程中的“二次污染”情况严重，加之奶农缺少制冷储乳罐等设备，生鲜乳无法在短时间内冷却到 0~4℃，使原乳滋生细菌变质的现象时有发生。

任务描述

生乳的酸度是反映原料乳新鲜程度的重要指标。牛乳总酸度由外表酸度（固有酸度）和真实酸度（发酵酸度）两部分组成，外表酸度来源于新鲜牛乳中的酪蛋白、清蛋白、柠檬酸盐及磷酸盐等酸性成分；真实酸度是指牛乳放置过程中在乳酸菌作用下乳糖发酵产生了乳酸而升高的那部分酸度。若牛乳的含酸量在 0.15%~0.20%即认为有乳酸存在，习惯上含酸量在 0.20%以上的牛乳不再被视为鲜牛乳。请独自查询资料、学习国家标准、参与话题讨论，合作制订检测方案并完成样品检测。

学习目标

❖ 知识目标

1. 理解酸度的相关概念。
2. 知道酚酞指示剂法测定牛乳酸度的依据，理解检测的原理。
3. 知道检测所需的试剂和仪器设备，熟悉酚酞试剂和参比溶液的配制要求，掌握 0.1000mol/L 氢氧化钠标准溶液配制和标定的方法和要求。
4. 掌握样品滴定、空白滴定的操作方法及要求。

❖ 技能目标

1. 能够根据国家标准完成仪器的准备。
2. 能够根据要求配制 1%酚酞试剂和参比溶液，能够完成 0.1000mol/L 氢氧化钠标准溶液的配制、标定和计算。
3. 能够按照国家标准完成样品滴定、空白滴定及结果计算。

❖ 素质目标

1. 树立食品安全标准意识、安全意识和环保意识。
2. 具有规范操作的意识和科学严谨的工作态度。
3. 树立精益求精的工匠精神。
4. 养成及时整理清洁的习惯。

课前准备

1. 学习资源准备

通过网络获取 GB 5009.239—2016《食品安全国家标准　食品酸度的测定》第一法、

GB/T 601—2016《化学试剂　标准滴定溶液的制备》，以及扫码获取《生鲜乳的检测-酸度的测定》系列视频。

生鲜乳的检测-酸度的测定（酚酞指示剂法-试剂的配制）（视频）

生鲜乳的检测-酸度的测定（酚酞指示剂法-样品的测定）（视频）

2. 完成预习任务

（1）阅读相关标准文件，观看操作视频，小组合作初拟检测方案。

（2）遵循够用节约的原则，设计试剂的配制量，汇总所需仪器设备的规格和数量。

（3）参与话题讨论：在工业化生产中，新挤出的牛乳，为什么要迅速冷却到0~4℃？

思政园地

子曰："过犹不及。"

——《论语·先进》

必备知识

1. 酸度的概念

（1）总酸度　食品中所有酸性成分的总量，包括未解离酸和已解离酸的浓度，其大小可借助标准碱滴定来测定。

（2）有效酸度　被测溶液中H^+的浓度，为已解离酸的浓度，用pH表示，其大小可用pH计测定。

（3）挥发酸　食品中易挥发的有机酸，其大小可通过蒸馏法分离，再借助标准碱滴定来测定。

2. 产品标准

生乳酸度的质量标准如表2-12所示。

表2-12　生乳酸度的质量标准

品类	酸度/°T	标准依据
牛乳	12~18	GB 19301—2010《食品安全国家标准　生乳》

3. 检测标准

GB 5009.239—2016《食品安全国家标准　食品酸度的测定》第一法：酚酞指示剂法。

4. 检测原理

试样经过处理后，以酚酞作为指示剂，用0.1000mol/L氢氧化钠标准溶液滴定至中性，记录消耗氢氧化钠溶液的体积，经计算确定试样的酸度。

任务实施

一、仪器设备准备

酚酞指示剂法测定生乳酸度所需的主要仪器设备如表 2-13 所示。

表 2-13　所需仪器设备

序号	仪器名称	规格	数量	用途
1	电子天平	0.01g	1	称取氢氧化钠
2	分析天平	0.0001g	1	称量
3	烧杯	250mL	2	配氢氧化钠饱和溶液
4	试剂瓶	100mL	1	储存氢氧化钠饱和溶液
5	吸量管	10mL	1	配氢氧化钠标准溶液
6	容量瓶	1000mL	1	配氢氧化钠标准溶液
7	高型称量瓶	30mm×50mm	1	干燥邻苯二甲酸氢钾
8	恒温干燥箱		1	干燥邻苯二甲酸氢钾
9	干燥器		1	保存干燥后的邻苯二甲酸氢钾
10	电炉	1000W	1	制备无二氧化碳蒸馏水
11	烧杯	2000mL	1	制备无二氧化碳蒸馏水
12	量筒	50mL	1	量取无二氧化碳蒸馏水
13	碱式滴定管	50mL	1	标定氢氧化钠标准溶液
14	锥形瓶	250mL	4	标定氢氧化钠标准溶液
15	聚乙烯瓶	1000mL	1	储存氢氧化钠标准溶液
16	烧杯	50mL	2	配指示剂、参比溶液
17	容量瓶	100mL	2	配指示剂、参比溶液
18	量筒	100mL	1	量取 95%的乙醇
19	吸量管	2mL	2	移取参比溶液、酚酞溶液
20	滴瓶	50mL	1	储存酚酞指示剂
21	锥形瓶	150mL	4	样品滴定
22	量筒	20mL	1	量取无二氧化碳蒸馏水
23	碱式滴定管	10mL	1	样品滴定
24	洗瓶	500mL	1	清洗

二、试剂配制

（一）试剂清单

酚酞指示剂法测定生乳酸度所需的试剂如表 2-14 所示。

表 2-14　所需试剂

序号	试剂名称	作用
1	氢氧化钠（NaOH）	配制标准滴定溶液，与酸反应
2	95%乙醇（C_2H_5OH）	酚酞指示剂的溶剂
3	酚酞（$C_{20}H_{14}O_4$）	指示剂：在酸性和中性溶液中为无色，在碱性溶液中为紫红色，极强酸性溶液中为橙色，极强碱性溶液中无色
4	邻苯二甲酸氢钾（$C_8H_5O_4K$）	标定氢氧化钠标准滴定溶液的基准试剂
5	七水硫酸钴（$CoSO_4 \cdot 7H_2O$）	样品滴定终点判定的参比

（二）配制方法

1. 酚酞指示液（10g/L）

称取 1g 酚酞溶于 75mL 体积分数为 95%的乙醇中，并加入 20mL 水，然后滴加氢氧化钠溶液至微粉色，再加入水定容至 100mL。

2. 不含二氧化碳的蒸馏水

将水煮沸 15min，逐出二氧化碳，冷却，密闭。

3. 参比溶液

将 3g 七水硫酸钴溶解于水中，并定容至 100mL。

4. 氢氧化钠标准溶液（0. 1000mol/L）

（1）配制　0. 1000mol/L 氢氧化钠标准滴定溶液配制方法及要求如表 2-15 所示。

表 2-15　0. 1000mol/L 氢氧化钠标准滴定溶液配制方法及要求

序号	步骤	操作方法	要求
1	饱和溶液的制备	称取氢氧化钠 125g 于 250mL 烧杯中，加入蒸馏水至 100mL，搅拌至基本溶解	（1）在百分之一电子天平上称量，不要超过最大量程； （2）该过程为放热过程，谨防烫伤； （3）规范操作，谨防强碱腐蚀
2	澄清	冷却后置于聚乙烯瓶中，密封、澄清（至少一周）	若储存于玻璃试剂瓶中，需使用橡胶塞密封
3	稀释	取上清液 5. 2mL，加入新煮沸冷却的蒸馏水定容至 1000mL	

（2）标定　0. 1000mol/L 氢氧化钠标准滴定溶液标定方法及要求如表 2-16 所示。

表 2-16　　0.1000mol/L 氢氧化钠标准滴定溶液标定方法及要求

序号	步骤	操作方法	要求
1	基准物恒重	称取 0.6g（准确至 0.0001g）于 105~110℃干燥至恒重的工作基准试剂邻苯二甲酸氢钾于 250mL 锥形瓶中	采用减量称量法称取，倾倒次数≤3 次
2	加水、指示剂	加 50mL 无二氧化碳蒸馏水溶解，加 2 滴酚酞指示液（10g/L）	蒸馏水可用量筒量取
3	滴定	用配制好的氢氧化钠溶液滴定至溶液呈粉红色，并保持 30s，同时做空白试验	（1）滴定终点颜色过深时，需重新滴定； （2）严格控制操作时间

（3）计算　氢氧化钠标准滴定溶液浓度按式（2-4）计算：

$$c = \frac{m \times 1000}{(V_1 - V_2) \times 204.2} \tag{2-4}$$

式中　c——氢氧化钠标准滴定溶液的实际浓度，mol/L；

m——基准邻苯二甲酸氢钾的质量，g；

V_1——氢氧化钠标准溶液用量，mL；

V_2——空白试验中氢氧化钠标准溶液用量，mL；

204.2——基准邻苯二甲酸氢钾的摩尔质量，g/mol。

三、操作步骤

（一）制备参比溶液

酚酞指示剂法测定生乳酸度中，制备参比溶液的方法及要求如表 2-17 所示。

表 2-17　　制备参比溶液的方法及要求

序号	步骤	操作方法	要求
1	称样	称取 10g（精确到 0.001g）已混匀的试样，置于 150mL 锥形瓶中	分析天平使用前应调整至水平
2	稀释	加 20mL 新煮沸冷却至室温的水，混匀	
3	加参比液	加入 2.0mL 参比溶液，轻轻转动，使之混合，得到标准参比颜色	此参比溶液的有效时长为 2h

（二）试样测定

酚酞指示剂法测定生乳酸度中，试样测定的方法及要求如表 2-18 所示。

表 2-18　　试样测定的方法及要求

序号	步骤	操作方法	要求
1	称样	称取 10g（精确到 0.001g）已混匀的试样，置于 150mL 锥形瓶中	

续表

序号	步骤	操作方法	要求
2	加水、指示剂	加20mL新煮沸冷却至室温的水，混匀；加入2mL酚酞指示液，混匀	试样稀释时用水量应根据样品中总酸含量选择
3	滴定	用配制好的氢氧化钠溶液滴定，边滴加边转动锥形瓶，直到颜色与参比溶液的颜色相似，且5s内不消退，整个滴定过程应在45s内完成	（1）滴定过程中，需向锥形瓶中吹氮气，防止溶液吸收空气中的二氧化碳； （2）严格控制操作时间
4	空白试验	用等质量的水替代样品做空白试验	空白试验消耗的氢氧化钠的体积应不小于零，否则应重新制备和使用符合要求的蒸馏水

四、数据分析及处理

（一）结果计算

试样的酸度按式（2-5）计算：

$$X_1 = \frac{c_1 \times (V_3 - V_0) \times 100}{m_1 \times 0.1} \tag{2-5}$$

式中 X_1——试样的酸度，°T（以100g样品所消耗的0.1mol/L氢氧化钠毫升数计）；

c_1——氢氧化钠标准滴定溶液的浓度，mol/L；

V_3——滴定时所消耗氢氧化钠标准滴定溶液的体积，mL；

V_0——空白试验所消耗氢氧化钠标准滴定溶液的体积，mL；

100——100g试样；

m_1——称取样品的质量，g；

0.1——酸度理论定义氢氧化钠的浓度，mol/L。

以重复性条件下获得的两次独立测定结果的算术平均值表示，结果保留三位有效数字。

（二）精密度

在重复条件下获得的两次独立测定结果的绝对差值不得超过算术平均值的10%。

（三）原始数据记录

将检测过程中获得的数据及时填写在原始数据记录表2-19中。

表2-19　酚酞指示剂法测定生乳酸度的原始数据记录表

检测日期		样品名称		样品规格	
检测依据				样品状态	
氢氧化钠标准滴定溶液标定					
编号			1	2	3
邻苯二甲酸氢钾质量/g					

续表

<table>
<tr><td colspan="4">滴定时所消耗的氢氧化钠标准滴定溶液的体积/mL</td><td></td><td colspan="2"></td><td></td></tr>
<tr><td colspan="4">空白试验中氢氧化钠标准溶液用量/mL</td><td></td><td colspan="2"></td><td></td></tr>
<tr><td colspan="4">氢氧化钠标准滴定溶液的实际浓度/（mol/L）</td><td></td><td colspan="2"></td><td></td></tr>
<tr><td colspan="4">氢氧化钠标准滴定溶液浓度的平均值/（mol/L）</td><td colspan="4"></td></tr>
<tr><td colspan="4">计算公式</td><td colspan="4"></td></tr>
<tr><td colspan="8">样品的测定</td></tr>
<tr><td colspan="4">样品编号</td><td colspan="2">1</td><td colspan="2">2</td></tr>
<tr><td colspan="4">样品的质量/g</td><td colspan="2"></td><td colspan="2"></td></tr>
<tr><td colspan="4">氢氧化钠标准溶液的浓度/（mol/L）</td><td colspan="2"></td><td colspan="2"></td></tr>
<tr><td colspan="4">试样所消耗氢氧化钠标准溶液的体积/mL</td><td colspan="2"></td><td colspan="2"></td></tr>
<tr><td colspan="4">空白试验所消耗氢氧化钠标准溶液的体积/mL</td><td colspan="2"></td><td colspan="2"></td></tr>
<tr><td colspan="2" rowspan="2">试样的酸度/°T</td><td colspan="2">测定值</td><td colspan="2"></td><td colspan="2"></td></tr>
<tr><td colspan="2">平均值</td><td colspan="4"></td></tr>
<tr><td>精密度/%</td><td colspan="2">测定值</td><td></td><td colspan="2">允许偏差</td><td colspan="2"></td></tr>
<tr><td colspan="4">计算公式</td><td colspan="4"></td></tr>
<tr><td colspan="4">产品标准/°T</td><td colspan="4"></td></tr>
</table>

结论：

温馨提示

1. 本项目涉及强碱、用电和高温，需按要求规范操作，确保安全。
2. 硫酸钴对水生生物有极高毒性，故应将废液倒入废液桶中。
3. 秉承科学严谨的作风，如实记录数据，细致分析结果。

相关知识

1. 酸碱滴定的终点

食品中有机酸均为弱酸，用强碱滴定生成强碱弱酸盐，显碱性，一般 pH 8.2 左右，故选酚酞为指示剂。此盐在水解时生成金属阳离子、弱酸、OH^-，故显碱性。例：

$$RCOONa+H_2O \longrightarrow RCOOH+Na^++OH^-$$

2. 酸度对乳及乳制品品质控制的意义

（1）反映原料乳的新鲜度　由于乳酸菌的繁殖，乳糖被分解生成乳酸，导致生乳的酸度升高，因而生乳的酸度越高，其新鲜度越差。

（2）反映原料掺假状况　为了掩蔽牛乳的酸败，降低牛乳的酸度，防止牛乳因变酸而发生凝结，不法分子可能会向生乳中添加碳酸钠、碳酸氢钠、氢氧化钠等碱性物质。若生牛乳样品的酸度低于 12°T，则可能掺了碱。

（3）发酵乳发酵终点的判定依据　在发酵乳加工中，适宜的酸度是维持乳蛋白胶体结构稳定的关键因素；酸度不够，胶体结构未能充分形成，不能包裹乳中原有的水分，会出现乳清析出的现象；酸度过高，会破坏原已形成的胶体结构，使其容纳的水分游离出来形成乳清上浮。因此，在发酵工序抽样检查时，当滴定酸度达到 65°T，pH 低于 4.6 时，即可终止发酵。

3. 食品酸度测定的方法及适用对象

（1）酚酞指示剂法　适用于生乳及乳制品、淀粉及其衍生物、粮食及其制品酸度的测定。

（2）pH 计法　适用乳粉酸度的测定。

（3）电位滴定仪法　适用于乳及其他乳制品中酸度的测定。

考核评价

通过小组自评、组间互评、教师评价，根据课前学习任务的完成情况评价自学能力，根据课中关键操作点的规范性评价操作技能，根据沟通交往、解决问题、时间管理、科学严谨的表现评价工作素养，根据实训报告、课后测试评价课后巩固提升。

酚酞指示剂法测定生乳的酸度（考核评价表）

酚酞指示剂法测定生乳的酸度（课后测试题）

方法拓展

电位滴定仪法测定生乳的酸度

生鲜乳的检测-酸度的测定（电位滴定仪法-仪器使用及样品滴定）（视频）

（一）检测标准

GB 5009.239—2016《食品安全国家标准　食品酸度的测定》第三法。

（二）检测原理

中和 100g 试样至 pH 8.3 所消耗的 0.1000mol/L 氢氧化钠体积，经计算确定其酸度。

（三）仪器设备的准备

在 GB 5009.239—2016《食品安全国家标准　食品酸度的测定》第一法的基础上需增加的仪器设备如表 2-20 所示。

表 2-20　　增加的仪器设备

序号	仪器名称	规格	数量	用途
1	电位滴定仪	雷磁 ZD-2	1	确定滴定终点
2	烧杯	150mL	5	仪器标定、样品滴定
3	烧杯	50mL	3	配制标准缓冲溶液
4	容量瓶	100mL	3	配制标准缓冲溶液

（四）试剂的配制

1. 试剂清单

电位滴定仪法测定生乳的酸度，所需的试剂如表 2-21 所示。

表 2-21　　所需试剂

序号	试剂名称	作用
1	氢氧化钠（NaOH）	配制标准滴定溶液，与酸反应
2	95%乙醇（C_2H_5OH）	酚酞指示剂的溶剂
3	酚酞（$C_{20}H_{14}O_4$）	酸碱指示剂
4	邻苯二甲酸氢钾（$C_8H_5O_4K$）	标定氢氧化钠标准滴定溶液的基准试剂、配制 pH 4.00 标准缓冲溶液
5	磷酸二氢钾（KH_2PO_4）	配制 pH 6.86 标准缓冲溶液
6	无水磷酸二氢钠（NaH_2PO_4）	配制 pH 6.86 标准缓冲溶液
7	硼砂（$Na_2B_4O_7 \cdot 10H_2O$）	配制 pH 9.18 标准缓冲溶液

2. 试剂配制

（1）pH 4.00 标准缓冲溶液（25℃）　准确称取（115±5）℃烘干 2~3h 的优级纯邻苯二甲酸氢钾 10.12g，溶于水中，稀释至 1000mL，摇匀。

（2）pH 6.86 标准缓冲溶液（25℃）　准确称取（115±5）℃烘干 2~3h 的优级纯磷酸二氢钾 3.387g 和优级纯无水磷酸二氢钠 3.533g，溶于水中，稀释至 1000mL，摇匀。

（3）pH 9.18 标准缓冲溶液（25℃）　用优级纯硼砂 3.80g，溶于无二氧化碳的蒸馏水中，稀释至 1000mL，摇匀。

（五）检测过程

1. pH 标定　雷磁 ZD-2 自动电位滴定仪 pH 标定的方法及要求如表 2-22 所示。

表 2-22　　雷磁 ZD-2 自动电位滴定仪的 pH 标定

序号	步骤	操作方法	要求
1	安装	(1) 安装滴定装置：按下图安装 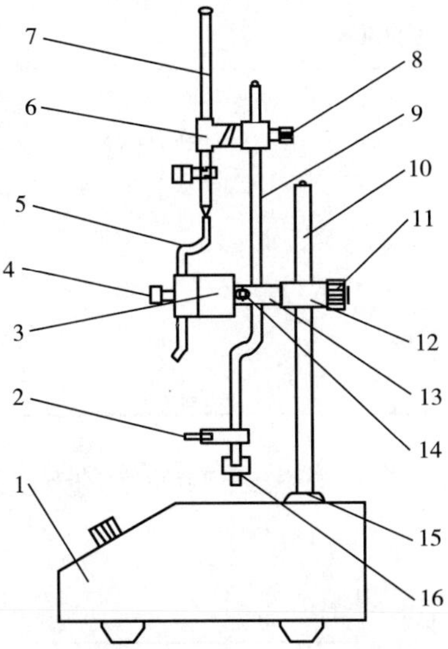 1—JB-1A 型搅拌器；　2—电极夹； 3—电磁阀；　4—电磁阀螺丝； 5—橡皮管；　6—滴管夹； 7—滴定管；　8—滴管夹固定螺丝； 9—弯式滴管架；　10—管状滴管架； 11—螺帽；　12—夹套； 13—夹芯；　14—支头螺钉； 15—安装螺纹；　16—紧圈。 (2) 取下 Q9 短路插头，将 pH 复合电极与仪器连通	(1) 将管状滴管架旋在搅拌器的安装螺纹上； (2) 将夹芯、夹套的孔对齐，穿过管状滴管架，调节到合适位置，旋紧螺帽固定； (3) 将电磁阀末端插入夹芯，注意电磁阀上箭头朝下，旋紧支头螺钉固定； (4) 将滴管夹安装在弯式滴管架上，调节至合适位置，旋紧滴管夹固定螺丝固定； (5) 将装有 0.1000mol/L 氢氧化钠标准滴定溶液，且已排气泡的聚四氟乙烯活塞滴定管夹在滴管夹上，将电磁阀上方的软管套入滴定管末端； (6) 将电极夹安装在弯式滴管架的下端，装上电极及毛细管，将电磁阀下方的橡皮管套入毛细管； (7) pH 复合电极的外参比应有饱和氯化钾溶液，补充液可以从电极上端小孔加入
2	预热	使用前打开电源开关，预热 15min	预热有助于保持仪器测定时的稳定性
3	测温	用温度计测出被测溶液的温度，按“温度”键，将测出的溶液温度输入到仪器中，按“确认”键	
4	一点标定	(1) 按“-/标定”键，液晶右下角显示“标定”； (2) 将清洗过的电极插入 pH 4.00 的标准缓冲溶液中； (3) 等电位显示稳定后，按“确认”键完成标定，标定过程结束	(1) 取下电极套后，应避免电极的玻璃泡与硬物接触，因为任何破损或擦毛都将使电极失效； (2) 清洗后的电极需用滤纸吸干水后，才能放入标准缓冲溶液中
5	二点标定	(1) 按“-/标定”键，液晶右下角显示“标定”； (2) 将清洗过的电极插入 pH 4.00 的标准缓冲溶液中； (3) 等电位显示稳定后，按“-/标定”键，液晶右下角显示“斜率”； (4) 用蒸馏水清洗电极，并用吸水纸吸干水分，将电极插入 pH 9.18 的标准缓冲溶液中； (5) 等电位显示稳定后，按“确认”键，完成二点标定，标定过程结束	

2. 测定准备

（1）样品准备　电位滴定仪法测定生乳的总酸度中，样品准备的方法及要求如表2-23所示。

表2-23　样品的准备

序号	步骤	操作方法	要求
1	放磁力搅拌转子	将磁力搅拌转子置于150mL烧杯中	将烧杯倾斜、磁力搅拌转子置于烧杯口，缓缓竖立烧杯，使其滑落到杯底
2	称样	称取10g（精确到0.001g）已混匀的试样，置于上述150mL烧杯中	
3	稀释	加20mL新煮沸冷却至室温的水，混匀	
4	放置	将烧杯放在磁力搅拌器的正中央	

（2）仪器准备　pH标定后电位滴定仪，还需按表2-24所示的方法和要求完成测量前的准备工作。

表2-24　仪器的准备

序号	步骤	操作方法	要求
1	排气泡、调零	打开滴定管的旋塞，按“-/连续”键，将电磁阀和软管中的空气排尽，补加0.1000mol/L氢氧化钠标准滴定溶液至“0”刻度	滴定前务必先排气泡，以免滴定体积偏小
2	选择模式	按“pH/mV”键使液晶左上角显示“pH”	
3	清洗	用蒸馏水清洗电极头部，并用滤纸将电极上的水吸干	
4	设置温度	（1）用温度计测出被测溶液的温度； （2）按“温度”键，将测出的溶液温度输入到仪器中，按“确认”键	
5	放电极	将电极插入被测溶液中	调整电极的位置，确保电极既不靠烧杯内壁，也不会接触磁力搅拌转子

3. 样品滴定

（1）手动滴定　手动滴定模式完成样品酸度测定的操作方法及要求如表2-25所示。

表2-25　手动滴定样品操作方法及要求

序号	步骤	操作方法	要求
1	调节转速	打开搅拌器电源，调节转速使搅拌从慢逐渐加快至适当转速	调速时应由低速逐步调至高速，最好不要高速档直接起动，以免搅拌子不同步，引起跳动
2	开始滴定	按住“-/连续”按键，电磁阀打开，溶液将从滴定管中滴下，注意观察屏幕上的pH	滴定前最好先用滴液将电磁阀橡皮管冲洗数次；滴定过程中，向锥形瓶中吹氮气，防止溶液吸收空气中的二氧化碳

续表

序号	步骤	操作方法	要求
3	结束滴定	当pH显示为8.3时，放开“-/连续”按键，电磁阀立即关闭	测量时，电极的引入导线应保持静止，否则，会引起测量不稳定
4	记录	记录滴定管内滴液的消耗读数	样品滴定使用10mL的碱式滴定管，读数时应保留至小数点后3位
5	空白试验	同时用等体积的水做空白试验	空白所消耗的氢氧化钠的体积应不小于零，否则应重新制备和使用符合要求的蒸馏水

（2）pH自动滴定　pH自动滴定模式完成样品酸度测定的操作方法及要求如表2-26所示。

表2-26　　pH自动滴定样品操作方法及要求

序号	步骤	操作方法	要求
1	设置终点	按“终点”键，按数字键输入终点pH 8.3	
2	设置预控点	按“预控点”键，按数字键输入预控点pH	（1）预控点的作用是使仪器自动调节滴定速度，当测得电位离终点电位大于预控点电位时，滴定速度快；当测得电位离终点电位小于预控点电位后，滴定速度放慢，以便于精确控制滴定终点； （2）一般氧化还原滴定、强酸强碱中和滴定和沉淀滴定可选择预控点值小一些；弱酸强碱、强酸弱碱可选择中间预控点值；而弱酸弱碱滴定需选择大预控点值
3	调节转速	打开搅拌器电源，调节转速使搅拌从慢逐渐加快至适当转速	
4	样品滴定	按“1/自动”键，按“开始”键，仪器开始自动滴定，到达终点pH后自动结束	到达终点后，不可以再按“开始”键，否则仪器又将开始滴定
5	记录	记录滴定管内滴液的消耗读数	读数时应保留至小数点后3位
6	空白试验	同时用等体积的水做空白试验	

（3）pH控制滴定　pH控制滴定模式完成样品酸度测定的操作方法及要求如表2-27所示。

表2-27　　pH控制滴定样品操作方法及要求

序号	步骤	操作方法	要求
1	设置终点	按“终点”键，按数字键输入终点pH	本次终点pH为8.3
2	调节转速	打开搅拌器电源，调节转速使搅拌从慢逐渐加快至适当转速	

续表

序号	步骤	操作方法	要求
3	样品滴定	按“4/快滴”键或“7/慢滴”键，仪器开始按固定的速度（快速或慢速）滴定，到达终点 pH 后自动结束	开始阶段可选择“4/快滴”键，接近终点时改为“7/慢滴”键
4	记录	记录滴定管内滴液的消耗读数	读数时应保留至小数点后 3 位
5	空白试验	同时用等体积的水做空白试验	

（六）数据分析及处理

同 GB 5009.239—2016《食品安全国家标准　食品酸度的测定》第一法。

电位滴定仪法测定生乳的酸度（课后测试题）

任务十二　凯氏定氮法测定生乳中的蛋白质

案例导入

从 2003 年开始，安徽阜阳农村的 100 多名原本健康的婴儿，主要喂养乳粉后，陆续患上了一种怪病，呈现出四肢短小、身体瘦弱、脑袋偏大和免疫力低下等发育不良的特点。国务院调查组于 2004 年 4 月 22 日晚赶赴安徽，会同安徽省政府组成联合调查组，对安徽阜阳等地劣质婴儿乳粉事件展开调查。

结果发现，劣质婴儿乳粉用淀粉、蔗糖等价格低廉的食品原料全部或部分替代了乳粉，其低蛋白质、低微量营养素等因素是造成婴幼儿营养不良的主要原因；生产不合格乳粉的 45 家企业中，有 2 家无厂名厂址，有 2 家冒用厂名厂址，有 20 家无婴幼儿配方乳粉生产许可证。

对上述违法行为，有关部分依法进行了处理。一是对检验为劣质产品的，予以没收、销毁，责令企业停产、整改并及时通报、追缴劣质产品；二是对无生产许可证生产婴幼儿配方乳粉的企业责令停产，要求依法申领生产许可证后方可恢复生产；三是对涉嫌犯罪的 7 起案件移送公安部门处理；四是打击假冒、保护名优。

任务描述

据农业部门调查，我国生乳蛋白质含量在 2.8%~3.2%，平均值为 2.95%。为了将不同蛋白质含量的生乳用于不同类型乳制品的生产，乳制品企业根据“按质论价、优质优价”的原则收购牛乳。请独自查询资料、学习国家标准、参与话题讨论，合作制订检测方案并完成样品检测。

学习目标

❖ 知识目标

1. 知道凯氏定氮法测定牛乳蛋白质含量的标准依据，理解检测的原理。

2. 了解检测所需的试剂和仪器设备，掌握甲基红-溴甲酚绿混合指示剂、盐酸标准滴定溶液配制的方法和要求。

3. 掌握定氮蒸馏装置的安装方法。
4. 掌握样品消化、蒸馏、吸收、滴定的操作程序及要求。

❖ 技能目标

1. 能够根据国家标准完成试剂的配制和仪器的准备。
2. 能进行样品的消化、蒸馏、吸收、滴定和仪器的清洗。
3. 能根据记录的数据进行结果计算和精密度分析。

❖ 素质目标

1. 树立食品安全标准意识和保护环境的意识。
2. 形成规范操作意识和团队合作精神。
3. 具有实事求是、科学严谨的工作态度。
4. 养成自觉维护工位及实验室整洁与卫生的习惯。

课前准备

1. 学习资源准备

通过网络获取 GB 5009. 5—2016《食品安全国家标准　食品中蛋白质的测定》第一法、GB/T 601—2016《化学试剂　标准滴定溶液的制备》，以及扫码获取《生鲜乳的检测-蛋白质的测定》系列视频。

生鲜乳的检测-蛋白质的测定（凯氏定氮法-检测原理）（视频）

生鲜乳的检测-蛋白质的测定（凯氏定氮法-试剂的配制）（视频）

生鲜乳的检测-蛋白质的测定（凯氏定氮法-样品的消化）（视频）

生鲜乳的检测-蛋白质的测定（凯氏定氮法-蒸馏、滴定）（视频）

2. 完成预习任务

（1）阅读相关标准文件，观看操作视频，小组合作初拟检测方案。
（2）遵循够用节约的原则，设计试剂的配制量，汇总所需仪器设备的规格和数量。
（3）参与话题讨论：为什么要测定食品中的蛋白质？

思政园地

食品安全社会关注度高，舆论燃点低，一旦出问题，很容易引起公众恐慌，甚至酿成群体性事件。

——习近平（2013 年 12 月 23—24 日，在 2013 年中央农村工作会议上的讲话）

必备知识

1. 产品标准

生乳及灭菌牛乳中蛋白质的质量标准如表 2-28 所示。

表 2-28　　生乳及灭菌牛乳中蛋白质的质量标准

序号	品类	蛋白质/（g/100g）	标准依据
1	生乳	≥2.8	GB 19301—2010《食品安全国家标准　生乳》
2	灭菌乳（牛乳）	≥2.9	GB 25190—2010《食品安全国家标准　灭菌乳》

2. 检测标准

GB 5009.5—2016《食品安全国家标准　食品中蛋白质的测定》第一法：凯氏定氮法。

3. 检测原理

食品中的蛋白质在催化加热条件下被分解，产生的氨与硫酸结合生成硫酸铵。碱化蒸馏使氨游离，用硼酸吸收后以硫酸或盐酸标准滴定溶液滴定，根据酸的消耗量计算氮含量，再乘以换算系数，即为蛋白质的含量。

任务实施

一、仪器设备准备

凯氏定氮法测定生乳中的蛋白质所需的主要仪器设备如表 2-29 所示。

表 2-29　　所需仪器设备

序号	仪器名称	规格	数量	用途
1	分析天平	0.0001g	1	称量
2	烧杯	50mL	5	配制指示剂、硼酸、氢氧化钠溶液；盛放生乳样品，转移消化液
3	试剂瓶	100mL	1	储存指示剂
4	聚乙烯试剂瓶	100mL	1	储存氢氧化钠溶液
5	容量瓶	100mL	6	配制甲基红乙醇溶液、溴甲酚绿、硼酸、氢氧化钠、硫酸铵溶液、盐酸标准溶液
6	滴瓶	30mL	5	储存指示剂
7	瓷坩埚	25mL	1	盛放无水碳酸钠
8	马弗炉	16L	1	干燥无水碳酸钠
9	干燥器		1	保持无水碳酸钠的干燥
10	吸量管	5mL	1	移取浓盐酸
11	容量瓶	1000mL	1	配盐酸标准滴定溶液
12	酸式滴定管	50mL	1	盐酸标准滴定溶液标定、样品滴定
13	试剂瓶	1000mL	1	储存盐酸标准滴定溶液
14	锥形瓶	250mL	4	标定盐酸标准滴定溶液、接收蒸馏液

续表

序号	仪器名称	规格	数量	用途
15	量筒	50mL	1	量取蒸馏水
16	量筒	10mL	3	量取浓硫酸、蒸馏水、氢氧化钠溶液
17	凯氏烧瓶	500mL	2	样品消化
18	漏斗	40mm	2	样品消化
19	容量瓶	100mL	1	消化液定容
20	吸量管	10mL	2	移取硼酸、样品消化液
21	洗瓶	500mL	1	清洗
22	定氮蒸馏装置	2L	1	样品蒸馏、吸收
23	乳胶管	1. 5m	2	连接冷凝管进出水
24	乳胶管	0. 3m	1	连接蒸汽发生器和反应室
25	乳胶管	0. 1m	2	连接反应室下端排水口、冷凝管下端
26	止水夹		2	控制蒸汽和水的进出

二、试剂配制

（一）试剂清单

凯氏定氮法测定生乳中的蛋白质所需的试剂如表 2-30 所示。

表 2-30　所需试剂

序号	试剂名称	作用
1	五水硫酸铜（$CuSO_4 \cdot 5H_2O$）	（1）催化剂　加速有机物的氧化分解； （2）指示剂　消化完成（蓝绿色）
2	硫酸钾（K_2SO_4）	（1）提高溶液沸点、加快有机物分解　硫酸钾+硫酸⟶硫酸氢钾，将沸点从 340℃ 提高到 400℃ 以上；消化过程中硫酸分解，水分散失，硫酸氢钾浓度逐渐增大、沸点不断升高； （2）替代物　硫酸钠、氯化钾，但效果稍逊
3	硫酸（H_2SO_4）	（1）脱水性　将有机物脱水后炭化为碳、氢、氮； （2）氧化性　将有机物炭化后的碳氧化为二氧化碳，硫酸则被还原成二氧化硫；二氧化硫使氮还原为氨，本身则被氧化为三氧化硫，氨随之与硫酸作用生成硫酸铵留在酸性溶液中
4	硼酸（H_3BO_3）	呈微弱酸性，与加热蒸馏所释放出的氨形成硼酸铵
5	甲基红（$C_{15}H_{15}N_3O_2$）	盐酸标准溶液标定时的指示剂
6	溴甲酚绿（$C_{21}H_{14}Br_4O_5S$）	盐酸标准溶液标定时的指示剂

续表

序号	试剂名称	作用
7	氢氧化钠（NaOH）	呈碱性，使消化液中的氨在加热时释放出来
8	浓盐酸（HCl）	滴定吸收液
9	无水碳酸钠（Na_2CO_3）	盐酸标准溶液标定时的基准物质
10	95%乙醇（C_2H_5OH）	甲基红、溴甲酚绿指示剂的溶剂

（二）配制方法

1. 甲基红乙醇溶液（1g/L）

称取0.1g甲基红，用95%乙醇溶解，并稀释至100mL。

2. 溴甲酚绿乙醇溶液（1g/L）

称取0.1g溴甲酚绿，用95%乙醇溶解，并稀释至100mL。

3. 甲基红-溴甲酚绿混合指示剂

临用时，将1份甲基红乙醇溶液与5份溴甲酚绿乙醇溶液混合。

4. 硼酸溶液（20g/L）

称取20g硼酸，加水溶解后并稀释至1000mL。

5. 氢氧化钠溶液（400g/L）

称取40g氢氧化钠加水溶解后，放冷，并稀释至100mL。

6. 盐酸标准滴定溶液（0.0500mol/L）

（1）配制　在通风橱中，用干净的量筒取4.2mL浓盐酸，加入蒸馏水稀释至1000mL，摇匀即得。放置几个小时后即可开始标定。

（2）标定　0.0500mol/L盐酸标准滴定溶液标定方法及要求如表2-31所示。

表2-31　0.0500mol/L盐酸标准滴定溶液标定方法及要求

序号	步骤	操作方法	要求
1	基准物恒重	取基准无水碳酸钠适量，置于洁净的瓷坩埚中，斜搭盖露出点缝隙，置于马弗炉中保持270~300℃干燥1h，于干燥器中冷却	使用坩埚钳取出坩埚，以防烫伤
2	基准物称量	采用减量称量法，取上述处理后的无水碳酸钠0.0700g置于250mL锥形瓶中	戴棉手套取拿称量瓶；倾样次数不超过3次
3	加水	用量筒量取蒸馏水50mL，加入锥形瓶中	
4	加指示剂	加入10滴甲基红-溴甲酚绿混合指示剂	现配现用
5	加滴定液	将配好的盐酸溶液装入50mL酸式滴定管中	滴定管使用前需检漏、润洗；加入滴定液后需排气泡、调节液面至“0”刻度处
6	滴定1	滴定至溶液由绿色变为暗红色，煮沸2min	（1）滴定速度保持在6~8mL/min；（2）严格计时

续表

序号	步骤	操作方法	要求
7	滴定 2	冷却至室温后继续滴定至溶液再呈暗红色，记录消耗盐酸标准滴定溶液的体积	如实记录数据，平行测定 3 次
8	空白试验	不加基准试剂，直接测定滴定蒸馏水所消耗的盐酸标准滴定溶液的体积	空白试验数值不能太高，若太高，应找出原因，重新测定

（3）计算　盐酸标准滴定溶液浓度按式（2-6）计算：

$$c = \frac{m}{M(V_1 - V_2)/1000} \tag{2-6}$$

式中　c——盐酸标准滴定溶液浓度，mol/L；

V_1——滴定时所消耗的盐酸标准滴定溶液的体积，mL；

V_2——空白试验消耗的盐酸标准滴定溶液的体积，mL；

m——称取的基准无水碳酸钠质量，g；

M——无水碳酸钠（$1/2\ Na_2CO_3$）的摩尔质量的数值，g/moL（M=52.99）。

三、操作步骤

（一）样品消化

凯氏定氮法测定生乳中的蛋白质中，样品消化的方法及要求如表 2-32 所示。

表 2-32　　样品消化的方法及要求

序号	步骤	操作方法	要求
1	称样	依次称取 0.4g 硫酸铜、6g 硫酸钾、生乳 10.000g，量取 20mL 硫酸，加入 500mL 凯氏烧瓶中，充分摇匀	（1）硫酸钾用量不可过多，否则会因温度过高而使已生成的铵盐发生热分解析出氨，导致氮的损失； （2）生乳采用减量称量法称取； （3）浓硫酸具有强腐蚀性，移取操作需规范
2	安装	按下图安装凯氏烧瓶： 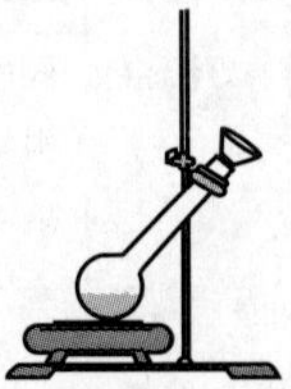	（1）于瓶口置一小漏斗，瓶颈 45°角倾斜置电炉上（通风橱内）； （2）瓶口勿对着人，确保人身安全
3	消化	先以小火缓慢加热，待内容物完全炭化、泡沫消失后，加大火力消化至溶液呈蓝绿色；取下漏斗，继续加热 0.5~1h	（1）消泡：①小火加热并时时摇动；②加少量辛醇、液体石蜡或硅油； （2）消化液不易澄清透明时，将凯氏烧瓶冷却后，加入 30%过氧化氢 2~3mL，继续加热消化； （3）含铁多的样品消化终点为深绿色

续表

序号	步骤	操作方法	要求
4	定容	取下凯氏烧瓶，冷却至室温，加入 20mL 水后倒入 50mL 烧杯中，移入 100mL 容量瓶中，并用少量水洗凯氏烧瓶，洗液并入容量瓶中，再加水至刻度，混匀备用	该操作会放热，谨防烫伤

（二）蒸馏、吸收、滴定

凯氏定氮法中，样品蒸馏、吸收、滴定的方法及要求如表 2-33 所示。

表 2-33　　样品蒸馏、吸收、滴定的方法及要求

序号	步骤	操作方法	要求
1	安装	按右图安装仪器： 1—电炉 2—水蒸气发生器（2L 烧瓶） 3—螺旋夹 4—小玻杯及棒状玻塞 5—反应室 6—反应室外层 7—橡皮管及螺旋夹 8—冷凝管 9—蒸馏液接收瓶	（1）原则　从下到上、从左到右； （2）气密性　仔细检查蒸馏装置各连接处，确保不漏气 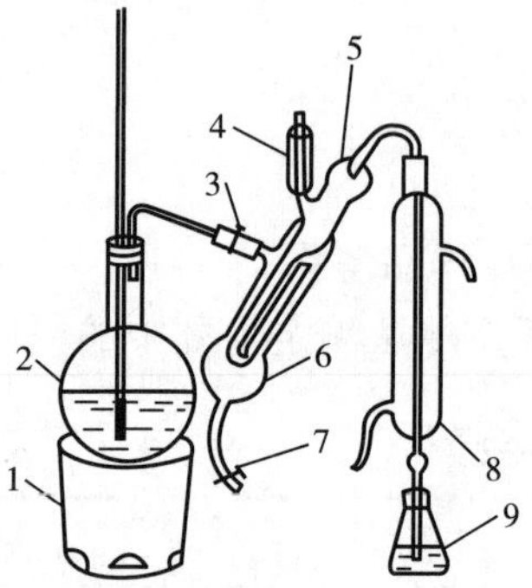
2	水蒸气发生器内“四加”	（1）加水　向水蒸气发生器内装水至 2/3 处； （2）加玻璃珠　数粒； （3）加试剂　加甲基红乙醇溶液数滴，及数毫升硫酸，以保持水呈酸性； （4）加热　加热煮沸水蒸气发生器内的水并保持沸腾	甲基红变色范围：pH≥6.2 时，为黄色；pH4.4~6.2 时，为橙色；pH≤4.4 时，为红色
3	接收瓶准备	（1）加试剂　加 10.0mL 硼酸溶液及 1~2 滴混合指示剂； （2）入液面　使冷凝管的下端插入液面下	硼酸吸收液的温度不应超过 40℃，否则会对氨的吸收作用减弱而造成损失，此时可置于冷水浴中降温
4	反应室加试剂	（1）加样液　吸取 10.0mL 试样处理液由小玻杯注入反应室，以 10mL 水洗涤小玻杯并使之流入反应室内，随后塞紧棒状玻塞； （2）加试剂　将 10.0mL 氢氧化钠溶液倒入小玻杯，提起玻塞使其缓缓流入反应室，立即将玻塞盖紧，并水封	硫酸铵是一种强酸弱碱盐，需要足够的碱液使结合态的氨完全反应并释放出来，这个过程中氢氧化钠需过量。过量的氢氧化钠会与硫酸铜产生蓝色的氢氧化铜沉淀，氢氧化铜受热分解成黑色的氧化铜沉淀。故加入氢氧化钠后，反应室内的液体应呈黑色，若仍呈蓝色，则表明加碱量不足

续表

序号	步骤	操作方法	要求
5	蒸馏	(1) 夹螺旋夹　夹紧反应室下端的螺旋夹，后开始蒸馏； (2) 蒸馏　蒸馏 10min 后移动蒸馏液接收瓶，液面离开冷凝管下端，再蒸馏 1min； (3) 冲洗　用少量水冲洗冷凝管下端外部，取下蒸馏液接收瓶	(1) 保持定氮蒸馏装置的密闭性，防止氨的损失； (2) 确保冷凝水的流量适宜，流量过大，易因水压过大而造成乳胶管脱落；流量过小，冷凝效果不佳； (3) 先使冷凝管下端离开液面，再关闭电源，防止吸收液倒吸
6	反应室清洗	(1) 入水中　将冷凝管下端置于入蒸馏水中； (2) 断蒸汽　移开热源，切断蒸汽； (3) 排废液　利用倒吸将反应室内的废液吸入隔热槽； (4) 洗内部　冷凝管中的蒸馏水倒流，对反应室内部进行冲洗； (5) 加热　接通蒸汽导管，加热反应室内液体后再次断蒸汽； (6) 如此反复操作 2～3 次，将反应室内部洗干净	(1) 用于清洗的蒸馏水需足量； (2) 断蒸汽前需移开电源，以防沸水从安全导管中喷出
7	滴定	将接收瓶内的硼酸溶液用 0.05mol/L 盐酸标准溶液滴定，由蓝绿色变为微红色为终点	甲基红-溴甲酚绿指示剂在 pH5.2 以上时，呈蓝绿色；pH4.6 时，呈淡粉红
8	空白试验	同时做一试剂空白（除不加样品，从消化开始操作完全相同）	

四、数据分析及处理

（一）结果计算

试样中蛋白质的含量按式（2-7）计算：

$$W = \frac{(V_3 - V_0) \times c \times 0.014 \times F}{m_1 \times \frac{V_4}{100}} \times 100 \tag{2-7}$$

式中　W——试样中蛋白质的含量，g/100g；

V_0——滴定空白蒸馏液消耗盐酸标准滴定溶液体积，mL；

V_3——滴定样品蒸馏液消耗盐酸标准滴定溶液体积，mL；

V_4——蒸馏时吸取样品稀释液体积，mL；

c——盐酸标准滴定溶液的浓度，mol/L；

0.014——盐酸标准滴定溶液相当的氮的质量，g；

F——蛋白质换算系数（一般食物为 6.25，乳为 6.38）；

m——样品质量，g；

100——换算系数。

蛋白质含量≥1g/100g 时，结果保留三位有效数字；蛋白质含量<1g/100g 时，结果保留两位有效数字。

（二）精密度

在重复条件下获得的两次独立测定结果的绝对差值不得超过算术平均值的 10%。

（三）原始数据记录

将检测过程中获得的数据如实填写在原始数据记录表 2-34 中。

表 2-34　凯氏定氮法测定生乳中蛋白质的原始数据记录表

<table>
<tr><td>检测日期</td><td></td><td>样品名称</td><td></td><td>样品规格</td><td></td></tr>
<tr><td>检测依据</td><td colspan="3"></td><td>样品状态</td><td></td></tr>
<tr><td colspan="6">盐酸标准滴定溶液标定</td></tr>
<tr><td colspan="3">编号</td><td>1</td><td>2</td><td>3</td></tr>
<tr><td colspan="3">无水碳酸钠的质量/g</td><td></td><td></td><td></td></tr>
<tr><td colspan="3">滴定时所消耗的盐酸标准滴定溶液的体积/mL</td><td></td><td></td><td></td></tr>
<tr><td colspan="3">空白试验中盐酸标准滴定溶液用量/mL</td><td></td><td></td><td></td></tr>
<tr><td colspan="3">盐酸标准滴定溶液的实际浓度/（mol/L）</td><td></td><td></td><td></td></tr>
<tr><td colspan="3">盐酸标准滴定溶液浓度的平均值/（mol/L）</td><td colspan="3"></td></tr>
<tr><td colspan="3">计算公式</td><td colspan="3"></td></tr>
<tr><td colspan="6">样品的测定</td></tr>
<tr><td colspan="3">样品编号</td><td colspan="2">1</td><td>2</td></tr>
<tr><td colspan="3">样品的质量/g</td><td colspan="2"></td><td></td></tr>
<tr><td colspan="3">盐酸标准滴定溶液的浓度/（mol/L）</td><td colspan="2"></td><td></td></tr>
<tr><td colspan="3">试样所消耗盐酸标准滴定溶液的体积/mL</td><td colspan="2"></td><td></td></tr>
<tr><td colspan="3">空白试验所消耗盐酸标准滴定溶液的体积/mL</td><td colspan="2"></td><td></td></tr>
<tr><td colspan="3">吸取样品稀释液体积/mL</td><td colspan="2"></td><td></td></tr>
<tr><td colspan="3">蛋白质换算系数</td><td colspan="3"></td></tr>
<tr><td rowspan="2">试样中蛋白质的含量/（g/100g）</td><td colspan="2">测定值</td><td colspan="2"></td><td></td></tr>
<tr><td colspan="2">平均值</td><td colspan="3"></td></tr>
<tr><td>精密度/%</td><td>测定值</td><td colspan="2"></td><td>允许偏差</td><td></td></tr>
<tr><td colspan="3">计算公式</td><td colspan="3"></td></tr>
<tr><td colspan="3">产品标准/（g/100g）</td><td colspan="3"></td></tr>
<tr><td colspan="6">结论：</td></tr>
</table>

温馨提示

1. 浓盐酸具有极强的挥发性、浓硫酸具有强氧化性、高浓度的氢氧化钠溶液有强腐蚀性，蒸馏过程中需要用电炉，涉及高温操作，需按要求规范操作，确保安全。

2. 秉承科学严谨的作风，如实记录数据，细致分析结果。

3. 为了保护环境，需将废液倒入对应的废液桶中。

4. 遵守实验室管理规定，及时完成清洗和整理工作，保持实验室的清洁整齐。

相关知识

1. 食品中的蛋白质

（1）蛋白质的生理作用　蛋白质是构成人体组织和细胞的重要成分，也是酶、激素等生理活性物质的主要成分；可为机体提供氮源，维持正氮平衡；是供能的三大营养素之一。

（2）蛋白质的元素组成　蛋白质主要由 C、H、O、N 四种元素组成，此外还含有 S、P、Fe 和 Cu 等元素，其中 N 是蛋白质区别于其他有机化合物的主要标志。一般蛋白质含氮量为 16%，即 1 份氮相当于 6.25 份蛋白质，此数值被称为蛋白质换算系数。不同食品的蛋白质换算系数如表 2-35 所示。

表 2-35　各种食品中蛋白质换算系数

食品类别		换算系数
小麦	全小麦粉	5.83
	麦糠麸皮	6.31
	麦胚芽	5.80
	麦胚粉、黑麦、普通小麦、面粉	5.70
燕麦、大麦、黑麦粉		5.83
小米、裸麦		5.83
玉米、黑小麦、饲料小麦、高粱		6.25
油料	芝麻、棉籽、葵花籽、蓖麻、红花籽	5.30
	其他油料	6.25
	油菜籽	5.53
坚果、种子类	巴西果	5.46
	花生	5.46
	杏仁	5.18
	核桃、榛子、椰肉等	5.30

食品类别		换算系数
大米及米粉		5.95
鸡蛋	鸡蛋（全）	6.25
	蛋黄	6.12
	蛋白	6.32
肉与肉制品		6.25
动物明胶		5.55
纯乳及乳制品		6.38
复合配方食品		6.25
酪蛋白		6.40
胶原蛋白		5.79
豆类	大豆及其粗加工品	5.71
	大豆蛋白制品	6.25
其他食品		6.25

2. 盐酸标准滴定溶液标定的原理

浓盐酸易挥发，不能直接配制成准确浓度的盐酸溶液。因此，常将浓盐酸稀释成所需溶液的近似浓度，然后用基准物质无水碳酸钠进行标定，其反应式如下：

$$Na_2CO_3+2HCl \longrightarrow 2NaCl+H_2O+CO_2\uparrow$$

以甲基红-溴甲酚绿混合指示剂时，用 HCl 溶液滴定至溶液由绿色变为暗红色，煮沸 2min，冷却后继续滴定至溶液呈暗红色为终点。

盐酸标定过程中产生的 CO_2 溶于水，形成的 H_2CO_3 呈弱酸性，导致滴定突跃不明显，指示剂颜色不够敏锐，因此，接近滴定终点前，要把溶液加热煮沸并摇动以赶走 CO_2，冷却后再继续滴定。

3. 食品中蛋白质测定的方法及适用对象

（1）凯氏定氮法和分光光度法　适用于各种食品中蛋白质的测定。

（2）燃烧法　适用于蛋白质含量在 10g/100g 以上的粮食、豆类、乳粉、米粉、蛋白质粉等固体试样的测定。

考核评价

通过小组自评、组间互评、教师评价，根据课前学习任务的完成情况评价自学能力，根据课中关键操作点的规范性评价操作技能，根据沟通交往、解决问题、时间管理、科学严谨的表现评价工作素养，根据实训报告、课后测试评价课后巩固提升。

凯氏定氮法测定生乳中的蛋白质（考核评价表）

凯氏定氮法测定生乳中的蛋白质（课后测试题）

方法拓展

全自动凯氏定氮仪法测定生乳中的蛋白质

（一）检测标准与检测原理

同 GB 5009.5—2016《食品安全国家标准　食品中蛋白质的测定》第一法。

生鲜乳的检测-蛋白质的测定（全自动凯氏定氮仪法-石墨消解仪的使用）（视频）

生鲜乳的检测-蛋白质的测定（全自动凯氏定氮仪法-全自动凯氏定氮仪的使用）（视频）

（二）仪器设备的准备

石墨消解仪 SH220F、全自动凯氏定氮仪 K9860。

（三）试剂的配制

1. 甲基红乙醇溶液（1g/L）、溴甲酚绿乙醇溶液（1g/L）、甲基红-溴甲酚绿混合指示剂、硼酸溶液（20g/L）、氢氧化钠溶液（400g/L）、盐酸标准滴定溶液（0.0500mol/L）。

配制方法同 GB 5009.5—2016《食品安全国家标准　食品中蛋白质的测定》第一法。

2. 硫酸铵标准溶液（0.05mol/L）

取适量硫酸铵于105℃干燥箱中，至少干燥4h至恒重，取出放入干燥器中冷却至室温，称量6.6065g，用无氨纯水定容至1000mL，摇匀待用。

（四）样品测定

1. 样品消化（以海能石墨消解仪SH220F为例）

利用海能石墨消解仪SH220F对样品进行消化的方法及要求如表2-36所示。

表2-36　　样品消化的方法及要求

序号	步骤	操作方法	要求
1	称样	称取0.4g硫酸铜、6g硫酸钾、生乳2g（精确至0.001g），量取10mL硫酸，加入消化管中	（1）为确保样品和试剂都处于消化管的底部，应先加入固体部分，再加入液体部分； （2）消化管底部为圆形，且长度超过了玻璃门的尺寸，不可竖直放置于天平内，因而不可将液体样品直接称量于其中，应采用间接称量法
2	安装	消化管口放一个外径为4cm的小漏斗⟶放入消化管架⟶放入消解仪（通风橱内）	（1）漏斗的尺寸应适宜，以确保消化管口和漏斗外壁紧密贴合在一起，起到冷凝回流的作用； （2）若有条件，也可连接废气吸收系统替代小漏斗
3	设置	接通电源，打开开关，进入开机界面，5s后进入主界面，显示上次试验设置的条件： （1）升温方式　常按返回键，进入设置界面，通过移位键将光标移至加热方式选项，按功能键切换为曲线加热模式，按返回键； （2）曲线编号　常按返回键，进入设置界面，通过移位键将光标移至曲线设置，按功能键设置曲线编号； （3）曲线设置　在选择曲线编号后，按确定键进入曲线设置界面；常按返回键进入设置界面，通过移位键和功能键设置加热程序	（1）消化易起泡样品，可采用曲线加热；消化不易起泡样品，可采用直线加热； （2）参考加热程序：200℃，30min⟶300℃，30min⟶420℃，90min
4	消化	按确认键，启动消化程序，开始自动消解	消化过程中，保持通风橱的正常运转，确保室内无有毒有害气体的聚集
5	结束	消解结束后，关机，取出消化管架，冷却至室温，取下小漏斗	

2. 全自动凯氏定氮仪的准备（以海能 K9860 全自动凯氏定氮仪为例）

（1）安装仪器　海能 K9860 全自动凯氏定氮仪安装的方法及要求如表 2-37 所示。

表 2-37　　海能 K9860 全自动凯氏定氮仪的安装方法及要求

序号	步骤	操作方法	要求
1	安放要求	仪器平稳放置在试验台上，仪器背面应离开墙壁 20cm 以上，连接进水管，出水管及排废管	（1）确保良好的通风和散热条件； （2）排废液管的出口要比仪器安放位置低，以使排液畅通
2	储液桶准备	将储液桶和消化管进行清洗后加入已配好的试剂，将滴定酸桶、硼酸桶、碱桶、蒸馏水桶管路按照标示插好	（1）试剂要准备充足，保证满足本批次实验； （2）滴定酸桶的管子应插到底部
3	安装打印纸	将打印机开关旋钮旋到开锁位置按下，打开打印机的存纸仓盖放入打印纸（打印纸光滑面朝上），将纸头拉出，纸条在出纸口正中，关闭存纸仓盖	接通电源的情况下，打印机工作指示灯是亮的，若不亮可按下“SEL”键启动
4	准备开机	装一只空的消化管，关好防护门，插上电源线，做好一切开机准备	放置消化管时，左右旋转几下，确保消化管与蒸馏头密封

（2）清洗管路　选择“清洗”进入清洗界面，对仪器进行管路的清洗及对排废瓶的排空，操作方法及要求如表 2-38 所示。

表 2-38　　海能 K9860 全自动凯氏定氮仪的管路清洗方法及要求

序号	步骤	操作方法	要求
1	硼酸管路清洗	硼酸管路润洗 1~2 次，保证硼酸能正常加入接收杯	
2	接收杯清洗	对接收杯进行排废及清洗 1 次	
3	换酸清洗	对滴定管及滴定酸管路进行清洗，排除滴定酸管路气泡。开机后换酸清洗 3 次左右	如果更换不同浓度的滴定酸，建议换酸清洗 6 次以上
4	碱管路清洗	对碱管路进行清洗 1~2 次	

（3）参数设置　点击“测试”菜单，在测试参数输入界面设置实验参数，操作方法及要求如表 2-39 所示。

表 2-39　　海能 K9860 全自动凯氏定氮仪的参数设置

序号	步骤	操作方法	要求
1	样品编号	一般从 1 开始编号	每次检测后自动加 1
2	样品质量	输入所测样品的质量（g）	
3	滴定酸浓度	输入标定好的标准酸溶液浓度（mol/L）	
4	空白值	输入仪器本身和各个试剂所需要消耗的滴定酸（mL）	

续表

序号	步骤	操作方法	要求
5	蛋白质换算系数	在国家标准上查找相应样品的蛋白质换算系数	乳及乳制品为6.38
6	硼酸	输入需要添加硼酸的体积（mL）	一般为15mL
7	稀释水	输入需要添加稀释水的体积（mL）	强酸强碱反应剧烈，建议设置加10~20mL蒸馏水进行稀释；同时确保消化管中液体的体积在开始蒸馏时，不超过总体积的1/3
8	碱液	输入需要添加碱液的体积（mL）	加碱量一般为消解时浓硫酸的4倍，本次为40mL
9	蒸馏	输入需要蒸馏的时间（min）	一般设置为5min

(4) 空蒸测试　换酸清洗完成后，做仪器空白测试。安装空消化管，加碱量输为“0”，连续做空白测试。连续的几次测试，最大的滴定体积减去最小的滴定体积小于0.05mL，机器即为稳定。

(5) 硫酸铵标准样测试　准确量取硫酸铵标准溶液10mL，将装有硫酸铵溶液的定氮管装入仪器后，在测试参数输入界面中，样品质量输入“0.014” g，加碱可设置10mL，空白体积输入空蒸时的滴定平均值。若硫酸铵是优级纯并且干燥彻底，仪器正常测得含氮量应为（100±0.5）%。

3. 样品检测

利用海能K9860全自动凯氏定氮仪进行样品空白测试和样品检测的操作方法及要求如表2-40所示。

表2-40　样品检测的方法及要求

序号	步骤	操作方法	要求
1	样品空白测试	安装样品空白对照消化管，调整加碱量一般为消解时浓硫酸的4倍，点击“确定”，记录数据	若因某种原因碱量不够，可在蒸馏时暂停试验，按“加碱”键加入固定体积的碱液，每按一次“加碱”可加入5mL碱液。按“继续”可继续实验
2	接收杯清洗	点击“接收杯清洗”或自动进入接收杯清洗程序	
3	样品检测	安装样品消化管，输入样品空白测试的空白值、所测样品的质量，点击“确定”，待蒸馏结束，记录检测结果	(1) 禁止使用边缘有缺口或者有裂缝的消化管； (2) 放置消化管时，左右旋转几下，确保消化管与蒸馏头密封
4	接收杯清洗	对接收杯进行排废，并清洗一次；换一个样品消化管，即可进行下一个样品的测试	拿取消化管时，注意避免高温烫伤

4. 仪器清洗

完成样品检测后，需按表 2-41 所示的方法和要求进行仪器的清洗维护。

表 2-41　　仪器清洗的方法及要求

序号	步骤	操作方法	要求
1	空蒸	2 次，加碱量输为“0”	
2	清洗管路	取下样品消化管，安装空消化管，并将三个管路分别从滴定酸桶、硼酸桶、碱桶中取出，插入蒸馏水中，分别清洗 2 次、3 次、1~2 次	仪器长期使用，在蒸馏瓶中会有水垢产生，影响加热效率（建议 6 个月清理一次）。通过向蒸馏水管路加入除垢剂或一定浓度的弱酸性溶液清洗干净，按蒸馏水排水阀排净，再用蒸馏水多次冲洗后将管路连接好
3	关机	安装一个空消化管，关闭水源、电源	
4	清理槽皿	仪器前部的槽皿中，如果积有液体，需擦洗干净	

（五）数据分析及处理

同 GB 5009.5—2016《食品安全国家标准　食品中蛋白质的测定》第一法。

全自动凯氏定氮仪法测定生乳中的蛋白质（课后测试题）

任务十三　碱水解法测定生乳中的脂肪

案例导入

为了进一步提高我国生鲜乳质量，2021 年中国乳业 20 强（D20）峰会上，中国乳业协会等单位发布 T/DACS 001—2021《中国奶业 D20 标准　生牛乳》团体标准，对生鲜乳中的脂肪含量最低限值进行了提升，从 GB 19301—2010《食品安全国家标准　生乳》中的 3.1g/100g 提升到了 3.4g/100g。以国家标准为红线，行业标准高于国家标准、企业标准高于行业标准，是国内外的通用惯例。D20 乳制品企业成员实际执行的企业标准也远高于国家标准。越来越严格的乳制品企业标准是市场竞争倒逼的结果，只有真正在全产业链上下功夫的企业，才能做到用远高于国家标准和行业水平的准则来要求自己，最终在竞争中胜出。

任务描述

正常生乳的成分含量在一定时间内是相对稳定的，但受多种因素影响，乳成分中变化最大的是脂肪，而奶牛品种是影响生乳脂肪含量的主要因素之一，如陕西的荷斯坦牛乳中脂肪含量为 2.94%~4.22%、青海的牦牛乳为 5.02%~9.20%、云南的水牛乳为 6.36%~7.95%。请独自查询资料、学习国家标准、参与话题讨论，合作制订生乳中脂肪的检测方案并完成样品检测。

学习目标

❖ 知识目标

1. 了解碱水解法测定生乳脂肪含量的依据，理解检测原理。
2. 知道测定过程中所需要的试剂和设备，掌握试剂的配制要求。
3. 熟悉碱水解法测定生乳脂肪含量的流程，掌握抽脂瓶恒重、试样水解、抽提、称量的操作方法及要求。

❖ 技能目标

1. 能够完成试剂的配制和设备的准备。
2. 能够按照国家标准要求，完成抽脂瓶恒重、试样水解、抽提、称量的操作。
3. 能根据记录的数据进行结果计算和精密度分析。

❖ 素质目标

1. 树立食品安全标准意识和保护环境的意识。
2. 形成规范操作意识和团队合作精神。
3. 具有实事求是、科学严谨的工作态度。
4. 养成自觉维护工位及实验室整洁与卫生的习惯。

课前准备

1. 学习资源准备

通过网络获取 GB 5009. 6—2016《食品安全国家标准　食品中脂肪的测定》第三法，以及扫码获取视频《生鲜乳的检测-脂肪的测定（碱水解法-检测原理）》《生鲜乳的检测-脂肪的测定（碱水解法-样品的测定）》。

生鲜乳的检测-脂肪的测定（碱水解法-检测原理）（视频）

生鲜乳的检测-脂肪的测定（碱水解法-样品的测定）（视频）

2. 完成预习任务

（1）阅读相关标准文件，观看操作视频，小组合作初拟检测方案。

（2）遵循够用节约的原则，设计试剂的配制量，汇总所需仪器设备的规格和数量。

（3）参与话题讨论：食品中脂肪测定的方法有哪些？为什么选择碱水解法测定乳中的脂肪？

思政园地

居安思危，思则有备，有备无患。

——春秋·左丘明《左传·襄公十一年》

必备知识

1. 产品标准

生乳中脂肪的质量标准如表 2-42 所示。

表 2-42　生乳中脂肪的质量标准

序号	品类	脂肪/（g/100g）	标准依据
1	生乳	≥3.1	GB 19301—2010《食品安全国家标准　生乳》
2	生乳	3.4	T/DACS 001—2021《中国奶业 D20 标准　生牛乳》

2. 检测标准

GB 5009.6—2016《食品安全国家标准　食品中脂肪的测定》第三法：碱水解法。

3. 检测原理

用无水乙醚和石油醚抽提样品的碱（氨水）水解液，通过蒸馏或蒸发去除溶剂，测定溶于溶剂中的抽提物的质量。

任务实施

一、仪器设备准备

碱水解法测定生乳中脂肪所需的主要仪器设备如表 2-43 所示。

表 2-43　所需仪器设备

序号	仪器名称	规格	数量	用途
1	分析天平	0.0001g	1	称量
2	烧杯	50mL	1	配刚果红溶液
3	试剂瓶	50mL	1	储存刚果红溶液
4	容量瓶	50mL	1	配刚果红溶液
5	毛氏抽脂瓶	50mL	1	试样水解
6	吸量管	2mL	1	移取氨水
7	量筒	10mL	1	量取 95%乙醇、蒸馏水
8	量筒	50mL	2	量取乙醚、石油醚
9	量筒	25mL	2	量取乙醚、石油醚
10	恒温水浴锅		1	水解样品
11	试剂瓶	100mL	1	储存乙醚石油醚混合溶液
12	索氏提取套装	250mL	1	收集提取的脂肪
13	恒温干燥箱		1	干燥索氏提取套装中的脂肪收集瓶

续表

序号	仪器名称	规格	数量	用途
14	干燥器		1	干燥脂肪收集瓶
15	洗瓶	500mL	1	清洗

二、试剂配制

1. 试剂清单

碱水解法测定生乳中脂肪所需的试剂如表 2-44 所示。

表 2-44　　所需试剂

序号	试剂名称	作用
1	氨水（$NH_3 \cdot H_2O$）：≥25%（质量分数）	造成碱性条件，水解样品，使酪蛋白钙盐变成可溶解的盐
2	乙醇（C_2H_5OH）：≥95%（体积分数）	（1）使溶解于氨水的蛋白质沉淀析出； （2）降低表面张力，促进脂肪球聚合； （3）溶解碳水化合物、有机酸
3	无水乙醚（$C_4H_{10}O$）	脂肪提取剂
4	石油醚（C_nH_{2n+2}）：沸程 30 ~60℃	（1）降低乙醚的极性，使乙醚与水不混溶； （2）降低乙醇在乙醚中的溶解度，使乙醇溶解物残留在水层，只抽提出脂肪，并使分层清晰
5	刚果红（$C_{32}H_{22}N_6Na_2O_6S_2$）	几乎不溶于醚，使溶剂和水相界面清晰

2. 配制方法

（1）刚果红溶液　将 1g 刚果红溶于水中，稀释至 100mL。

（2）混合溶剂　等体积混合乙醚和石油醚，现用现配。

三、操作步骤

1. 试样碱水解

碱水解法测定生乳中脂肪中，样品水解的方法及要求如表 2-45 所示。

表 2-45　　样品水解的方法及要求

序号	步骤	操作方法	要求
1	称样	采用减量称量法，称取充分混匀试样 10g 于一个抽脂瓶中；量取 10mL 蒸馏水于另一个抽脂瓶中	精确至 0.0001g
2	加氨水	准确移取 2.0mL 氨水于抽脂瓶中，充分混合	氨气有毒，对眼、鼻、皮肤有刺激性和腐蚀性，故需佩戴防护用具，并在通风橱中操作

续表

序号	步骤	操作方法	要求
3	加热	将抽脂瓶放入（65±5）℃的水浴中，加热15~20min，不时取出振荡	（1）盖好塞子，在通风橱中操作； （2）软木塞应先浸泡于乙醚中，后放入60℃或60℃以上的水中保持至少15min，冷却后使用
4	冷却	取出后，冷却至室温，静置30s	严格计时

2. 脂肪收集瓶恒重

碱水解法测定生乳中脂肪中，脂肪收集瓶恒重的方法及要求如表2-46所示。

表2-46　　脂肪收集瓶恒重的方法及要求

序号	步骤	操作方法	要求
1	干燥	将已洗净的脂肪收集瓶置于（100±5）℃的干燥箱中，干燥1h	
2	冷却	取出脂肪收集瓶后置于干燥器内，冷却0.5h	（1）干燥器内附有效干燥剂； （2）拿取脂肪收集瓶需戴手套，干燥后防止高温烫伤；称量时防止手上的汗液影响称重的准确性
3	称量	称量，并重复干燥至恒重，记录脂肪收集瓶的质量	前后两次质量差不超过2mg，即为恒重

3. 抽提

利用毛氏抽脂瓶进行脂肪抽提的方法及要求如表2-47所示。

表2-47　　脂肪抽提的方法及要求

序号	步骤	操作方法	要求
1	加乙醇	加入10mL乙醇，缓和但彻底地进行混合，避免液体太接近瓶颈	
2	加刚果红	加入2滴刚果红溶液	刚果红溶液在不影响测定结果的前提下，能使溶剂和水相界面清晰
3	加乙醚	（1）加入25mL乙醚，塞上瓶塞，在涡旋混合器上按约100次/min振荡1min，避免形成持久乳化液； （2）抽脂瓶冷却后，打开塞子，用少量的混合溶剂冲洗塞子和瓶颈，使冲洗液流入抽脂瓶	（1）盖好塞子，在通风橱中操作； （2）转速和时间条件，按标准严格执行
4	加石油醚	加入25mL石油醚，塞上重新润湿的塞子，在涡旋混合器上按约100次/min振荡30s	严格计时
5	静置	将抽脂瓶静置至少30min	直到上层液澄清，并明显与水相分离

续表

序号	步骤	操作方法	要求
6	加混合溶剂	(1) 打开瓶塞，用少量混合溶剂冲洗塞子和瓶颈内壁，使冲洗液流入抽脂瓶； (2) 如果两相界面低于小球与瓶身相接处，则沿瓶壁边缘慢慢地加入水，使液面高于小球和瓶身相接处，以便于倾倒	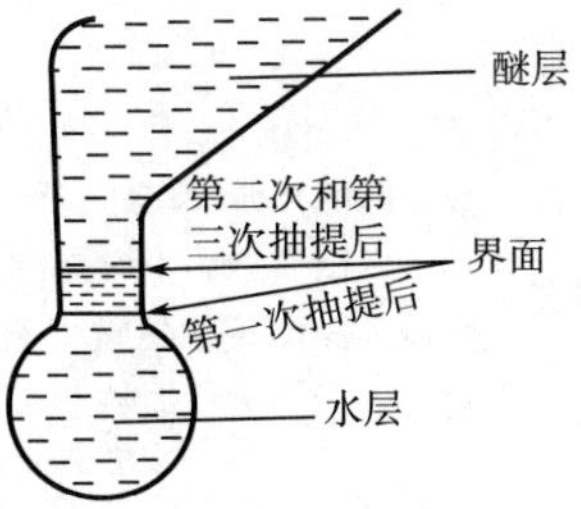 倾倒醚层前
7	分离上层液	将上层液尽可能地倒入已干燥至恒重的脂肪收集瓶中，避免倒出水层	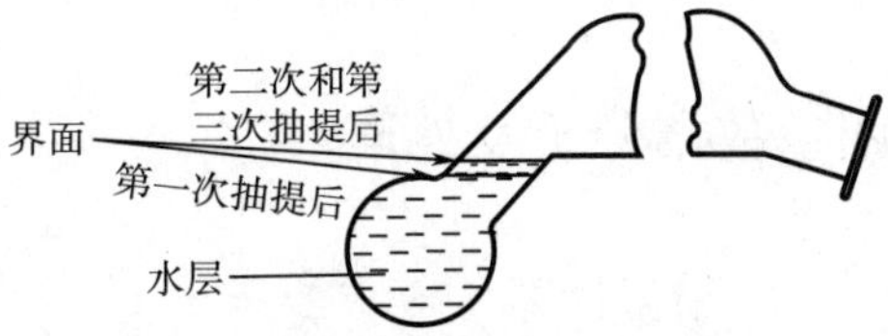 倾倒醚层后
8	冲洗颈部	用少量混合溶剂冲洗瓶颈外部，冲洗液收集在脂肪收集瓶中	应防止溶剂溅到抽脂瓶的外面
9	第二次抽提	向抽脂瓶中加入 5mL 乙醇，用乙醇冲洗瓶颈内壁，按序号 1 操作进行混合。重复序号 2~8 操作，用 15mL 无水乙醚和 15mL 石油醚，进行第 2 次抽提	
10	第三次抽提	重复序号 2~8 操作，用 15mL 无水乙醚和 15mL 石油醚，进行第 3 次抽提	
11	空白试验	空白试验与样品检验同时进行，采用 10mL 水代替试样，使用相同步骤和相同试剂	

4. 称量

碱水解法中，脂肪恒重的方法及要求如表 2-48 所示。

表 2-48　脂肪恒重的方法及要求

序号	步骤	操作方法	要求
1	除溶剂	(1) 合并所有提取液，用少量混合溶剂冲洗瓶颈内部，先采用蒸馏的方法利用索氏提取器将脂肪收集瓶中的溶剂完全蒸出后，停止蒸馏； (2) 取下脂肪收集瓶，于沸水浴上蒸发除去残留溶剂； (3) 用脱脂滤纸擦净烧瓶外部	(1) 蒸馏法，也可利用旋转蒸发仪采用减压蒸馏的方法； (2) 沸水浴蒸发，在通风橱中进行

续表

序号	步骤	操作方法	要求
2	干燥、称量	将脂肪收集瓶放入（100±5）℃的烘箱中干燥1h，取出后置于干燥器内冷却0.5h后称量。重复以上操作直至恒重（直至两次称量的差不超过2mg）	（1）烘干时，烘箱门需保持15°左右的开放状态，避免残留的溶剂挥发引起爆炸； （2）勿用手直接拿取脂肪收集瓶，拿取时，应戴手套，避免烫伤和汗液对称量结果的影响； （3）过高的温度和过长的时间容易使不饱和脂肪酸氧化增重或低级游离脂肪酸挥发失重。称量过程中，如质量增加时，以增重前的质量为恒重

四、数据分析及处理

1. 结果计算

试样中脂肪的含量按式（2-8）计算：

$$X = \frac{(m_1 - m_2) - (m_3 - m_4)}{m} \times 100 \tag{2-8}$$

式中 X——试样中脂肪的含量，g/100g；

m_1——恒重后脂肪收集瓶和脂肪的质量，g；

m_2——脂肪收集瓶的质量，g；

m_3——空白试验中，恒重后脂肪收集瓶和抽提物的质量，g；

m_4——空白试验中脂肪收集瓶的质量，g；

m——样品的质量，g；

100——换算系数。

结果保留三位有效数字。

2. 精密度

当样品中脂肪含量≥15%时，两次独立测定结果之差≤0.3g/100g；

当样品中脂肪含量在5%~15%时，两次独立测定结果之差≤0.2g/100g；

当样品中脂肪含量≤5%时，两次独立测定结果之差≤0.1g/100g。

3. 原始数据记录

将检测过程中获得的数据如实填写在原始数据记录表2-49中。

表2-49　碱水解法测定生乳中脂肪的原始数据记录表

<table>
<tr><td>检测日期</td><td></td><td>样品名称</td><td></td><td>样品规格</td><td></td></tr>
<tr><td>检测依据</td><td colspan="3"></td><td>样品状态</td><td></td></tr>
<tr><td colspan="6">样品的测定</td></tr>
<tr><td colspan="2">样品编号</td><td colspan="2">1</td><td colspan="2">2</td></tr>
<tr><td colspan="2">恒重后脂肪收集瓶和脂肪的质量/g</td><td colspan="2"></td><td colspan="2"></td></tr>
</table>

续表

<table>
<tr><td colspan="3">脂肪收集瓶的质量/g</td><td colspan="2"></td><td colspan="2"></td></tr>
<tr><td colspan="3">空白试验中，恒重后脂肪收集瓶和抽提物的质量/g</td><td colspan="2"></td><td colspan="2"></td></tr>
<tr><td colspan="3">空白试验中脂肪收集瓶的质量/g</td><td colspan="2"></td><td colspan="2"></td></tr>
<tr><td colspan="3">样品的质量/g</td><td colspan="2"></td><td colspan="2"></td></tr>
<tr><td colspan="2" rowspan="2">试样的脂肪含量/（g/100g）</td><td>测定值</td><td colspan="2"></td><td colspan="2"></td></tr>
<tr><td>平均值</td><td colspan="4"></td></tr>
<tr><td>精密度/（g/100g）</td><td colspan="2">测定值</td><td></td><td colspan="2">允许偏差</td><td></td></tr>
<tr><td colspan="3">计算公式</td><td colspan="4"></td></tr>
<tr><td colspan="3">产品标准/（g/100g）</td><td colspan="4"></td></tr>
<tr><td colspan="7">结论：</td></tr>
</table>

温馨提示

1. 氨水易挥发出具有刺激性的氨气，乙醚具有麻醉性，石油醚也易挥发，均对人体有毒害作用，需按要求在通风橱中操作，确保安全。

2. 秉承科学严谨的作风，如实记录数据，细致分析结果。

3. 回收的废液应倒入废液桶中，避免污染环境。

4. 遵守实验室管理规定，及时完成清洗和整理工作，保持实验室的清洁整齐。

相关知识

1. 食品中脂肪存在形式

（1）游离态（主要）　动物性脂肪及植物性油脂。

（2）结合态　天然存在的磷脂、糖脂、脂蛋白及某些加工品（如焙烤食品及麦乳精等）中的脂肪，与蛋白质或碳水化合物形成结合态。

2. 乳类脂肪的提取

脂类不溶于水，易溶于乙醚、苯、石油醚等脂溶性有机溶剂。根据相似相溶原理，可用有机溶剂提取脂肪。乙醚和石油醚只能直接提取游离的脂肪，对于结合态脂类，必须预先用酸或碱破坏脂类和非脂成分的结合后才能提取。

乳类脂肪不能直接被有机溶剂提取。乳类脂肪虽属于游离脂肪，但以脂肪球状态分散于乳中，脂肪球被乳中酪蛋白钙盐包裹，故不能直接被乙醚、石油醚提取出来。

3. 食品中脂肪测定的方法及适用对象

（1）索氏抽提法　适用于水果、蔬菜及其制品、粮食及粮食制品、肉及肉制品、蛋及蛋制品、水产及其制品、焙烤食品、糖果等食品中游离态脂肪含量的测定。

（2）酸水解法　适用于水果、蔬菜及其制品、粮食及粮食制品、肉及肉制品、蛋及蛋制品、水产及其制品、焙烤食品、糖果等食品中游离态脂肪及结合态脂肪总量的测定。

（3）碱水解法　适用于乳及乳制品、婴幼儿配方食品中脂肪的测定。

（4）盖勃法　适用于乳及乳制品、婴幼儿配方食品中脂肪的测定。

考核评价

通过小组自评、组间互评、教师评价，根据课前学习任务的完成情况评价自学能力，根据课中关键操作点的规范性评价操作技能，根据沟通交往、解决问题、时间管理、科学严谨的表现评价工作素养，根据实训报告、课后测试评价课后巩固提升。

碱水解法测定生乳中的脂肪（考核评价表）

碱水解法测定生乳中的脂肪（课后测试题）

任务十四　直接滴定法测定生乳中的还原糖

案例导入

乳糖味微甜，是人类和哺乳动物乳汁中特有的碳水化合物，是由D-葡萄糖与D-半乳糖以β-1,4糖苷键结合形成的双糖。乳糖因其分子中有醛基，故具有还原性。由于D-葡萄糖分子中游离苷羟基的位置不同，乳糖有α-乳糖和β-乳糖两种异构体。α-乳糖可被酸和乳糖酶分解成一分子葡萄糖和一分子半乳糖，还可在乳酸菌的作用下转化为乳酸。随着广大人民群众生活水平的提高和健康意识的增强，零蔗糖发酵乳受到了消费者的追捧，乳糖成为乳酸菌可利用的唯一碳源物质，乳糖含量的高低不仅会影响发酵的进程，还会影响产品的口味。

任务描述

在正常牛乳的成分中，乳糖的含量比较稳定，但不同品种奶牛的乳汁中乳糖含量差别较大，如陕西的荷斯坦牛乳中乳糖含量为4.72%～4.82%、青海的牦牛乳为5.73%～6.75%、云南的水牛乳为5.51%～5.58%。请独自查询资料、学习国家标准、参与话题讨论，合作制订生乳中还原糖的检测方案并完成样品检测。

学习目标

❖ 知识目标

1. 知道直接滴定法测定食品中还原糖含量的依据，理解检测的原理。

2. 知道检测所需的试剂及仪器。

3. 掌握样品制备、碱性酒石酸铜溶液的标定、试样溶液预测、试样溶液测定的操作要求。

❖ 技能目标

1. 能够完成试剂的配制和设备的准备。

2. 能够按照国家标准要求，配制规定浓度的试剂，完成碱性酒石酸铜溶液的标定、试样溶液预测、试样溶液测定的操作。

3. 能根据记录的数据进行结果计算和精密度分析。

❖ 素质目标

1. 树立食品安全标准意识和保护环境的意识。

2. 形成规范操作意识和团队合作精神。

3. 具有实事求是、科学严谨的工作态度。

4. 养成自觉维护工位及实验室整洁与卫生的习惯。

课前准备

1. 学习资源准备

通过网络获取 GB 5009. 7—2016《食品安全国家标准　食品中还原糖的测定》第一法，以及扫码获取视频《生鲜乳的检测-还原糖的测定（直接滴定法-试剂的配制）》《生鲜乳的检测-还原糖的测定（直接滴定法-试剂的标定和样品的测定）》。

生鲜乳的检测-还原糖的测定（直接滴定法-试剂的配制）（视频）

生鲜乳的检测-还原糖的测定（直接滴定法-试剂的标定和样品的测定）（视频）

2. 完成预习任务

（1）阅读相关标准文件，观看操作视频，小组合作初拟检测方案。

（2）遵循够用节约的原则，设计试剂的配制量，汇总所需仪器设备的规格和数量。

（3）参与话题讨论：在对试样溶液进行测定前，为什么要先对样品溶液进行预测？

思政园地

慎重则必成，轻发则多败。

——宋·苏轼《拟进士对御试策》

必备知识

1. 检测标准

GB 5009. 7—2016《食品安全国家标准　食品中还原糖的测定》第一法：直接滴定法。

2. 检测原理

试样经除去蛋白质后，以亚甲蓝作指示剂，在加热条件下滴定标定过的碱性酒石酸铜溶液（已用还原糖标准溶液标定），根据样品液消耗体积计算还原糖含量。

任务实施

一、仪器设备准备

直接滴定法测定生乳中的还原糖所需的仪器设备如表 2-50 所示。

表 2-50　　所需仪器设备

序号	仪器名称	规格	数量	用途
1	分析天平	0.0001g	1	称量
2	烧杯	50mL	4	配除盐酸以外的溶液
3	试剂瓶	1000mL	3	储存乳糖标准溶液、碱性酒石酸铜甲乙液溶液
4	容量瓶	1000mL	3	配乳糖标准溶液、碱性酒石酸铜甲乙液溶液
5	量筒	50mL	2	制备样品、配盐酸溶液
6	试剂瓶	50mL	1	储存盐酸
7	试剂瓶	100mL	2	乙酸锌、亚铁氰化钾
8	容量瓶	100mL	1	配乙酸锌、亚铁氰化钾
9	量筒	5mL	1	量取冰乙酸
10	吸量管	5mL	3	移取盐酸溶液、碱性酒石酸铜甲液和乙液
11	量筒	10mL	1	量取蒸馏水
12	锥形瓶	150mL	3	标定、预测、测定
13	酸式滴定管	25mL	1	滴定
14	洗瓶	500mL	1	清洗

二、试剂配制

1. 试剂清单

直接滴定法测定生乳中的还原糖所需的试剂如表 2-51 所示。

表 2-51　　所需试剂

序号	试剂名称	作用
1	盐酸（HCl）	使葡萄糖分子处于稳定状态的酸性环境
2	乳糖标准品（$C_{12}H_{22}O_{11}\cdot H_2O$）	确定每 10mL 碱性酒石酸铜溶液相当于葡萄糖的质量（mg）
3	硫酸铜（$CuSO_4\cdot 5H_2O$）	配制碱性酒石酸铜甲液
4	亚甲蓝（$C_{16}H_{18}ClN_3S\cdot 3H_2O$）	滴定终点指示剂：一种氧化剂，氧化型为蓝色，还原型为无色；但其氧化能力比碱性酒石酸铜弱，故还原糖将中性酒石酸铜耗尽时，稍微过量的还原糖将亚甲蓝还原为无色，指示滴定终点

续表

序号	试剂名称	作用
5	酒石酸钾钠（$C_4H_4O_6KNa \cdot 4H_2O$）	配制碱性酒石酸铜乙液
6	氢氧化钠（NaOH）	配制碱性酒石酸铜乙液
7	乙酸锌［$Zn(CH_3COO)_2 \cdot 2H_2O$］	蛋白质沉淀剂：乙酸锌可降低蛋白质的溶解度，使蛋白质凝聚而从溶液中析出
8	冰乙酸（$C_2H_4O_2$）	促进乙酸锌的溶解：纯净的乙酸锌溶于水，但乙酸锌中的锌离子易水解成氢氧化锌（不溶于水），冰乙酸可与氢氧化锌反应生成乙酸锌
9	亚铁氰化钾［$K_4Fe(CN)_6 \cdot 3H_2O$］	（1）与 Cu_2O 生成无色的可溶性络合物，消除氧化铜红色沉淀对滴定终点观察的干扰； （2）蛋白质沉淀剂

2. 配制方法

（1）盐酸溶液（1∶1，体积比）　量取盐酸 50mL，加水 50mL，混匀。

（2）碱性酒石酸铜甲液　称取硫酸铜 15g 和亚甲蓝 0.05g，溶于水中，并稀释至 1000mL。

（3）碱性酒石酸铜乙液　称取酒石酸钾钠 50g 和氢氧化钠 75g，溶解于水中，再加入亚铁氰化钾 4g，完全溶解后，用水定容至 1000mL，储存于橡胶塞玻璃瓶中。

（4）乙酸锌溶液　称取乙酸锌 21.9g，加冰乙酸 3mL，加水溶解并定容于 100mL。

（5）亚铁氰化钾溶液（106g/L）　称取亚铁氰化钾 10.6g，加水溶解并定容至 100mL。

（6）氢氧化钠溶液（40g/L）　称取氢氧化钠 4g，加水溶解后，放冷，并定容至 100mL。

（7）乳糖标准溶液（1.0mg/mL）　准确称取经过 94~98℃干燥 2h 的乳糖（含水）1g，加水溶解后加入盐酸溶液 5mL，并用水定容至 1000mL。此溶液每毫升相当于 1.0mg 乳糖（含水）。

三、检测步骤

1. 试样制备

直接滴定法测定生乳的还原糖中，试样制备的方法及要求如表 2-52 所示。

表 2-52　试样制备的方法及要求

序号	步骤	操作方法	要求
1	称样	采用减量称量法，称取充分混匀试样 5g 于 250mL 容量瓶中	精确至 0.001g
2	澄清	加入 50mL 水，缓慢加入乙酸锌溶液 5mL 和亚铁氰化钾溶液 5mL，加水至刻度，混匀，静置 30min	2/3 处水平摇动、准确稀释至刻线
3	过滤	用干燥滤纸过滤，弃去初滤液，取后续滤液备用	滤纸不能先用蒸馏水润湿，以免样液被稀释

2. 碱性酒石酸铜溶液标定

碱性酒石酸铜溶液的标定的方法及要求如表2-53所示。

表2-53　　碱性酒石酸铜溶液的标定的方法及要求

序号	步骤	操作方法	要求
1	加碱性酒石酸铜溶液	吸取碱性酒石酸铜甲液5.0mL和碱性酒石酸铜乙液5.0mL，于150mL锥形瓶中，加水10mL，加入玻璃珠2~4粒	若使用碱性酒石酸铜甲乙液的混合液，甲液和乙液应分别储存，临用时等体积混合，避免酒石酸钾钠铜络合物长期在碱性条件下缓慢析出氧化亚铜沉淀，使试剂有效浓度降低
2	加乳糖标准溶液	从滴定管中加乳糖标准溶液约9mL	缩短滴定操作时间，提高结果准确性
3	滴定	加热使其在2min内沸腾，趁热以1滴/2s的速度继续滴加乳糖标准溶液，直至溶液蓝色刚好褪去为终点	(1) 滴定须在沸腾条件下进行，防止氧气进入 ①可加快还原糖与Cu^+的反应速度； ②亚甲蓝变色反应是可逆的，还原型亚甲蓝遇氧气时会被氧化成氧化型； ③氧化亚铜极不稳定，易被氧气氧化； (2) 滴定过程中，不可随意摇动锥形瓶，不可将锥形瓶从热源上取下来滴定； (3) 严格按照规定条件操作，因测定条件（加热时间、滴定速度、溶液的碱度、反应的程度等）对测定结果有影响
4	计算	记录消耗乳糖的总体积，同时平行操作2次，取其平均值，计算每10mL（碱性酒石酸甲、乙液各5mL）碱性酒石酸铜溶液相当于乳糖的质量（mg）	平行试验样液消耗量相差不应超过0.1mL

3. 试样溶液预测

直接滴定法测定生乳的还原糖中，试样溶液预测的方法及要求如表2-54所示。

表2-54　　试样溶液预测的方法及要求

序号	步骤	操作方法	要求
1	加碱性酒石酸铜溶液	吸取碱性酒石酸铜甲液5.0mL和碱性酒石酸铜乙液5.0mL，于150mL锥形瓶中，加水10mL，加入玻璃珠2~4粒	(1) 控制样液消耗体积约10mL，消耗样液的体积控制在与标定碱性酒石酸铜溶液时所消耗的还原糖标准溶液的体积相近； (2) 若样液中还原糖浓度过高时，适当稀释后再进行正式测定；当浓度过低时，直接加入10mL样品液，免去加水10mL，再用还原糖标准溶液滴定至终点
2	加热	控制在2min内加热至沸，保持沸腾	
3	滴定	以先快后慢的速度从滴定管中滴加试样溶液，并保持沸腾状态，待溶液颜色变浅时，以1滴/2s速度滴定，直至溶液蓝色刚好褪去为终点	
4	记录	记录试样溶液消耗体积	

4. 试样溶液测定

直接滴定法测定生乳的还原糖中，试样溶液测定的方法如表 2-55 所示。

表 2-55　试样溶液测定的方法

序号	步骤	操作方法
1	加碱性酒石酸铜溶液	吸取碱性酒石酸铜甲液 5.0mL 和碱性酒石酸铜乙液 5.0mL，于 150mL 锥形瓶中，加水 10mL，加入玻璃珠 2~4 粒
2	加试样溶液	从滴定管滴加比预测体积少 1mL 的试样溶液至锥形瓶中
3	滴定	加热使其在 2min 内沸腾，趁热以 1 滴/2s 的速度继续滴加试样溶液，直至溶液蓝色刚好褪去为终点
4	计算	记录试样溶液消耗体积，同法平行操作 2 次，得出平均消耗体积

四、数据分析及处理

1. 结果计算

（1）与 10mL 碱性酒石酸铜溶液（碱性酒石酸甲、乙液各 5mL）相当的乳糖的质量按式（2-9）计算：

$$m_1 = cV \tag{2-9}$$

式中　m_1——与 10mL 碱性酒石酸铜溶液（甲、乙液各半）相当的乳糖的质量，mg；

c——乳糖标准溶液的浓度，mg/mL；

V——乳糖标准溶液消耗的体积，mL。

（2）试样中还原糖的含量（以乳糖计）按式（2-10）计算：

$$X = \frac{m_1}{m \times F \times \frac{V_1}{250} \times 1000} \times 100 \tag{2-10}$$

式中　X——试样中还原糖的含量（以乳糖计），g/100g；

m_1——与 10mL 碱性酒石酸铜溶液（甲、乙液各半）相当的乳糖的质量，mg；

m——试样质量，g；

F——系数，其值为 1；

V_1——测定时平均消耗试样溶液体积，mL；

250——定容体积，mL；

1000——换算系数。

（3）当浓度过低时，试样中还原糖的含量（以乳糖计）按式（2-11）计算：

$$X = \frac{m_2}{m \times F \times \frac{10}{250} \times 1000} \times 100 \tag{2-11}$$

式中　X——试样中还原糖的含量（以乳糖计），g/100g；

m_2——标定时体积与加入样品后消耗的乳糖标准溶液体积之差相当于乳糖的质量，mg；

m——试样质量，g；

F——系数，其值为 1；

10——试样溶液体积，mL；

250——定容体积，mL；

1000——换算系数。

还原糖含量≥10g/100g 时，计算结果保留三位有效数字；还原糖含量<10g/100g 时，计算结果保留两位有效数字。

2. 精密度

在重复性条件下获得的两次独立测定结果的绝对差值不得超过算术平均值的 5%。

3. 原始数据记录

将检测过程中获得的数据如实填写在原始数据记录表 2-56 中。

表 2-56　　直接滴定法测定生乳中还原糖的原始数据记录表

<table>
<tr><td>检测日期</td><td></td><td>样品名称</td><td></td><td>样品规格</td><td></td></tr>
<tr><td>检测依据</td><td colspan="3"></td><td>样品状态</td><td></td></tr>
<tr><td colspan="6">样品的测定</td></tr>
<tr><td colspan="2">样品编号</td><td colspan="2">1</td><td colspan="2">2</td></tr>
<tr><td colspan="2">与 10mL 碱性酒石酸铜溶液（甲、乙液各半）相当的乳糖的质量/mg</td><td colspan="2"></td><td colspan="2"></td></tr>
<tr><td colspan="2">试样质量/g</td><td colspan="2"></td><td colspan="2"></td></tr>
<tr><td colspan="2">测定时平均消耗试样溶液体积/mL</td><td colspan="2"></td><td colspan="2"></td></tr>
<tr><td colspan="2">定容体积/mL</td><td colspan="2"></td><td colspan="2"></td></tr>
<tr><td rowspan="2">试样的还原糖含量/（g/100g）</td><td>测定值</td><td colspan="2"></td><td colspan="2"></td></tr>
<tr><td>平均值</td><td colspan="4"></td></tr>
<tr><td>精密度/%</td><td>测定值</td><td></td><td>允许偏差</td><td colspan="2"></td></tr>
<tr><td colspan="2">计算公式</td><td colspan="4"></td></tr>
<tr><td colspan="2">产品标准/（g/100g）</td><td colspan="4"></td></tr>
<tr><td colspan="6">结论：</td></tr>
</table>

温馨提示

1. 盐酸和乙酸具有极强的挥发性和刺激性，配制试剂时应在通风橱中进行。
2. 本项目涉及用电和高温，需按要求规范操作，确保安全。
3. 样品澄清、过滤的同时，可进行碱性酒石酸铜溶液的标定，以提高工作效率。
4. 预测操作中应耐心滴定、仔细观察。
5. 遵守实验室管理规定，及时完成清洗和整理工作，保持实验室的清洁整齐。

相关知识

1. 食品中的还原糖

还原糖是指具有还原性的糖类。在糖类中，分子中含有游离醛基或酮基的单糖和含有游离醛基的二糖都具有还原性。还原性糖包括葡萄糖、果糖、半乳糖、乳糖、麦芽糖等。蔗糖、糊精、淀粉等虽不具有还原性，但可通过水解而成具有还原性的单糖，通过测定后换算成样品中相应的糖类的含量。

2. 糖类的澄清

食品中的蛋白质、氨基酸、多糖、色素、有机酸等成分的存在，会影响糖类的测定，因而需要加入澄清剂以除去这些干扰物质。常用的澄清剂有中性乙酸铅溶液、乙酸锌溶液和亚铁氰化钾溶液、碱性硫酸铜溶液、活性炭等。无论使用哪种澄清剂，都应遵守能完全除去干扰物质，但不会吸附糖类，也不会改变糖液性质的总原则。在本法中，对糖进行定量的基础是碱性酒石酸铜溶液中二价铜的量，所以样品处理时不能采用碱性硫酸铜溶液作为澄清剂，以免样液中误入二价铜，得出错误的结果。

3. 样品溶液预测的目的

（1）本法对样品溶液中还原糖浓度有一定要求（0.1%左右），测定时样品溶液的消耗体积应与标定碱性酒石酸铜溶液时还原糖标准溶液消耗的体积相近，通过预测可了解样品溶液浓度是否合适，浓度过大或过小应加以调整，使预测时消耗样液量在10mL左右。

（2）通过预测可知道样液大概消耗量，以便在正式测定时，预先加入比实际用量少1mL左右的样液，只留下1mL左右样液在续滴定时加入，以保证在1min内完成续滴定工作，提高测定的准确度。

4. 食品中还原糖测定的方法和适用对象

（1）直接滴定法、高锰酸钾滴定法　适用于食品中还原糖含量的测定。

（2）铁氰化钾法　适用于小麦粉中还原糖含量的测定。

（3）奥氏试剂滴定法　适用于甜菜块根中还原糖含量的测定。

考核评价

通过小组自评、组间互评、教师评价，根据课前学习任务的完成情况评价自学能力，根据课中关键操作点的规范性评价操作技能，根据沟通交往、解决问题、时间管理、科学严谨的表现评价工作素养，根据实训报告、课后测试评价课后巩固提升。

直接滴定法测定生乳中的还原糖（考核评价表）

直接滴定法测定生乳中的还原糖（课后测试题）

任务十五 高效液相色谱法测定生乳中的三聚氰胺

案例导入

2008年，很多食用三鹿集团生产的婴幼儿乳粉的婴儿被发现患有肾结石，随后在其乳粉中发现化工原料三聚氰胺。国家质量监督检验检疫总局公布对国内的乳制品厂家生产的婴幼儿乳粉的三聚氰胺检验报告后，事件迅速恶化，22个厂家69批次产品中检出三聚氰胺，要求立即下架。该事件也重创中国制造商品信誉，多个国家禁止了中国乳制品进口。2008年9月24日，国家质量监督检验检疫总局表示，牛乳事件已得到控制，9月14日以后新生产的酸乳、巴氏杀菌乳、灭菌乳等主要品种的液态乳样本的三聚氰胺抽样检测中均未检出三聚氰胺。

为全面保障食品和农产品质量安全，新修订的《中华人民共和国食品安全法》明文规定：在生产经营方面，禁止生产经营用非食品原料生产的食品或者添加食品添加剂以外的化学物质和其他可能危害人体健康物质的食品，或者用回收食品作为原料生产的食品。在法律责任方面，违反本法规定，尚不构成犯罪的，由县级以上人民政府食品安全监督管理部门没收违法所得和违法生产经营的食品，并可以没收用于违法生产经营的工具、设备、原料等物品；违法生产经营的食品货值金额不足一万元的，并处十万元以上十五万元以下罚款；货值金额一万元以上的，并处货值金额十五倍以上三十倍以下罚款；情节严重的，吊销许可证，并可以由公安机关对其直接负责的主管人员和其他直接责任人员处五日以上十五日以下拘留。由此可见，本次修订加重了食品安全违法犯罪行为的各项法律责任，以重典治乱，能更好地威慑、打击违法行为。

任务描述

根据《中国奶业质量报告（2023）》，截至2022年，我国奶业对三聚氰胺等重点监控违禁添加物抽检合格率连续14年保持100%。虽然在GB 19301—2010《食品安全国家标准 生乳》等66项乳品安全国家标准中三聚氰胺不是规定的必检项目，但是为了确保产品质量，乳制品企业仍将其作为生乳的必检指标。请独自查询资料、学习国家标准、参与话题讨论，合作制订检测方案并完成样品检测。

学习目标

❖ 知识目标

1. 知道液相色谱法测定牛乳三聚氰胺含量的标准依据，理解检测的原理。
2. 了解检测所需的试剂和仪器设备，掌握离子对试剂缓冲液、三聚氰胺标准储备液等试剂配制的方法和要求。
3. 掌握试样制备、提取、净化的步骤及要求。
4. 掌握标准曲线绘制的要求和样品测定的方法。

❖ 技能目标

1. 能够根据国家标准完成试剂的配制和仪器的准备。
2. 能进行标准曲线的绘制和样品的制备、提取、净化、测定。

3. 能根据色谱图准确识别目标峰，准确定量及精密度计算。

❖ 素质目标

1. 树立食品安全标准意识和自我安全防护的意识。
2. 形成规范操作意识和团队合作精神。
3. 具有实事求是、科学严谨的工作态度。
4. 养成自觉维护工位及实验室整洁与卫生的习惯。

课前准备

1. 学习资源准备

通过网络获取 GB/T 22388—2008《原料乳与乳制品中三聚氰胺检测方法》第一法，以及扫码获取视频《高效液相色谱法检测乳品中三聚氰胺的含量》。

高效液相色谱法检测乳品中三聚氰胺的含量（视频）

2. 完成预习任务

（1）阅读相关标准文件，观看操作视频，小组合作初拟检测方案。

（2）遵循够用节约的原则，设计试剂的配制量，汇总所需仪器设备的规格和数量。

（3）参与话题讨论：不法分子为什么要向原料乳中掺入三聚氰胺？

思政园地

要完善食品造假行为定罪的司法解释，推动食品掺假使假行为入刑。所有食品安全违法行为都要追究到个人，并向社会公开处罚信息。

——习近平（2016 年 12 月 21 日，在中央财经领导小组第十四次会议上的讲话）

必备知识

1. 检测标准

GB/T 22388—2008《原料乳与乳制品中三聚氰胺检测方法》第一法：高效液相色谱法。

2. 检测原理

试样用三氯乙酸溶液和乙腈溶液提取，经阳离子交换固相萃取柱净化后，用高效液相色谱法测定，外标法定量。

任务实施

一、仪器设备准备

高效液相色谱法测定生乳的三聚氰胺所需的仪器设备如表 2-57 所示。

表 2-57　所需仪器设备

序号	仪器名称	规格	数量	用途
1	分析天平	0.0001g	1	称量试剂

续表

序号	仪器名称	规格	数量	用途
2	电子天平	0. 01g	1	称量样品
3	烧杯	50mL	2	流动相配制
4	试剂瓶	1000mL	3	储存检测试剂
5	聚乙烯试剂瓶	100mL	1	储存氢氧化钠溶液
6	容量瓶	100mL	1	配制三聚氰胺储备液
7	容量瓶	10mL	6	配制工作曲线
8	微孔滤膜	0. 2μm，有机相	1	流动相过滤
9	一次性针式过滤器	13mm，0. 22μm，有机相	1	样品过滤
10	溶剂过滤器	1000mL	1	过滤流动相
11	一次性注射器	5mL	3	过滤样品
12	吸量管	5mL	6	移取滤液和蒸馏水
13	容量瓶	1000mL	1	配制流动相溶液
14	进样小瓶	2mL	9	盛装样品
15	高效液相色谱仪	紫外检测器	1	样品检测
16	阳离子交换固相萃取柱	60mg/3mL	3	样品净化
17	塑料具塞离心管	50mL	3	盛装样品
18	容量瓶	25mL	3	样品定容
19	漏斗	4cm	3	过滤样品
20	滤纸	11cm	3	过滤样品
21	试管	150mm×15mm	3	样品净化
22	色谱柱	C_{18}	1	样品分离
23	离心机	转速≥4 000r/min	1	样品离心
24	超声波清洗机	—	1	样品超声
25	固相萃取装置	—	1	样品萃取
26	水浴氮吹仪	—	1	样品氮吹
27	涡旋混合器	—	1	样品混匀
28	移液器	100~1000μL	1	配制曲线
29	移液器	20~200μL	1	配制曲线
30	瓶口分液器	2. 5~25mL	2	分取乙腈、三氯乙酸溶液

二、试剂配制

（一）试剂清单

高效液相色谱法测定生乳中的三聚氰胺所需的试剂如表 2-58 所示。

表 2-58　　所需试剂

序号	试剂名称	级别	作用
1	甲醇（CH_3OH）	色谱纯	配制成氨化甲醇，洗脱萃取小柱中的三聚氰胺
2	乙腈（CH_3CN）	色谱纯	配制流动相
3	氨水（$NH_3 \cdot H_2O$）	分析纯	配制成氨化甲醇，洗脱萃取小柱中的三聚氰胺
4	三氯乙酸（$C_2HCl_3O_2$）	分析纯	将三聚氰胺转换为阳离子、沉淀脂肪蛋白
5	柠檬酸（$C_6H_8O_7$）	优级纯	配制离子对试剂缓冲液，进而配制流动相
6	辛烷磺酸钠（$C_8H_{17}NaO_3S \cdot H_2O$）	色谱纯	配制离子对试剂缓冲液，进而配制流动相
7	氢氧化钠（NaOH）	分析纯	调节流动相 pH
8	三聚氰胺标准品（$C_3H_6N_6$）	经国家认证并授予标准物质证书，纯度≥99.0%	绘制标准曲线
9	氮气	纯度≥99.999%	样品氮吹

（二）配制方法

1. 甲醇水溶液

准确量取 50mL 甲醇和 50mL 水，混匀后备用。

2. 三氯乙酸溶液（1%）

准确称取 10g 三氯乙酸于 1000mL 容量瓶中，用水溶解并定容至刻度，混匀后备用。

3. 氨化甲醇溶液（5%）

准确量取 5mL 氨水和 95mL 甲醇，混匀后备用。

4. 离子对试剂缓冲液

准确称取 2.10g 柠檬酸和 2.16g 辛烷磺酸钠，加入约 980mL 水溶解，调节 pH 至 3.0 后，定容至 1 L 备用。

5. 三聚氰胺标准储备液

准确称取 100mg（精确到 0.1mg）三聚氰胺标准品于 100mL 容量瓶中，用甲醇水溶液溶解并定容至刻度，配制成浓度为 1mg/mL 的标准储备液，于 4°C 避光保存。

三、操作步骤

（一）样品制备

1. 样品提取

高效液相色谱法测定生乳的三聚氰胺中，样品提取的方法及要求如表 2-59 所示。

表 2-59　　样品提取的方法及要求

序号	步骤	操作方法	要求
1	称样	称取 2g（精确至 0.01g）试样于 50mL 具塞塑料离心管中	（1）样品应充分混匀后取样； （2）天平提前预热，检查水平
2	加提取剂	加入 15mL 三氯乙酸溶液和 5mL 乙腈，盖上离心管塞	（1）使用瓶口分液器加液前，需先排除玻璃气缸和排液管中的气泡； （2）设定分液量需准确
3	超声提取	常温超声提取 10min	超声波提取是利用超声波具有的机械效应、空化效应和热效应，通过增大介质分子的运动速度、增大介质的穿透力以提取有效成分
4	振荡提取	振荡提取 10min	振荡提取能将样本混合均匀，大幅度加大液体的流动性，从而提高提取效率
5	离心	以不低于 4 000r/min 离心 10min	（1）离心管必须对称放入套管中，防止机身振动； （2）在离心机停止转动后，方可打开离心机盖、取出样品，不可用外力强制其停止运动
6	过滤、定容	上清液经三氯乙酸溶液润湿的滤纸过滤至 25mL 容量瓶中，用三氯乙酸溶液定容至 25mL	（1）过滤中注意“一贴、二低、三靠”； （2）滤纸勿用蒸馏水润湿
7	制备待净化液	移取定容后的滤液 5mL，加入 5mL 水混匀后作待净化液	

2. 阳离子交换固相萃取柱的准备

高效液相色谱法测定生乳的三聚氰胺中，阳离子交换固相萃取柱准备的方法及要求如表 2-60 所示。

表 2-60　　阳离子交换固相萃取柱准备的方法及要求

序号	步骤	操作方法	要求
1	填料	以苯磺酸化的聚苯乙烯-二乙烯基苯高聚物为基质，填料质量为 60mg，体积为 3mL 或者相当者	（1）高纯度、高交联度的聚苯乙烯-二乙烯基苯高聚物为固定相填装的萃取小柱具有高载样量，可耐受极端 pH 条件和不同的溶剂，对极性化合物具有优异的保留能力； （2）萃取柱可自行填料制备，也可直接购买成品
2	活化	将萃取柱插入固相萃取装置的萃取孔中，依次逐滴加入 3mL 甲醇、5mL 水活化	（1）固相萃取柱活化的目的　浸润填料、以便样品溶液能流过固相萃取柱；清洗固相萃取柱上面的干扰杂质以及溶剂残留； （2）活化剂使用顺序遵循的原则　先用洗脱能力较强的溶剂润湿吸附剂，而后再以洗脱能力较弱的溶剂润湿小柱； （3）为使固相萃取柱中的吸附剂在活化后到样品加入前能保持湿润，应在活化处理后的吸附剂上面保持大约 1mL 活化处理用的溶剂

3. 样品净化

高效液相色谱法测定生乳的三聚氰胺中，样品净化的方法及要求如表2-61所示。

表2-61　样品净化的方法及要求

序号	步骤	操作方法	要求
1	上样	将待净化液转移至阳离子交换固相萃取柱中	(1) 样品溶液流过固相萃取柱，不保留或弱保留的组分随溶剂流出，待测组分和其他强保留组分保留在吸附剂上； (2) 流速控制在1mL/min以内，因流速快不利于待测物与固定相结合，会导致回收率低下；流速慢虽有利于对目标化合物的吸附，但不仅会增加整个固相萃取时间，还会增加杂质被吸附的机会，不利于对待测组分的检测分析
2	淋洗	(1) 依次用3mL水和3mL甲醇洗涤； (2) 开启固相萃取装置的真空泵，抽至近干	(1) 淋洗在除去干扰杂质的同时，不会把吸附在固相萃取柱填料上面的待测组分洗掉； (2) 抽真空可加速残余溶剂的排出
3	洗脱	用6mL氨化甲醇溶液洗脱萃取柱，并将洗脱液收集于试管中	用尽量少的较强溶剂将待测组分洗脱出来，同时将保留能力强的干扰物留在萃取柱上
4	氮吹	将装有洗脱液的试管安装在水浴氮吹仪上，设置水浴温度为50℃，接通氮气，直至将洗脱液吹干	(1) 氮吹仪应当在通风橱中使用，以保证通风良好； (2) 水浴中的加热介质最好使用蒸馏水和去离子水，以防止水浴壁上产生污垢； (3) 每次使用针头后都应清洗，尽量减少针的污染； (4) 调整针头高度时，以样品表面吹起波纹，样品又不溅起为好
5	定容、混合	于氮吹后的试管中加入1mL流动相，涡旋混合1min	(1) 涡旋混合器应置于平稳的工作台上； (2) 旋转速度应适宜，以防溅出
6	过滤	将混合均匀的样品溶液加入安装有有机相针式过滤器的5mL注射器中，推动注射器活塞，用2mL的进样小瓶收集滤液，供高效液相色谱仪测定	注射器的容积不可太小，因小体积柱管可能会使压力超过上限，导致滤膜的破坏甚至危害人身安全

(二) 仪器测定

1. HPLC参考条件

(1) 色谱柱　C_{18}柱，250mm×4.6mm（内径），5μm，或相当者。

(2) 流动相　离子对试剂缓冲液-乙酸（90∶10，体积比），混匀。

(3) 流速　1.0mL/min。

(4) 柱温　40℃。

(5) 波长　240nm。

(6) 进样量　20μL。

2. 进样分析

（1）标准曲线绘制　用流动相将三聚氰胺标准储备液逐级稀释得到的浓度为 0.8，2，20，40，80μg/mL 的标准工作液，浓度由低到高进样检测，以峰面积-浓度作图，得到标准曲线回归方程。

（2）试样溶液测定　由自动进样器吸取处理好的试样溶液注入色谱仪中，以保留时间定性，外标法定量。待测样液中三聚氰胺的响应值应在标准曲线线性范围内，浓度超过线性范围的应稀释后重新进样分析。

（三）空白试验

除不称取样品外，均按上述测定条件和步骤进行。

四、数据分析及处理

（一）结果计算

试样中三聚氰胺的含量按式（2-12）计算：

$$X = \frac{A \times c \times V \times 1000}{A_s \times m \times 1000} \times f \tag{2-12}$$

式中　X——试样中三聚氰胺的含量，mg/kg；

A——样液中三聚氰胺的峰面积；

c——标准溶液中三聚氰胺的浓度，μg/mL；

V——样液最终定容体积，mL；

A_s——标准溶液中三聚氰胺的峰面积；

m——试样的质量，g；

f——稀释倍数。

（二）方法定量限

本方法的定量限为 2mg/kg。

（三）精密度

在重复性条件下获得的两次独立测定结果的绝对差值不得超过算术平均值的 10%。

（四）回收率

在添加浓度 2～10mg/kg 时，回收率在 80%～110%，相对标准偏差<10%。

（五）原始数据记录

将检测过程中获得的数据如实填写在原始数据记录表 2-62 中。

表 2-62　　高效液相色谱法检测生乳中三聚氰胺的原始数据记录表

样品名称		样品状态		检测时间	
检测人员		环境温度/℃		环境湿度/%	
检测依据					
高效液相色谱条件					
仪器型号		检测器			
色谱柱		柱温			

续表

流动相			进样体积		
流速			检测波长		
数据记录与结果计算					
标准系列溶液浓度/（μg/mL）	1	2	3	4	5
标准曲线回归方程				相关系数 r	
标准溶液中三聚氰胺的峰面积			标准溶液中三聚氰胺的浓度/（μg/mL）		
样品的测定					
样品编号	1		2		
样品质量/g					
样液最终定容体积/mL					
稀释倍数					
样液中三聚氰胺的峰面积					
试样中三聚氰胺的含量/（mg/kg）					
试样中三聚氰胺的平均含量/（mg/kg）					
精密度/%	测定值		允许偏差		
回收率/%	测定值		允许偏差		
相对标准偏差/%	测定值		允许偏差		
计算公式					
结论：					

温馨提示

1. 本项目涉及甲醇、氨水等有毒有机试剂的配制，涉及高速离心机的使用，需按要求规范操作，确保安全。
2. 学会变通，根据仪器特点设置检测条件，确保检测结果的准确性。
3. 秉承科学严谨的作风，如实记录数据，细致分析结果。
4. 遵守实验室管理规定，及时完成清洗和整理工作，保持实验室的清洁整齐。

相关知识

1. 三聚氰胺的基本性质及危害

三聚氰胺（melamine），俗称密胺、蛋白精，是一种化工原料。它是白色单斜晶体，几乎无味，微溶于水（3.1g/L 常温），经常饮水的成年人体内不易形成三聚氰胺结石，但饮水较少且肾脏狭小的哺乳期婴儿体内则较易形成结石。长期摄入三聚氰胺可能造成生殖能力损害、膀胱结石或肾结石、膀胱癌等。

2. 乳中掺入三聚氰胺的原因

我国检测蛋白质含量的方式为凯氏定氮法，氮元素是蛋白质区别于其他有机化合物的主要标志。纯乳中蛋白质含氮量为 16%，即 1 份氮相当于 6.25 份蛋白质。三聚氰胺的化学式是 $C_3N_3(NH_2)_3$，氮含量高达 66%，乳中掺入少量的三聚氰胺即可显著提高其氮含量，从而“增加”产品的表观蛋白质含量。三聚氰胺的生产工艺简单、成本很低，给了掺假、造假者极大的利益驱动；同时三聚氰胺几乎无味，掺入产品后不易被发现，也成了掺假、造假者心存侥幸的外部原因。

3. 原料乳、乳制品以及含乳制品中三聚氰胺检测的方法及检出限

（1）高效液相色谱法（HPLC 法）　定量限为 2mg/kg。

（2）液相色谱-质谱/质谱法（LC-MS/MS 法）　定量限为 0.01mg/kg。

（3）气相色谱-质谱联用法（MS/MS 法）　定量限为 0.05mg/kg，其中气相色谱-质谱/质谱法（GC-MS/MS 法）的定量限为 0.005mg/kg。

考核评价

通过小组自评、组间互评、教师评价，根据课前学习任务的完成情况评价自学能力，根据课中关键操作点的规范性评价操作技能，根据沟通交往、解决问题、时间管理、科学严谨的表现评价工作素养，根据实训报告、课后测试评价课后巩固提升。

高效液相色谱法测定生乳中的三聚氰胺（考核评价表）

高效液相色谱法测定生乳中的三聚氰胺（课后测试题）

项目二

乳粉的检测

任务十六　直接干燥法测定乳粉中的水分

案例导入

近年来我国生乳质量水平发生质的飞跃，各项理化指标和卫生指标均高于 GB 19301—2010《食品安全国家标准　生乳》，达到美国、欧盟等发达国家和地区水平。在政府、行业、产业界的不懈努力下，近 5 年来，我国婴幼儿配方乳粉抽检合格率超过 99%，位居食品行业前列。

任务描述

水是生乳中的主要成分，占87%~88%。乳粉是用冷冻或加热的方法，除去乳中几乎全部的水分，干燥后而成粉末。为了控制产品质量，一般要将乳粉的水分含量控制在2%~5%。请独自查询资料、学习国家标准、参与话题讨论，合作制订乳粉水分检测方案并完成样品检测。

学习目标

❖ 知识目标

1. 知道水分测定的检测依据，深入理解测定原理。
2. 熟悉直接干燥法对乳粉水分测定时所需试剂和仪器的使用要求。
3. 掌握直接干燥法测定乳粉水分含量的操作流程及要求。

❖ 技能目标

1. 能根据目标样品，制订直接干燥法测定的方案。
2. 能够正确使用本检测过程中涉及的各种仪器设备。
3. 能够采用直接干燥法测定乳粉水分含量。

❖ 素质目标

1. 树立食品安全标准意识和正确的时效观。
2. 树立对国产乳制品的信心。
3. 具有科学统筹、提高工作效率的意识。
4. 形成规范操作意识和团队合作精神。
5. 具有实事求是、科学严谨的工作态度。
6. 养成自觉维护工位及实验室整洁与卫生的习惯。

课前准备

1. 学习资源准备

通过网络获取资料GB 5009.3—2016《食品安全国家标准　食品中水分的测定》，以及扫码获取视频《乳粉的检测-水分的测定（直接干燥法）》。

乳粉的检测-水分的测定（直接干燥法）（视频）

2. 完成预习任务

（1）阅读相关标准文件，观看操作视频，小组合作初拟检测方案。

（2）汇总所需仪器设备的规格和数量。

（3）参与话题讨论：为什么要将乳粉的水分含量控制在2%~5%？

思政园地

我国是乳业生产和消费大国，要下决心把乳业做强做优，生产出让人民群众满意、放心的高品质乳业产品，打造出具有国际竞争力的乳业产业，培育出具有世界知名度的乳业品牌。食品安全关系人民身体健康和生命安全，必须坚持最严谨的标准、最严格的监管、最严厉的处罚、最严肃的问责，切实提高监管能力和水平。

——习近平（2017年1月，在河北张家口考察旗帜婴儿乳品有限公司时的讲话）

必备知识

1. 产品标准

乳粉中水分的质量标准如表 2-63 所示。

表 2-63　　乳粉中水分的质量标准

品类	水分/%	标准依据
乳粉	≤ 5.0	GB 19644—2010《食品安全国家标准　乳粉》

2. 检测标准

GB 5009.3—2016《食品安全国家标准　食品中水分的测定》第一法：直接干燥法。

3. 检测原理

利用食品中水分的物理性质，在 101.3kPa（一个大气压），温度 101～105℃下采用挥发方法测定样品中干燥减失的质量，包括吸湿水、部分结晶水和该条件下能挥发的物质，再通过干燥前后的称量数值计算出水分的含量。

任务实施

一、仪器设备准备

直接干燥法测定乳粉中的水分所需的仪器设备如表 2-64 所示。

表 2-64　　所需仪器设备

序号	仪器名称	规格	数量	用途
1	分析天平	0.0001g	1	称量
2	玻璃称量瓶	30mm×50mm	2	盛放样品
3	恒温干燥箱		1	干燥称量瓶和样品
4	干燥器		1	保持称量瓶和样品的干燥

二、操作步骤

1. 称量皿恒重

直接干燥法测定乳粉的水分中，称量皿恒重的方法及要求如表 2-65 所示。

表 2-65　　称量皿恒重的方法及要求

序号	步骤	操作方法	要求
1	干燥	取洁净铝制或玻璃制的称量瓶，置于 101～105℃干燥箱中，瓶盖斜支于瓶边，加热 1.0h	

续表

序号	步骤	操作方法	要求
2	冷却	取出称量瓶并盖好瓶盖，置干燥器内冷却 0.5h	(1) 干燥器内附有效干燥剂； (2) 拿取称量瓶需戴手套
3	称量	称量，并重复干燥至恒重	前后两次质量差不超过 2mg，即为恒重

2. 样品恒重

直接干燥法测定乳粉的水分中，样品恒重的方法及要求如表 2-66 所示。

表 2-66　　样品恒重的方法及要求

序号	步骤	操作方法	要求
1	称样	称取 2~10g 试样（精确至 0.0001g），放入已恒重的称量瓶中，加盖，精密称量	(1) 样品采集、处理、保存过程中，要防止水分的丢失或受潮； (2) 试样厚度一般不超过 5mm，疏松试样的厚度不超过 10mm
2	干燥	置于 101~105℃ 干燥箱中，瓶盖斜支于瓶边，加热 1.0h	
3	冷却	取出称量瓶并盖好瓶盖，置干燥器内冷却 0.5h	动作应迅速
4	称量	称量，并重复干燥至前后两次质量差不超过 2mg	乳粉中的脂肪在高温干燥过程中会发生氧化，可能会导致后面一次质量增加，计算时应以前一次的质量计算

三、数据分析及处理

1. 结果计算

试样中水分的含量按式（2-13）计算：

$$X = \frac{m_1 - m_2}{m_1 - m_3} \times 100 \qquad (2-13)$$

式中　X ——试样中水分的含量，g/100g；

m_1 ——称量瓶和试样的质量，g；

m_2 ——称量瓶和试样干燥后的质量，g；

m_3 ——称量瓶的质量，g；

100 ——换算系数。

水分含量≥1g/100g 时，计算结果保留三位有效数字；水分含量<1g/100g 时，计算结果保留两位有效数字。

2. 精密度

在重复性条件下获得的两次独立测定结果的绝对差值不得超过算术平均值的 10%。

3. 原始数据记录

将检测过程中获得的数据如实填写在原始数据记录表 2-67 中。

表 2-67　　直接干燥法测定乳粉中水分的原始数据记录表

<table>
<tr><td>检测日期</td><td></td><td>样品名称</td><td></td><td>样品规格</td><td></td></tr>
<tr><td>检测依据</td><td colspan="3"></td><td>样品状态</td><td></td></tr>
<tr><td colspan="6">样品的测定</td></tr>
<tr><td colspan="2">样品编号</td><td colspan="2">1</td><td colspan="2">2</td></tr>
<tr><td colspan="2">称量瓶和试样的质量/g</td><td colspan="2"></td><td colspan="2"></td></tr>
<tr><td colspan="2">称量瓶和试样干燥后的质量/g</td><td colspan="2"></td><td colspan="2"></td></tr>
<tr><td colspan="2">称量瓶的质量/g</td><td colspan="2"></td><td colspan="2"></td></tr>
<tr><td rowspan="2">试样的水分含量/（g/100g）</td><td>测定值</td><td colspan="2"></td><td colspan="2"></td></tr>
<tr><td>平均值</td><td colspan="4"></td></tr>
<tr><td>精密度/%</td><td>测定值</td><td colspan="2"></td><td>允许偏差</td><td></td></tr>
<tr><td colspan="2">计算公式</td><td colspan="4"></td></tr>
<tr><td colspan="2">产品标准/（g/100g）</td><td colspan="4"></td></tr>
<tr><td colspan="6">结论：</td></tr>
</table>

温馨提示

1. 拿取高温的称量瓶时，需戴手套，谨防烫伤。
2. 恒重操作较为耗时，应秉承科学严谨的作风，规范操作。
3. 遵守实验室管理规定，及时完成清洗和整理工作，保持实验室的清洁整齐。

相关知识

1. 食品中的水分

食品中的水分有多种存在状态，一般可将食品中的水分分为自由水（或称游离水、体相水）和结合水（或称束缚水、固定水）。自由水是指组织、细胞中易结冰、能溶解溶质的水，包括不可移动水、毛细管水、自由流动水，与组织结合松散，容易用干燥法从食品中分离出去。结合水是以氢键和食品有机成分相结合的水分，不易结冰、不能溶解溶质，包括结晶水、吸附水，较难从食品中分离出去。

2. 乳粉的水分含量

乳粉的水分含量一般控制在 2%～5%。水分过多，易导致微生物的繁殖、乳粉结块以及由酪蛋白变性引起的溶解度降低；水分过少，易发生脂肪氧化而引起乳粉变味、乳粉速溶性降低等问题。

3. 食品中水分检测的方法及适用对象

（1）直接干燥法　适用于在 101～105℃下，蔬菜、谷物及其制品、水产品、豆制品、乳制品、肉制品、卤菜制品、粮食（水分含量低于 18%）、油料（水分含量低于 13%）、淀粉及茶叶类等食品中水分的测定，不适用于水分含量小于 0.5g/100g 的样品。

（2）减压干燥法　适用于高温易分解的样品及水分较多的样品（如糖、味精等食品）中水分的测定，不适用于添加了其他原料的糖果（如奶糖、软糖等食品）中水分的测定，不适用于水分含量小于 0.5g/100g 的样品（糖和味精除外）。

（3）蒸馏法　适用于含水较多又有较多挥发性成分的水果、香辛料及调味品、肉与肉制品等食品中水分的测定，不适用于水分含量小于 1g/100g 的样品。

（4）卡尔·费休法　适用于食品中微量水分的测定，不适用于含有氧化剂、还原剂、碱性氧化物、氢氧化物、碳酸盐、硼酸等食品中水分的测定。卡尔·费休容量法适用于水分含量大于 1.0×10^{-3}g/100g 的样品。

考核评价

通过小组自评、组间互评、教师评价，根据课前学习任务的完成情况评价自学能力，根据课中关键操作点的规范性评价操作技能，根据沟通交往、解决问题、时间管理、科学严谨的表现评价工作素养，根据实训报告、课后测试评价课后巩固提升。

直接干燥法测定乳粉中的水分（考核评价表）

直接干燥法测定乳粉中的水分（课后测试题）

方法拓展

水分测定仪法测定乳粉中的水分

乳粉中水分的测定（水分测定仪法）（视频）

（一）检测标准与检测原理

同 GB 5009.3—2016《食品安全国家标准　食品中水分的测定》第一法。

（二）仪器设备的准备

奥豪斯快速水分测试仪 MB35。

（三）样品测定

1. 仪器安装

奥豪斯快速水分测试仪 MB35 安装的方法及要求如表 2-68 所示。

表 2-68　奥豪斯快速水分测试仪 MB35 安装的方法及要求

序号	步骤	操作方法	要求
1	调水平	将水分测试仪放置在平稳的工作台上，并调整好水平	
2	安支架	将不锈钢底盘放置在水分测试仪中，再安装三角支架	需轻轻旋转一下三脚架，以确认安装到位
3	放铝盘	取一个铝盘，放在手柄架中间	

2. 样品测试

奥豪斯快速水分测试仪 MB35 样品测定的方法及要求如表 2-69 所示。

表 2-69 奥豪斯快速水分测试仪 MB35 样品测定的方法及要求

序号	步骤	操作方法	要求
1	开机	接通电源，开机	短按开始键，即可开机
2	设置条件	设置加热温度为 105℃，设置加热时间为自动模式	（1）温度设置范围为 50~160℃，步进量为 5℃； （2）自动模式：当检测到 60s 内样品失重少于 1mg 时，测试自动停止
3	去皮	按去皮键，去皮	
4	加样	（1）取出样品盘，将>0.5g 的样品均匀分散在样品盘中； （2）样品盘放入盘托架，记录样品质量	当显示屏左上方出现“＊”，即表示处于稳定状态，此时才可记录样品质量
5	测试	关上加热罩，短按开始键，待测试结束后记录结果	
6	清理	（1）长按停止键，关机； （2）打开加热罩，取出样品盘，清理仪器	戴手套取样品盘，以防烫伤

任务十七 莱因-埃农氏法测定婴幼儿乳粉中的乳糖

案例导入

母乳是婴儿最理想的食物，母乳中 90%以上的碳水化合物都是乳糖；婴幼儿配方乳粉是无法母乳喂养时的最佳选择。我国市售的 2 段配方乳粉中的糖均以乳糖为主，但部分产品中白砂糖的添加量达到了 7.58~12.34g/100g。2019 年 7 月 15 日，世界卫生组织发布调查报告称，在欧洲出售的许多婴儿食品均含有大量糖分，可能影响婴儿的牙齿健康、导致肥胖或令孩子养成只爱吃甜食的习惯等。据此，世界卫生组织建议，需禁止生产商在 3 岁以下幼儿的食品中添加糖分。另外，婴儿配方乳粉中添加果糖，可能对患有遗传性果糖不耐受的宝宝造成潜在的生命威胁。

GB 10765—2021《食品安全国家标准　婴儿配方食品》、GB 10766—2021《食品安全国家标准　较大婴儿配方食品》于 2021 年 2 月 22 日发布，这两个标准最大的亮点就是在国产乳粉恢复消费信心的基础上，将乳粉的品质标准进一步做了提升。

任务描述

婴幼儿乳粉是指以牛乳（或羊乳）及其加工制品为主要原料，加入适量的维生素、矿物质和其他辅料，经加工制成的供婴幼儿食用的产品。虽然人乳和牛乳中的主要碳水化合物都是乳糖，但在含量上差异较大，牛乳中的乳糖仅为4.5%，人乳中为7.0%，为了使配方乳粉的成分与母乳更接近，必须添加碳水化合物，以满足婴儿的营养需求。GB 10765—2021《食品安全国家标准　婴儿配方食品》、GB 10766—2021《食品安全国家标准　较大婴儿配方食品》要求，婴儿配方食品和较大婴儿配方食品碳水化合物的来源应首选乳糖，且乳糖占碳水化合物含量应≥90%，而不应将果糖、蔗糖作为碳水化合物的来源。请独自查询资料、学习国家标准，参与话题讨论，合作制订检测方案并完成样品检测。

学习目标

❖ 知识目标

1. 知道莱因–埃农氏法测定婴幼儿乳粉中乳糖的标准依据，理解检测的原理。
2. 知道所需的试剂和仪器设备，掌握用乳糖标定费林氏液的步骤和要求。
3. 掌握试样处理、滴定的步骤及要求。

❖ 技能目标

1. 能够根据国家标准完成试剂的配制和仪器的准备。
2. 能够按照国家标准要求，配制规定浓度的试剂，完成费林氏液的标定、试样溶液预滴定和精确滴定的操作。
3. 能根据记录的数据进行结果计算和精密度分析。

❖ 素质目标

1. 树立食品安全标准意识和自我安全防护的意识。
2. 形成规范操作意识和团队合作精神。
3. 具有实事求是、科学严谨的工作态度。
4. 养成自觉维护工位及实验室整洁与卫生的习惯。

课前准备

1. 学习资源准备

通过网络获取GB 5009.8—2023《食品安全国家标准　食品中果糖、葡萄糖、蔗糖、麦芽糖、乳糖的测定》第四法，以及扫码获取视频。

乳粉中乳糖的测定（莱因—埃农氏法）（视频）

2. 完成预习任务

（1）阅读相关标准文件，观看操作视频，小组合作初拟检测方案。

（2）遵循够用节约的原则，设计试剂的配制量，汇总所需仪器设备的规格和数量。

思政园地

蒙惠者虽知其然，而未必知其所以然也。

——宋·朱熹《建宁府建阳县长滩社仓记》

必备知识

1. 产品标准

婴儿配方乳粉中碳水化合物的质量标准如表2–70所示。

表 2-70　　婴儿配方乳粉中碳水化合物的质量标准

<table>
<tr><th>序号</th><th>品类</th><th>蔗糖</th><th>乳糖</th><th>标准依据</th></tr>
<tr><td>1</td><td>婴儿配方乳粉</td><td rowspan="2">不应使用</td><td rowspan="2">乳糖占碳水化合物含量应≥90%</td><td>GB 10765—2021《食品安全国家标准　婴儿配方食品》</td></tr>
<tr><td>2</td><td>较大婴儿配方乳粉</td><td>GB 10766—2021《食品安全国家标准　较大婴儿配方食品》</td></tr>
</table>

2. 检测标准

GB 5009. 8—2023《食品安全国家标准　食品中果糖、葡萄糖、蔗糖、麦芽糖、乳糖的测定》第四法：莱因-埃农氏法。

3. 检测原理

试样经除去蛋白质后，在加热条件下，以亚甲蓝为指示剂，直接滴定已标定过的费林氏液，根据样液消耗的体积，计算乳糖含量。

任务实施

一、仪器设备准备

莱因-埃农氏法测定婴幼儿乳粉中的乳糖所需的仪器设备如表 2-71 所示。

表 2-71　　所需仪器设备

序号	仪器名称	规格	数量	用途
1	分析天平	0. 0001g	1	称量
2	烧杯	50mL	4	配制指示剂、草酸钾-磷酸氢二钠、乙酸铅溶液、乳糖标准溶液
3	试剂瓶	100mL	3	储存指示剂、草酸钾-磷酸氢二钠、乙酸铅溶液
4	容量瓶	100mL	3	配制亚甲蓝溶液、草酸钾-磷酸氢二钠、乙酸铅溶液
5	滴瓶	30mL	1	储存指示剂
6	称量瓶	30mm×60mm	2	盛放乳糖
7	电热鼓风干燥箱		1	干燥乳糖
8	干燥器	ϕ50cm	1	保持乳糖的干燥
9	容量瓶	1000mL	2	配费林氏液（甲液和乙液）
10	酸式滴定管	25mL	1	费林氏液标定、样品滴定
11	试剂瓶	1000mL	2	储存费林氏液（甲液和乙液）

续表

序号	仪器名称	规格	数量	用途
12	吸量管	5mL	2	吸取费林氏液
13	吸量管	50mL	3	吸取样液
14	锥形瓶	250mL	8	标定费林氏液、试液滴定
15	量筒	25mL	1	量取蒸馏水
16	漏斗	90mm	3	样品过滤
17	容量瓶	250mL	4	配制乳糖标液、样品定容
18	洗瓶	500mL	1	装蒸馏水

二、试剂配制

（一）试剂清单

测定婴幼儿乳粉中的乳糖所需的试剂如表 2-72 所示。

表 2-72　所需试剂

序号	试剂名称	作用
1	硫酸铜（$CuSO_4 \cdot 5H_2O$）	提供铜离子
2	酒石酸钾钠（$C_4H_4O_6KNa \cdot 4H_2O$）	还原剂，与氢氧化铜反应生成酒石酸钾钠铜络合物，络合物中的二价铜离子能使乳糖氧化，生成红色的氧化亚铜沉淀
3	浓硫酸（H_2SO_4）	酸性环境让硫酸铜的铜离子稳定
4	乙酸铅［$Pb(CH_3COO)_2 \cdot 3H_2O$］	沉淀剂沉淀试样蛋白
5	草酸钾（$K_2C_2O_4 \cdot H_2O$）	沉淀剂沉淀试样蛋白
6	磷酸氢二钠（Na_2HPO_4）	沉淀剂沉淀试样蛋白
7	氢氧化钠（NaOH）	氧化剂，与硫酸铜反应生成氢氧化铜沉淀
8	亚甲蓝（$C_{16}H_{18}ClN_3S \cdot 3H_2O$）	指示剂，氧化性弱于二价铜离子，过量一滴的乳糖使亚甲蓝还原，即为滴定终点（亚甲蓝溶液的蓝色消失）
9	乳糖（$C_{12}H_{22}O_{11}$）	费林氏液标定时的基准物质

（二）配制方法

1. 亚甲蓝溶液（10g/L）

称取 1g 亚甲蓝，溶于 100mL 水中。

2. 乙酸铅溶液（200g/L）

称取 200g 乙酸铅，溶于水并稀释至 1000mL。

3. 草酸钾-磷酸氢二钠溶液

称取30g草酸钾，70g磷酸氢二钠，溶于水并稀释至1000mL。

4. 费林氏液

(1) 费林甲液　称取34.639g硫酸铜，溶于水中，加入0.5mL浓硫酸，加水至500mL。

(2) 费林乙液　称取173g酒石酸钾钠及50g氢氧化钠溶解于水中，稀释至500mL，静置两天后过滤。

三、操作步骤

(一) 乳糖标准溶液配制

莱因-埃农氏法测定婴幼儿乳粉的乳糖中，乳糖标准溶液配制的方法及要求如表2-73所示。

表2-73　乳糖标准溶液配制的方法及要求

序号	步骤	操作方法	要求
1	基准物烘干	取乳糖适量，置于洁净的称量瓶中，斜搭盖露出点缝隙，置于电热鼓风干燥箱中保持92~96℃干燥2h，于干燥器中冷却，不需要恒重	使用防烫手套将称量瓶从干燥箱中取出，以防烫伤
2	乳糖标准溶液配制	称取上述处理后的乳糖0.75g（精确到0.1mg）置于50mL烧杯中，用水溶解并定容至250mL	

(二) 费林氏液标定

1. 预测滴定

费林氏液标定中，预测滴定的方法及要求如表2-74所示。

表2-74　费林氏液预测滴定的方法及要求

序号	步骤	操作方法	要求
1	加滴定液	乳糖标准溶液注入25mL酸式滴定管中	滴定管使用前需检漏、润洗；加入滴定液后需排气泡、调节液面至“0”刻度处
2	取试剂	吸取10mL费林氏液（甲、乙液各5mL）于250mL锥形瓶中	用5mL吸量管吸取费林甲、乙液
3	加水	加入20mL蒸馏水，放入几粒玻璃珠	用量筒量取蒸馏水，玻璃珠可防止暴沸
4	加指示剂	从滴定管中放出15mL乳糖标准溶液于锥形瓶中，置于电热板上加热，使其在2min内沸腾，保持沸腾状态15s，加入3滴亚甲蓝溶液	(1) 预先加入15mL乳糖标准溶液，可缩短滴定时间； (2) 严格控制操作时间
5	滴定	继续从滴定管中滴入乳糖标准溶液，直至溶液蓝色完全褪尽为止，读取所用样液的体积	(1) 滴定速度保持在1滴/2s； (2) 读数精确到0.01mL

2. 精确滴定

费林氏液标定中，精确滴定的方法及要求如表 2-75 所示。

表 2-75　费林氏液精确滴定的方法及要求

序号	步骤	操作方法	要求
1	补滴定液	向 25mL 酸式滴定管中补足乳糖标准溶液	
2	加试剂	另取 10mL 费林氏液（甲、乙液各 5 mL）于 250mL 锥形瓶中，再加入 20mL 蒸馏水，放入几粒玻璃珠，加入比预滴定量少 0.5~1.0mL 的乳糖标准溶液	
3	滴定	置于电炉上，使其在 2min 内沸腾，维持沸腾状态 2min，加入 3 滴亚甲蓝溶液，以 1 滴/2s 的速度徐徐滴入，溶液蓝色完全褪尽即为终点，记录消耗的体积	如实记录数据，平行测定 3 次

3. 计算

费林氏液的乳糖校正值按式（2-14）、式（2-15）计算：

$$A_1 = \frac{V_1 \times m_1 \times 1000}{250} = 4 \times V_1 \times m_1 \tag{2-14}$$

$$f_1 = \frac{4 \times V_1 \times m_1}{AL} \tag{2-15}$$

式中　A_1——实测乳糖数，mg；

V_1——滴定时消耗乳糖标准溶液的体积，mL；

m_1——称取乳糖的质量，g；

f_1——费林氏液的乳糖校正值；

AL——由乳糖标准溶液滴定毫升数查表 2-76 所得的乳糖数，mg。

表 2-76　乳糖及转化糖因数表（10mL 费林氏液）

滴定量/mL	乳糖/mg	转化糖/mg	滴定量/mL	乳糖/mg	转化糖/mg
15	68.3	50.5	25	67.9	51.2
16	68.2	50.6	26	67.9	51.3
17	68.2	50.7	27	67.8	51.4
18	68.1	50.8	28	67.8	51.4
19	68.1	50.8	29	67.8	51.5
20	68.0	50.9	30	67.8	51.5
21	68.0	51.0	31	67.8	51.6
22	68.0	51.0	32	67.8	51.6
23	67.9	51.1	33	67.8	51.7
24	67.9	51.2	34	67.9	51.7

续表

滴定量/mL	乳糖/mg	转化糖/mg	滴定量/mL	乳糖/mg	转化糖/mg
35	67.9	51.8	43	68.0	52.2
36	67.9	51.8	44	68.0	52.2
37	67.9	51.9	45	68.1	52.3
38	67.9	51.9	46	68.1	52.3
39	67.9	52.0	47	68.2	52.4
40	67.9	52.0	48	68.2	52.4
41	68.0	52.1	49	68.2	52.5
42	68.0	52.1	50	68.3	52.5

注："因数"系指与滴定量相对应的数目。若蔗糖含量与乳糖含量之比超过 3：1 时，则在滴定量中加表 2-77 中的校正值后计算。

表 2-77　　乳糖滴定量校正值（10mL 费林氏液）

滴定终点时所用的糖液量/mL	蔗糖与乳糖含量的比例	
	3：1	6：1
15	0.15	0.30
20	0.25	0.50
25	0.30	0.60
30	0.35	0.70
35	0.40	0.80
40	0.45	0.90
45	0.50	0.95
50	0.55	1.05

（三）试样处理

莱因-埃农氏法中，试样处理的方法及要求如表 2-78 所示。

表 2-78　　试样处理的方法及要求

序号	步骤	操作方法	要求
1	称样	称取婴幼儿乳粉 2g 于 50mL 烧杯中	精确到 0.1mg
2	溶解	用 100mL 水分数次溶解并洗入 250mL 容量瓶中	
3	澄清	徐徐加入 4mL 乙酸铅溶液、4mL 草酸钾-磷酸氢二钠溶液，并振荡容量瓶，用水稀释至刻度，混匀，静置 30min	乙酸铅：蛋白质澄清剂 草酸钾：除去样液中残留的铅离子

续表

序号	步骤	操作方法	要求
4	过滤	用干燥的中速滤纸过滤，弃去最初 25mL 滤液后，所得滤液即为试样处理液，作滴定用	滤纸不能先用蒸馏水润湿，以免导致样液被稀释

（四）乳糖的测定

1. 预滴定

以试样处理液替代乳糖标准溶液，其余同标定费林氏液的预测滴定。

2. 精滴定

以试样处理液替代乳糖标准溶液，其余同标定费林氏液的精确滴定。

四、数据分析及处理

（一）结果计算

试样中乳糖含量按式（2-16）计算：

$$X = \frac{F_1 \times f_1 \times 0.25 \times 100}{V_1 \times m} \tag{2-16}$$

式中 X——试样中乳糖的含量，g/100g；

F_1——由消耗样液的毫升数查表 2-76 所得乳糖数，mg；

f_1——费林氏液乳糖校正值；

V_1——滴定消耗样液量，mL；

m——试样的质量，g。

以重复性条件下获得的两次独立测定结果的算术平均值表示，结果保留三位有效数字。

（二）精密度

在重复性条件下获得的两次独立测定结果的绝对差值不得超过算术平均值的 1.5%。

（三）原始数据记录

将检测过程中获得的数据如实填写在原始数据记录表 2-79 中。

表 2-79　莱因-埃农氏法测定婴幼儿乳粉中乳糖含量的原始数据记录表

检测日期		样品名称		样品规格	
检测依据				样品状态	

费林氏液标定			
编号	1	2	3
乳糖的质量/g			
滴定时所消耗的乳糖标准溶液的体积/mL			
由乳糖液滴定毫升数查表所得的乳糖数/mg			
费林氏液的乳糖校正值			

续表

<table>
<tr><td colspan="3">计算公式</td><td colspan="3"></td></tr>
<tr><td colspan="6">样品的测定</td></tr>
<tr><td colspan="3">样品编号</td><td colspan="2">1</td><td>2</td></tr>
<tr><td colspan="3">样品的质量/g</td><td colspan="2"></td><td></td></tr>
<tr><td colspan="3">滴定消耗滤液的体积/mL</td><td colspan="2"></td><td></td></tr>
<tr><td colspan="3">试样中乳糖的质量分数/（g/100g）</td><td colspan="2"></td><td></td></tr>
<tr><td colspan="3">试样中乳糖的质量分数平均值/（g/100g）</td><td colspan="3"></td></tr>
<tr><td>精密度/%</td><td>测定值</td><td colspan="2"></td><td>允许偏差</td><td></td></tr>
<tr><td colspan="3">计算公式</td><td colspan="3"></td></tr>
<tr><td colspan="3">产品标准/（g/100g）</td><td colspan="3"></td></tr>
<tr><td colspan="6">结论：</td></tr>
</table>

温馨提示

1. 本项目涉及强酸强碱、用电和高温，按要求规范操作以防酸碱腐蚀、触电、烫伤。
2. 秉承科学严谨的作风，控制好操作条件，确保检测结果的准确性。
3. 为了保护环境，需将废液倒入对应的废液桶中。
4. 遵守实验室管理规定，及时完成清洗和整理工作，保持实验室的清洁整齐。

考核评价

通过小组自评、组间互评、教师评价，根据课前学习任务的完成情况评价自学能力，根据课中关键操作点的规范性评价操作技能，根据沟通交往、解决问题、时间管理、科学严谨的表现评价工作素养，根据实训报告、课后测试评价课后巩固提升。

莱因–埃农氏法测定婴幼儿乳粉中的乳糖（考核评价表）

莱因–埃农氏法测定婴幼儿乳粉中的乳糖（课后测试题）

方法拓展

酸水解-莱因-埃农氏法测定婴幼儿乳粉中的蔗糖

（一）检测标准与检测原理

1. 检测标准

GB 5009. 8—2023《食品安全国家标准　食品中果糖、葡萄糖、蔗糖、麦芽糖、乳糖的测定》第三法：酸水解-莱因-埃农氏法。

2. 检测原理

试样除去蛋白质后，其中蔗糖经盐酸水解转化为还原糖，按还原糖测定，水解前后的差值乘以相应的系数即为蔗糖含量。

（二）仪器设备的准备

在前法的基础上增加水浴锅。

（三）试剂的配制

1. 乙酸锌溶液（1mol/L）

称取乙酸锌 21. 9g，加 3mL 冰乙酸，溶于水并稀释至 100mL，混匀。

2. 亚铁氰化钾溶液（0. 25mol/L）

称取亚铁氰化钾 10. 6g，溶于水并稀释至 100mL，混匀。

3. 盐酸溶液（50%，体积分数）

量取盐酸 50mL，缓慢加入 50mL 水中，冷却后混匀。

4. 氢氧化钠溶液（40g/L）

称取氢氧化钠 4. 0g，加水溶解后，冷却，用水稀释至 100mL，混匀。

5. 甲基红指示液（1g/L）

称取甲基红 0. 1 g，用 95%乙醇溶解并稀释至 100mL，混匀。

6. 氢氧化钠溶液（200g/L）

称取氢氧化钠 20. 0g，加水溶解后，冷却，用水稀释至 100mL，混匀。

7. 碱性酒石酸铜甲液

称取硫酸铜 15. 0g 和亚甲蓝 0. 05g，溶于水并稀释至 1000mL，混匀。

8. 碱性酒石酸铜乙液

称取酒石酸钾钠 50. 0g 和氢氧化钠 75. 0g，溶于水中，再加入亚铁氰化钾 4. 0g，完全溶解后，用水稀释至 1000mL，混匀，储存于橡胶塞玻璃瓶中。

9. 葡萄糖标准溶液（1. 00mg/mL）

称取经过（96±2）℃烘箱中干燥 2h 的葡萄糖 1g（精确至 0. 001g），加水溶解后转移至 1000mL 的容量瓶中，加入 5mL 盐酸，并用水定容至刻度。置于 0~4℃密封保存。

（四）样品测定

1. 试样处理

同任务十四《直接滴定法测定生乳中的还原糖》。

2. 酸水解

试液酸水解的方法及要求如表 2-80 所示。

3. 碱性酒石酸铜溶液的标定和试液的测定

同任务十四《直接滴定法测定生乳中的还原糖》。

表 2-80 试液酸水解的方法及要求

序号	步骤	操作方法	要求
1	取样	吸取 2 份试样处理液各 50.0mL，分别置于 100mL 容量瓶中	
2	转化前	1 份用水定容至刻度，混匀	
3	转化后	1 份加 5mL 盐酸溶液，在 68~70℃水浴中加热 15 min，冷却后加 2 滴甲基红指示液，用氢氧化钠溶液（200g/L）中和至中性，用水定容至刻度，混匀	甲基红的 pH 变色范围：4.5（红）~6.2（黄）

（五）数据分析及处理

1. 还原糖

试样中还原糖的含量按式（2-17）计算：

$$R = \frac{A}{m \times \frac{50}{250} \times \frac{V}{100} \times 1000} \times F \times 100 \tag{2-17}$$

式中 R——试样中还原糖（以葡萄糖计）的含量，g/100g；

A——碱性酒石酸铜溶液（甲、乙液各半）相当于葡萄糖的质量，mg；

m——试样的称样量，g；

50——酸水解中吸取样液体积，mL；

250——试样处理中定容体积，mL；

V——滴定时消耗样液体积，mL；

100——酸水解中定容体积，mL；

1000——换算系数；

F——1；

100——换算系数。

2. 蔗糖

试样中蔗糖的含量按式（2-18）计算：

$$X = (R_2 - R_1) \times 0.95 \tag{2-18}$$

式中 X——试样中蔗糖的含量，g/100g；

R_2——转化后还原糖（以葡萄糖计）的含量，g/100g；

R_1——转化前还原糖（以葡萄糖计）的含量，g/100g；

0.95——还原糖（以葡萄糖计）换算为蔗糖的系数。

蔗糖含量≥10g/100g 时，计算结果保留三位有效数字；蔗糖含量<10g/100g 时，计算结果保留两位有效数字。

精密度要求在重复性条件下获得的两次独立测定结果的绝对差值不得超过算术平均值的 10%。

知识链接

1. 蔗糖水解处理的原因

蔗糖是一种非还原性双糖，不能用测定还原糖的方法直接测定，经酸水解后蔗糖可生成具有还原性的葡萄糖和果糖。

$$\underset{\text{蔗糖}}{C_{12}H_{22}O_{11}}+H_2O = \underset{\text{葡萄糖}}{C_6H_{12}O_6}+\underset{\text{果糖}}{C_6H_{12}O_6}$$

2. 转换系数为什么是 0.95?

根据蔗糖的水解反应，蔗糖的相对分子量为 342，水解后产生 2 分子单糖，相对分子量之和为 360，故：

$$\text{换算系数}=342\div360=0.95$$

模块三

果蔬及其制品检测

背景资料

中国是水果、蔬菜生产和消费的大国。中国水果的种植面积和产量均居世界第一。2022 年中国果园面积约为 12808 千 hm^2，水果产量为 31296 万 t。从品类结构上看，目前全国大宗水果种植以柑橘、苹果、梨、葡萄、香蕉为主，2022 年以柑橘产量最高，为 6003.89 万 t；第二是苹果，产量为 4757.18 万 t；第三是梨，产量为 1926.53 万 t。蔬菜是我国种植业中的重要农作物，种植面积逐年增加，产量占全球的 50%，其中 2022 年中国蔬菜播种面积为 22375 千 hm^2，产量为 79997.22 万 t。随着国家的发展，人民生活水平的显著提高，人们对食物的需求也逐渐由对数量的需求转移到对营养与安全的需求。2022 年，农业农村部组织开展了 2 次国家农产品质量安全例行监测，监测结果显示，蔬菜、水果抽检合格率分别为 97.1%、98.8%。抽检的蔬菜中，水生蔬菜、瓜类蔬菜、食用菌、甘蓝类蔬菜和茄果类蔬菜合格率分别为 100%、99.4%、99%、98.8%和 97.8%。

项目一

水果的检测

任务十八 阿贝折射仪法测定柑橘中的可溶性固形物

案例导入

我国是重要的柑橘原产地之一，柑橘资源丰富、品种繁多，主要包括橙类、宽皮柑橘类、枸橼类、柚和葡萄柚类、杂柑类、金柑类和砧木品种。柑橘色泽鲜亮，酸甜适口，富含有机酸、糖、维生素 C 等营养物质，营养价值高，具有止咳化痰、健胃、消肿、疏肝理气等多种保健功能。近年来，随着柑橘产业的快速发展及人们生活水平的提高，消费者更加关注果实品质。

柑橘果实的酸甜味道是可溶性固形物中糖酸化学成分的反映。柑橘果实的糖类主要包括葡萄糖、果糖和蔗糖等，其不仅是果实甜味的来源，也是果实储藏的物质基础之一。在果实的成熟和衰老过程中，糖的含量和种类都在不断地变化，随着果实不断地成熟，糖分不断增加，甜味也不断增浓，直到正常的采收期为止。

任务描述

可溶性固形物是指液体或流体食品中所有溶解于水的化合物的总称，包括糖、酸、维生素、矿物质等，其中又以可溶性糖为主要成分。测定可溶性固形物可以衡量水果成熟情况，以便确定采摘时间。请独自查询资料、学习国家标准、参与话题讨论，合作制订检测方案并完成样品检测。

学习目标

❖ 知识目标

1. 知道阿贝折射仪法测定柑橘的可溶性固形物的标准依据，理解检测的原理。
2. 了解检测所需的仪器设备，掌握阿贝折射仪的使用方法及要求。
3. 掌握样液制备、样液测定的方法。
4. 熟悉阿贝折射仪的维护方法及注意事项。

❖ 技能目标

1. 能够根据国家标准完成仪器的准备。
2. 能进行样液的制备、仪器校准以及样液测定。
3. 能根据记录的数据进行结果计算和精密度分析。

❖ 素质目标

1. 树立食品安全标准意识和保护环境的意识。
2. 形成规范操作意识和团队合作精神。
3. 养成实事求是、科学严谨的工作态度。
4. 养成自觉维护工位及实验室整洁与卫生的习惯。

课前准备

1. 学习资源准备

通过网络获取 NY/T 2637—2014《水果和蔬菜可溶性固形物含量的测定 折射仪法》以及扫码获取视频《水果的检测－可溶性固形物的测定》。

水果的检测－可溶性固形物的测定（视频）

2. 完成预习任务

（1）阅读相关标准文件，观看操作视频，小组合作初拟检测方案。

（2）遵循够用节约的原则，设计试剂的配制量，汇总所需仪器设备的规格和数量。

（3）参与话题讨论：为什么要测定食品中可溶性固形物？食品中的可溶性固形物包括哪些成分？

思政园地

兵马不动，粮草先行。

——《南皮县志·风土志下·歌谣》

必备知识

1. 产品标准

水果中可溶性固形物含量越高，意味着其成熟度也越高，滋味也越好，甜橙类及宽皮柑橘类可溶性固形物的质量标准如表 3-1 所示。

表 3-1　　甜橙类及宽皮柑橘类可溶性固形物的质量标准

序号	品类	可溶性固形物/%　≥			标准依据
		优等果	一等果	二等果	
1	甜橙类	10.5	10.0	9.5	GB/T 12947—2008《鲜柑橘》
2	宽皮柑橘类	10.0	9.5	9.0	

2. 检测标准

NY/T 2637—2014《水果和蔬菜可溶性固形物含量的测定 折射仪法》。

3. 检测原理

利用阿贝折射仪测定果蔬中的总可溶性固形物（total soluble solid，TSS）含量，可大致表示果蔬的含糖量。光线从一种介质进入另一种介质时会产生折射现象，且入射角正弦与折射角正弦之比恒为定值，此比值称为折射率。果蔬汁液中可溶性固形物含量与折射率在一定条件下（同一温度、压力）成正比例，故测定果蔬汁液的折射率，可求出果蔬汁液的浓度（含糖量的多少）。

任务实施

一、仪器设备准备

阿贝折射仪法测定柑橘的可溶性固形物所需的仪器设备如表 3-2 所示。

表 3-2　　所需仪器设备

序号	仪器名称	规格	数量	用途
1	阿贝折射仪	糖度 0.1%	1	测定果蔬可溶性固形物含量（含糖量）
2	天平	感量 0.01g	1	称量柑橘质量
3	高速组织捣碎机	10000r/min	1	捣碎柑橘组织
4	烧杯	500mL	1	盛放柑橘匀浆汁液
5	滴管	1mL	1	滴加柑橘样液
6	纱布		4	挤压柑橘组织出汁液
7	镊子	30cm	1	夹取脱脂棉球

二、试剂配制

阿贝折射仪法测定柑橘的可溶性固形物所需的试剂如表 3-3 所示。

表 3-3　所需试剂

试剂名称	作用
无水乙醇（C_2H_5OH）	清洗镜面

三、操作步骤

1. 样液制备

阿贝折射仪法测定柑橘的可溶性固形物中，样液制备的方法及要求如表 3-4 所示。

表 3-4　样液制备的方法及要求

序号	步骤	操作方法	要求
1	称样	柑橘洗净、擦干，取可食部分切碎、混匀，称取适量试样	含水量高的试样一般称取 250g；含水量低的试样一般称取 125g
2	过滤	将试样放入高速组织捣碎机中捣碎，用两层擦镜纸或四层纱布挤出匀浆汁液测定	可加入适量蒸馏水

2. 仪器结构及安装

阿贝折射仪结构及安装要求如表 3-5 所示。

表 3-5　仪器结构及安装要求

序号	步骤	操作方法	要求
1	仪器结构	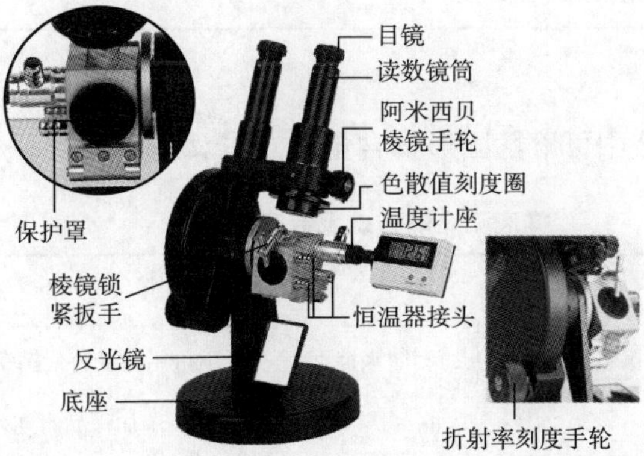	
2	安装	将折射仪置于靠窗的桌子或白炽灯前，但勿使仪器置于直照的日光中，以避免液体试样迅速蒸发	搬移仪器时应手托仪器的底部搬动，不可提握仪器聚光照明部件中的摇臂，以免损坏仪器

3. 仪器校准

在对样品进行测定前，首先要校准阿贝折射仪，具体方法及要求如表 3-6 所示。

表 3-6　　仪器校准的方法及要求

序号	步骤	操作方法	要求
1	擦棱镜	将棱镜锁紧扳手松开，用脱脂棉球蘸取无水乙醇清洗镜面，擦镜纸擦干净	不可来回擦，只可单向擦，待晾干后方可使用
2	加蒸馏水	用胶头滴管将 2~3 滴蒸馏水滴入两棱镜中间，合上并锁紧	滴加量太少，不足以覆盖棱镜面就会看不清；滴加量太多，会溢出至仪器其他部位
3	对光	转动折射率刻度手轮使刻度圈标尺上的示值为最小值⟶调节反光镜使光线进入棱镜组，使视场最亮⟶旋转调节目镜，使视场叉丝最清晰	
4	调棱镜	调节折射率刻度手轮，使刻度圈上的示值逐渐增大，直至观察到视场中出现黑白分界线与叉丝交点重合	有的仪器呈现的是彩色光带，而不是黑白的
5	消色散	转动阿米西贝棱镜手轮，消除色散，使视场内呈现一个清晰的明暗临界线	
6	精调	转动折射率刻度手轮，使临界线正好处在×形叉丝交叉点上	若再次出现色散，必须重新消除色散
7	读数	重复两次所得蒸馏水的平均折射率与标准值比较，其差值即为校正值	在 20℃条件下，用蒸馏水校准折射仪，可溶性固形物含量应为 0；环境温度不在 20℃时，按附表 3 中的校正值进行校准
8	校准	若测量数据与标准有误差，用螺丝刀通过阿米西贝棱镜手轮中间的小孔，小心旋转里边的螺钉，使分划板上交叉线上下移动，然后再进行测量，直到测量数据符合要求为止	

4. 样液测定

利用阿贝折射仪测定样液中可溶性固形物含量的方法及要求如表 3-7 所示。

表 3-7　　样液测定的方法及要求

序号	步骤	操作方法	要求
1	清理	打开棱镜，用擦镜纸将镜面上的蒸馏水擦干	不可用滤纸替代擦镜纸
2	滴样	在镜面上滴 2~3 滴待测液体，并使其铺满整个镜面，关上棱镜	(1) 滴加样品时切勿使滴管尖端直接接触镜面，以防造成划痕； (2) 保持测定温度稳定，变幅不超过 ±0.5℃； (3) 被测样品不得有固体杂质，严禁测试腐蚀性较强的样品

续表

序号	步骤	操作方法	要求
3	调节	调节折射率刻度手轮、阿米西贝棱镜手轮，使明暗分界线在十字线交叉点	如出现彩色光带，调节消色补偿器，使彩色光带消失，阴暗界面清晰
4	读数	记录折射仪读数、测定温度	读取数据的方法： 首先沿正方向（如向前）旋转折射率刻度手轮，调节到位后，记录一个数据。然后继续沿正方向旋转一小段后，在沿反方向（向后）旋转折射率刻度手轮，调节到位后，记录一个数据。取两个数据的平均值为一次测量值
5	清洁	测完之后，打开棱镜并用脱脂棉球蘸取乙醇洗净镜面，也可用洗耳球吹干镜面，试验结束后，除必须使镜面清洁外，尚需夹上两层擦镜纸才能扭紧两棱镜的闭合螺丝，以防镜面受损	

四、数据分析及处理

1. 结果计算

(1) 有温度自动补偿功能的折射仪　未经稀释的试样，折射仪读数即为试样可溶性固形物含量。加蒸馏水稀释过的试样，其可溶性固形物含量按式（3-1）计算。

$$X = P \times \frac{m_0 + m_1}{m_0} \tag{3-1}$$

式中　X——样品可溶性固形物含量，%；

P——样液可溶性固形物含量，%；

m_0——试样质量，g；

m_1——试样中加入蒸馏水的质量，g。

注：常温下蒸馏水的质量按 1g/mL 计。

(2) 无温度自动补偿功能的折射仪　根据记录的测定温度，从附表 3 查出校正值。未经稀释过的试样，测定温度低于 20°C 时，折射仪读数减去校正值即为试样可溶性固形物含量；测定温度高于 20°C 时，折射仪读数加上校正值即为试样可溶性固形物含量。加蒸馏水稀释过的试样，其可溶性固形物含量按式（3-1）计算。

2. 结果表示

以两次平行测定结果的算术平均值表示，保留一位小数。

3. 精密度

同一试样两次平行测定结果的最大允许绝对差，未经稀释的样品为 0.5%，稀释过的样品为 0.5%乘以稀释倍数（即试样和所加蒸馏水的总质量与试样质量的比值）。

4. 原始数据记录

将检测过程中获得的数据如实填写在原始数据记录表 3-8 中。

表 3-8　　阿贝折射仪法测定柑橘可溶性固形物的原始数据记录表

<table>
<tr><td>检测日期</td><td></td><td>样品名称</td><td></td><td>样品规格</td><td></td></tr>
<tr><td>检测依据</td><td colspan="3"></td><td>样品状态</td><td></td></tr>
<tr><td colspan="6">样品的测定</td></tr>
<tr><td colspan="2">样品编号</td><td colspan="2">1</td><td colspan="2">2</td></tr>
<tr><td colspan="2">样品的质量/g</td><td colspan="2"></td><td colspan="2"></td></tr>
<tr><td rowspan="2">试样中可溶性固形物的含量/%</td><td>测定值</td><td colspan="2"></td><td colspan="2"></td></tr>
<tr><td>平均值</td><td colspan="4"></td></tr>
<tr><td>精密度/%</td><td>测定值</td><td></td><td>允许偏差</td><td colspan="2"></td></tr>
<tr><td colspan="2">计算公式</td><td colspan="4"></td></tr>
<tr><td colspan="2">产品标准/%</td><td colspan="4"></td></tr>
<tr><td colspan="6">结论：</td></tr>
</table>

温馨提示

1. 阿贝折射仪校准时，需保持必能成功的信心，细心观察、耐心操作。
2. 秉承科学严谨的作风，如实记录数据、校正读数，细致分析结果。
3. 遵守实验室管理规定，及时完成清洗和整理工作，保持实验室的清洁整齐。

相关知识

1. 影响折射率的因素

（1）波长　折射率随入射光波长的增大而减小。紫光的波长是 380~420nm，黄光的波长是 570~585nm，因此，在同一种溶液中，黄光的折射率就要比紫光的小。为了便于对测定结果进行比较，通常采用钠黄光 D 线（$\lambda=583.3$nm）作为光源，并以符号 n_D 来表示（如果在 n 右下角不注明波长时，也表示所用的光源为钠黄光）。阿贝折射仪的光源采用的是自然光，而不是单色光。自然光通过棱镜时由于不同波长的光折射率不同，折射后分散为多色光而产生色散现象，使临界线模糊，产生测定误差。为此，在阿贝折射仪上安装了阿米西贝棱镜手轮以消除色散现象。

（2）密度　折射率会随密度的增加而增大。被测溶液的浓度越大，密度越高，折射率也越高。

（3）温度　折射率随温度升高而减小。温度改变 1℃，折射率所发生的变化称为温度系数（也称为校正系数）。温度系数一般为 3.5×10^{-4}~5.5×10^{-4}，如在 10~30℃ 内，油脂的温度系数为 0.00038。同一种溶液，随着温度的上升，被测溶液的体积也随之增大，密度随之降低，折射率也降低。因此，在表示折射率时，必须以标准温度 20℃ 时的值来表示，若不在该温度条件下的，需查阅可溶性固形物对温度校正表，予以校正。

（4）压强　折射率随压强的增加而增大。一般物质的密度随压强的增大而增大，特别是气态物质。因此，当压强增大时，折射率也增大。

2. 折射率测定的意义

（1）鉴别食品的组成　油脂含碳原子数目相同时不饱和脂肪酸的折射率比饱和脂肪酸的折射率大得多；不饱和脂肪酸相对分子质量越大，折射率也越大；酸度高的油脂折射率低。

（2）确定物质的浓度　蔗糖溶液的折射率随浓度增大而升高。非糖类的液态食品，由于盐类、蛋白质、有机酸物质对折射率的影响，故测定结果还包括以上物质，统称为可溶性固形物。可溶性固形物的含量越高，折射率越大。

（3）判断食品的纯净程度及品质　液态食品的折射率正常情况下有一定的范围，如正常牛乳乳清的折射率在 1.34199~1.34275，掺水牛乳的乳清折射率就会降低。

考核评价

通过小组自评、组间互评、教师评价，根据课前学习任务的完成情况评价自学能力，根据课中关键操作点的规范性评价操作技能，根据沟通交往、解决问题、时间管理、科学严谨的表现评价工作素养，根据实训报告、课后测试评价课后巩固提升。

阿贝折射仪法测定柑橘的可溶性固形物（考核评价表）

阿贝折射仪法测定柑橘的可溶性固形物（课后测试题）

方法拓展一

手持折射仪法测定柑橘的可溶性固形物

（一）检测标准与检测原理

同阿贝折射仪法测定柑橘的可溶性固形物。

（二）仪器设备的准备

手持式折射仪。

（三）样品测定

1. 样液制备

同阿贝折射仪法测定柑橘的可溶性固形物。

2. 仪器校准

根据表 3-9 所述的方法和要求对手持折射仪进行校准。

表 3-9　　　　仪器校准的方法及要求

序号	步骤	操作方法	要求
1	擦棱镜	打开进光板，用软布/擦镜纸擦净棱镜 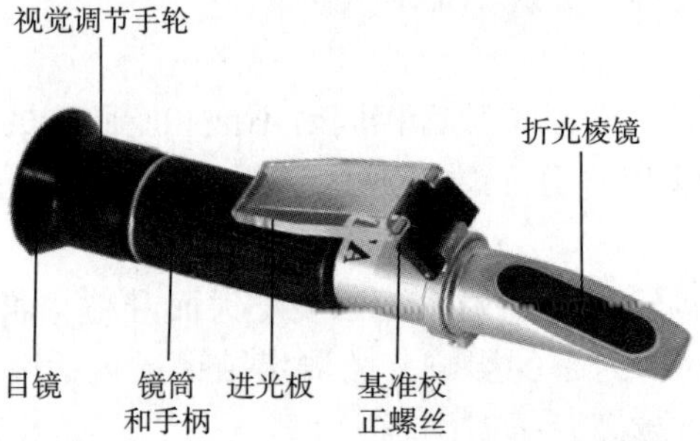 	
2	滴加蒸馏水	在棱镜玻璃面上滴 2~3 滴蒸馏水，盖上进光板	滴加样品时切勿使滴管尖端直接接触镜面，以防造成划痕
3	观察零线	于水平状态，从接眼部处观察，检查视野中明暗交界线是否处在刻度的零线上	若与零线不重合，则旋动视觉调节手轮，使分界线刚好落在零线上

3. 样液测定

利用手持折射仪测定样液中可溶性固形物含量的方法及要求如表 3-10 所示。

表 3-10　　　　样液测定的方法及要求

序号	步骤	操作方法	要求
1	滴加样液	打开进光板，用软布/擦镜纸将水擦干，然后如上法在棱镜玻璃面上滴 2~3 滴果蔬汁，进行观测	合上进光板时，应避免气泡产生，使溶液遍布棱镜表面；若有气泡，需擦干重新滴
2	调棱镜	将仪器进光板对准光源或明亮处，眼睛通过目镜观察视场，转动视觉调节手轮，使视场蓝白/黑白分界线清晰	
3	读取刻度	分界线上的刻度，即为果蔬汁中可溶性固形物含量（%）（糖的大致含量），重复 3 次	
4	清洁	打开进光板，用软布/擦镜纸擦净棱镜	仪器使用完毕后，勿泡在水中清洗，不要磕碰或划伤光学棱镜

4. 数据分析及处理

同阿贝折射仪法测定柑橘的可溶性固形物。

手持折射仪法测定柑橘的可溶性固形物（课后测试题）

方法拓展二

数显糖度仪法测定柑橘的可溶性固形物

（一）检测标准与检测原理

同阿贝折射仪法测定柑橘的可溶性固形物。

（二）仪器设备的准备

数显糖度仪。

（三）样品测定

1. 样液制备

同阿贝折射仪法测定柑橘的可溶性固形物。

2. 仪器校准

数显糖度仪校准的方法及要求如表 3-11 所示（以陆恒生物数显糖度仪 CNT95 为例）。

表 3-11　　数显糖度仪 CNT95 校准的方法及要求

序号	步骤	操作方法	要求
1	仪器准备	打开仪器背面的电池仓，装入 1 节 7 号电池 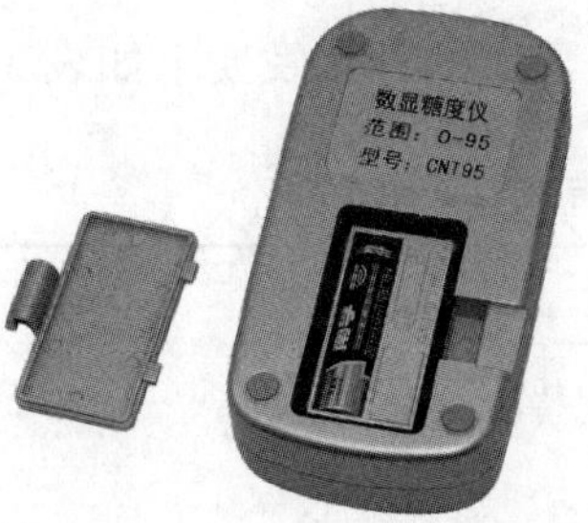 	当液晶上显示电池电量报警时，需更换电池
2	清洗	仪器放在桌面上，打开棱镜盖板，往样品槽滴上蒸馏水，用滴管吸走，再用擦镜纸擦干多余的水渍 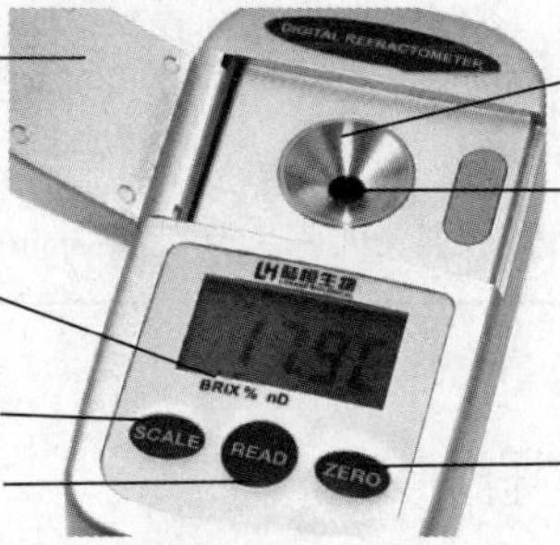 	
3	开机	按“READ”键一下，仪器开机，液晶上同时会显示温度	
4	设置数值显示	按“SCALE”键，直到液晶上的箭头指到目标刻线名下	本机器可在糖度和折射率之间相互切换

续表

序号	步骤	操作方法	要求
5	加蒸馏水	向样品槽里滴加 1mL 以上的蒸馏水，盖上棱镜盖板	(1) 蒸馏水的加入量大概为样品槽容量的 3/4，不要太少也不要溢出，确保液体布满整个棱镜表面；(2) 加入的蒸馏水不能有气泡
6	自动校准	按住“ZERO”键 3s，液晶上显示“CAL”，直到显示“END”校准功能完成	
7	零点校准	按“ZERO”键一次，若检测到当前蒸馏水的糖度是 0，则校准准确	仪器和蒸馏水放在同一稳定温度下超过 0.5h 后进行校准
8	清洁	打开棱镜盖板，用软布或擦镜纸擦拭清理棱镜	棱镜是由光学玻璃制成，易于划伤，勿使用粗糙物品清理棱镜

3. 样液测定

利用数显糖度仪测定样液中可溶性固形物含量的方法及要求如表 3-12 所示。

表 3-12　样液测定的方法及要求

序号	步骤	操作方法	要求
1	滴加样液	用另一根干净的滴管，取适量待测液体，滴入样品槽内	
2	样品测试	盖上棱镜盖板，按一下“READ”键，读取数显糖度仪显示数值，即为样品中可溶性固形物含量（%）	
3	清洗	先用吸水纸吸出样液，再滴加蒸馏水清洗样品槽，并用擦镜纸擦干水渍	不能用水直接冲洗或插入水中
4	关机	长按“READ”键，仪器关机	3min 无操作，仪器将自动关机

4. 数据分析及处理

同阿贝折射仪法测定柑橘的可溶性固形物。

任务十九　2,6-二氯靛酚滴定法测定柑橘中的维生素 C

案例导入

我国是世界上栽培柑橘历史最为悠久的国家，《尚书》中的《禹贡》就记载了 4000

多年前的夏朝，中国的长江流域——江苏、安徽、江西、湖南、湖北等地就有生产柑橘的历史。宋代韩彦直的《橘录》是世界上第一部柑橘专著，记述当时浙江温州的柑橘品种，以及嫁接、栽培、防寒、采收及储藏等技术。

柑橘是全球最重要的经济作物之一，是世界第一大类水果，是世界第三大贸易农产品。根据联合国粮食及农业组织数据，我国柑橘栽培面积和产值均位列世界第一。2002 年我国柑橘种植面积仅 1404.53 千 hm^2，2022 年增加至 3033.54 千 hm^2。根据国家统计局数据显示，2011 年中国柑橘产量为 2864.12 万 t，随着种植技术不断提升及柑橘虫害的防护加强，2022 年中国柑橘产量增长至 6003.89 万 t。柑橘产量的上升，也为柑橘加工行业提供了丰富原材料，促进了柑橘加工行业的发展。柑橘按上市时间可以分为早熟、中熟、晚熟三个大类，随着我国柑橘品种结构的进一步优化，柑橘鲜果已可实现周年均衡供应。

任务描述

适宜的糖酸比，造就了柑橘酸甜可口的口感，其中酸味主要来源于大量的柠檬酸和丰富的维生素 C，同时柠檬酸对维生素 C 又具有保护作用。维生素 C 可在人体的氧化还原代谢中起调节作用，缺乏它可引起坏血病，因而柑橘是人类补充维生素 C 的优质来源。请独自查询资料、学习国家标准、参与话题讨论，合作制订柑橘维生素 C 检测方案并完成样品检测。

学习目标

❖ 知识目标

1. 知道 2,6-二氯靛酚滴定法测定柑橘维生素 C 含量的标准依据，理解检测的原理。
2. 了解检测所需的试剂和仪器设备，掌握 L（+）-抗坏血酸标准溶液、2,6-二氯靛酚溶液配制的方法和要求。
3. 熟悉样品前处理的流程，掌握样品匀浆制备、稀释和过滤的操作方法及要求。
4. 掌握取样、滴定的操作要求。

❖ 技能目标

1. 能够根据国家标准完成试剂的配制和仪器的准备。
2. 能规范地进行试液的制备和样品的滴定。
3. 能根据记录的数据进行结果计算和精密度分析。

❖ 素质目标

1. 树立控制检测成本的意识。
2. 形成规范操作意识和团队合作精神。
3. 养成实事求是、科学严谨的工作态度。
4. 养成自觉维护工位及实验室整洁与卫生的习惯。

课前准备

1. 学习资源准备

通过网络获取 GB 5009.86—2016《食品安全国家标准　食品中抗坏血酸的测定》第三法，以及扫码获取《维生素 C 含量的测定—2,6-二氯靛酚滴定法》系列视频。

维生素 C 含量的测定—2，6-二氯靛酚滴定法（试剂的配制）（视频）

维生素 C 含量的测定—2，6-二氯靛酚滴定法（样品的测定）（视频）

2. 完成预习任务

（1）阅读相关标准文件，观看操作视频，小组合作初拟检测方案。

（2）遵循够用节约的原则，设计试剂的配制量，汇总所需仪器设备的规格和数量。

（3）参与话题讨论：试液制备过程中，为什么要用偏磷酸溶液或草酸溶液？

思政园地

我国工人阶级和广大劳动群众要大力弘扬劳模精神、劳动精神、工匠精神，适应当今世界科技革命和产业变革的需要，勤学苦练、深入钻研，勇于创新、敢为人先，不断提高技术技能水平，为推动高质量发展、实施制造强国战略、全面建设社会主义现代化国家贡献智慧和力量。

——习近平（2022 年 4 月 27 日，致首届大国工匠创新交流大会的贺信）

必备知识

1. 检测标准

GB 5009.86—2016《食品安全国家标准　食品中抗坏血酸的测定》第三法：2,6-二氯靛酚滴定法。

2. 检测原理

用蓝色的碱性染料 2,6-二氯靛酚标准溶液对含 L（+）-抗坏血酸的试样酸性浸出液进行氧化还原滴定，2,6-二氯靛酚被还原为无色，当到达滴定终点时，多余的 2,6-二氯靛酚在酸性介质中显浅红色，由 2,6-二氯靛酚的消耗量计算样品中 L（+）-抗坏血酸的含量。

任务实施

一、仪器设备准备

2,6-二氯靛酚滴定法测定柑橘中维生素 C 所需的仪器设备如表 3-13 所示。

表 3-13　　所需仪器设备

序号	仪器名称	规格	数量	用途
1	分析天平	0.0001g	1	称量试剂
2	电子天平	0.01g	1	称量试样

续表

序号	仪器名称	规格	数量	用途
3	烧杯	50mL	2	配草酸/偏磷酸溶液、溶解碳酸氢钠
4	容量瓶	250mL	2	配草酸/偏磷酸溶液、2,6-二氯靛酚溶液
5	烧杯	25mL	1	配抗坏血酸溶液
6	容量瓶	100mL	1	配抗坏血酸溶液
7	棕色试剂瓶	100mL	1	储存抗坏血酸溶液
8	烧杯	250mL	2	配制 2,6-二氯靛酚溶液，样液脱色
9	棕色试剂瓶	250mL	1	储存 2,6-二氯靛酚溶液
10	漏斗	10cm	1	过滤 2,6-二氯靛酚溶液、样液
11	吸量管	1mL	1	移取抗坏血酸溶液
12	锥形瓶	50mL	3	标定溶液、样品滴定
13	量筒	10mL	1	量取草酸/偏磷酸溶液
14	酸式滴定管	50mL	1	标定 2,6-二氯靛酚溶液
15	烧杯	150mL	2	样液制备
16	容量瓶	100mL	1	样液制备
17	量筒	100mL	1	量取草酸/偏磷酸溶液
18	吸量管	10mL	1	移取样液
19	胶头滴管	2mL	2	定容
20	玻璃棒	—	1	搅拌
21	挤压型洗瓶	500mL	1	清洗

二、试剂配制

（一）试剂清单

2,6-二氯靛酚滴定法测定柑橘中的维生素 C 所需的试剂如表 3-14 所示。

表 3-14　所需试剂

序号	试剂名称	作用
1	偏磷酸（HPO_3）	（1）维持酸性环境，确保试样中的维生素 C 和 L（+）-抗坏血酸标准溶液的稳定性； （2）造成 2,6-二氯靛酚显浅红色的酸性条件
2	草酸（$C_2H_2O_4$）	
3	碳酸氢钠（$NaHCO_3$）	使 2,6-二氯靛酚标准溶液呈碱性
4	2,6-二氯靛酚（$C_{12}H_6Cl_2NNaO_2$）	根据消耗量计算样品中 L（+）-抗坏血酸的含量

续表

序号	试剂名称	作用
5	白陶土（或高岭土）	脱色
6	L（+）-抗坏血酸标准品：纯度≥99%	计算2,6-二氯靛酚溶液的滴定度

（二）配制方法

1. 偏磷酸溶液（20g/L）

称取20g偏磷酸，用水溶解并定容至1L。

2. 草酸溶液（20g/L）

称取20g草酸，用水溶解并定容至1L。

3. L（+）-抗坏血酸标准溶液（1.000mg/mL）

称取100mg（精确至0.1mg）L（+）-抗坏血酸标准品，溶于偏磷酸溶液或草酸溶液并定容至100mL。该储备液在2~8℃避光条件下可保存一周。

4. 2,6-二氯靛酚溶液

（1）配制　2,6-二氯靛酚溶液配制方法及要求如表3-15所示。

表3-15　2,6-二氯靛酚溶液配制方法及要求

序号	步骤	操作方法	要求
1	碱性溶液配制	称取碳酸氢钠52mg溶解在200mL热蒸馏水中	使用电炉加热蒸馏水时，谨防烫伤
2	溶解2,6-二氯靛酚	称取2,6-二氯靛酚50mg溶解在上述碳酸氢钠溶液中	热溶液有助于2,6-二氯靛酚的溶解
3	定容	冷却并用水定容至250mL	冷却后定容，确保定容体积的准确性
4	过滤储存	过滤至棕色瓶内，于4~8℃环境中保存。	（1）过滤，除去不溶性杂质； （2）避光，见光易分解； （3）低温，降低氧化反应速度； （4）每次使用前，均需用标准抗坏血酸溶液标定其滴定度

（2）标定　2,6-二氯靛酚溶液标定方法及要求如表3-16所示。

表3-16　2,6-二氯靛酚溶液标定方法及要求

序号	步骤	操作方法	要求
1	加抗坏血酸溶液	准确吸取1mL抗坏血酸标准溶液于50mL锥形瓶中	使用50mL的锥形瓶，减少滴定过程中与氧气的接触，降低2,6-二氯靛酚溶液滴定体积的误差
2	加酸性溶液	加入10mL偏磷酸溶液或草酸溶液，摇匀	摇匀的动作不宜过于剧烈
3	滴定	用2,6-二氯靛酚溶液滴定至粉红色，保持15s不褪色为止	氧气的氧化作用会影响滴定终点颜色，保持时间不宜过长

续表

序号	步骤	操作方法	要求
4	对照	另取10mL偏磷酸溶液或草酸做空白试验	空白试验数值不能太高，若太高，应找出原因，重新测定

（3）计算　2,6-二氯靛酚溶液的滴定度按式（3-2）计算：

$$T = \frac{c \times V}{V_1 - V_0} \tag{3-2}$$

式中　T——2,6-二氯靛酚溶液的滴定度，即每毫升2,6-二氯靛酚溶液相当于抗坏血酸的毫克数，mg/mL；

c——抗坏血酸标准溶液的质量浓度，mg/mL；

V——吸取抗坏血酸标准溶液的体积，mL；

V_1——滴定抗坏血酸标准溶液所消耗2,6-二氯靛酚溶液的体积，mL；

V_0——滴定空白所消耗2,6-二氯靛酚溶液的体积，mL。

三、操作步骤

（一）试液制备

用于测定维生素C含量的柑橘需经过匀浆、稀释、过滤和脱色，制备成待测液，具体操作方法及要求如表3-17所示。

表3-17　试液制备的方法及要求

序号	步骤	操作方法	要求
1	制备匀浆	称取具有代表性样品的可食部分100g，置入匀浆机中，加入100g偏磷酸溶液或草酸溶液，迅速捣成匀浆	柑橘去皮时，不能破坏囊衣
2	稀释	准确称取10~40g匀浆样品（精确至0.01g）于烧杯中，用偏磷酸溶液或草酸溶液将样品转移至100mL容量瓶，并稀释至刻度，摇匀	（1）称量样品匀浆可用百分之一天平； （2）只能用偏磷酸溶液或草酸溶液定容，维持样液的酸性条件，不可用蒸馏水
3	过滤、脱色	（1）按每克样品0.4g白陶土的比例，将称量好的白陶土置于250mL烧杯中； （2）将放置好滤纸的漏斗置于250mL烧杯上，过滤稀释液； （3）轻轻晃动锥形瓶，使白陶土和稀释液充分接触，静置片刻； （4）更换滤纸、漏斗、锥形瓶，再次过滤，收集滤液	（1）该样品指匀浆样品； （2）白陶土使用前应测定回收率； （3）静置时间不宜过长，待液体澄清后，即可过滤

（二）试液滴定

利用标定过的2,6-二氯靛酚溶液对试液进行滴定的方法和要求如表3-18所示。

表 3-18　　试液滴定的方法及要求

序号	步骤	操作方法	要求
1	取样	准确吸取 10mL 滤液于 50mL 锥形瓶中	
2	滴定	用标定过的 2,6-二氯靛酚溶液滴定至溶液呈粉红色，且 15s 不褪色为止	氧化型的 2,6-二氯酚靛酚在酸性溶液中呈浅红色，在中性或碱性溶液中呈深蓝色
3	对照	另取 10mL 偏磷酸溶液或草酸做空白试验	空白试验数值不能太高，若太高，应找出原因，重新测定

四、数据分析及处理

(一) 结果计算

试样中 L（+）-抗坏血酸含量按式（3-3）计算：

$$X = \frac{(V_2 - V_3) \times T \times A}{m} \times 100 \tag{3-3}$$

式中　X——试样中 L（+）-抗坏血酸含量，mg/100g；

V_2——滴定试样所消耗 2,6-二氯靛酚溶液的体积，mL；

V_3——滴定空白所消耗 2,6-二氯靛酚溶液的体积，mL；

T——2,6-二氯靛酚溶液的滴定度，即每毫升 2,6-二氯靛酚溶液相当于抗坏血酸的毫克数，mg/mL；

A——稀释倍数；

m——试样质量，g。

计算结果以重复性条件下获得的两次独立测定结果的算术平均值表示，结果保留三位有效数字。

(二) 精密度

在重复性条件下获得的两次独立测定结果的绝对差值，在 L（+）-抗坏血酸含量>20mg/100g 时不得超过算术平均值的 2%；在 L（+）-抗坏血酸含量≤20mg/100g 时，不得超过算术平均值的 5%。

(三) 原始数据记录

将检测过程中获得的数据如实填写在原始数据记录表 3-19 中。

表 3-19　　2,6-二氯靛酚滴定法测定柑橘中维生素 C 的原始数据记录表

检测日期		样品名称		样品规格	
检测依据				样品状态	

2,6-二氯靛酚溶液标定

编号	1	2	3
抗坏血酸标准溶液的质量浓度/（mg/mL）			
吸取抗坏血酸标准溶液的体积/mL			

续表

<table>
<tr><td colspan="2">滴定抗坏血酸标准溶液所消耗 2,6-二氯靛酚溶液的体积/mL</td><td></td><td colspan="2"></td><td></td></tr>
<tr><td colspan="2">滴定空白所消耗 2,6-二氯靛酚溶液的体积/mL</td><td></td><td colspan="2"></td><td></td></tr>
<tr><td colspan="2">2,6-二氯靛酚溶液的滴定度/（mg/mL）</td><td></td><td colspan="2"></td><td></td></tr>
<tr><td colspan="2">2,6-二氯靛酚溶液滴定度的平均值/（mg/mL）</td><td colspan="4"></td></tr>
<tr><td colspan="2">计算公式</td><td colspan="4"></td></tr>
<tr><td colspan="6">样品的测定</td></tr>
<tr><td colspan="2">样品编号</td><td colspan="2">1</td><td colspan="2">2</td></tr>
<tr><td colspan="2">试样质量/g</td><td colspan="2"></td><td colspan="2"></td></tr>
<tr><td colspan="2">滴定试样所消耗 2,6-二氯靛酚溶液的体积/mL</td><td colspan="2"></td><td colspan="2"></td></tr>
<tr><td colspan="2">滴定空白所消耗 2,6-二氯靛酚溶液的体积/mL</td><td colspan="2"></td><td colspan="2"></td></tr>
<tr><td colspan="2">稀释倍数</td><td colspan="2"></td><td colspan="2"></td></tr>
<tr><td rowspan="2">试样中 L（+）-抗坏血酸含量/（mg/100g）</td><td>测定值</td><td colspan="2"></td><td colspan="2"></td></tr>
<tr><td>平均值</td><td colspan="4"></td></tr>
<tr><td>精密度/%</td><td>测定值</td><td></td><td>允许偏差</td><td colspan="2"></td></tr>
<tr><td colspan="2">计算公式</td><td colspan="4"></td></tr>
<tr><td colspan="6">结论：</td></tr>
</table>

温馨提示

1. 科学的实操计划，合理的人员分工是提高工作效率的关键。
2. 遵守实验室管理规定，及时完成清洗和整理工作，保持实验室的清洁整齐。

相关知识

1. 维生素 C 的基本性质

维生素 C 带有明显酸味，呈白色粉末状，易溶于水，微溶于酒精，几乎不溶于有机溶剂，具有很强的还原性，在弱酸性环境中稳定，遇空气中的氧、热、光、碱性物质、氧化酶及铜、铁等金属离子极易发生结构变化。

2. 维生素 C 的来源

维生素 C 又名抗坏血酸，是一种水溶性维生素，广泛存在于新鲜果蔬中。蔬菜在热加工过程中会导致维生素 C 的大量损失，因而水果是人类日常饮食摄入维生素 C 的主要来源（表 3-20）。

表 3-20　常见新鲜果蔬中维生素 C 的含量

名称	维生素 C/（mg/100g）	名称	维生素 C/（mg/100g）
菜花	61	枣	243
油菜薹	54	番石榴	66
大白菜	47	猕猴桃	62
豆角（白）	39	桂圆	43
芥菜头	34	荔枝	41
波菜	32	橙	33
毛豆（青豆）	27	柿子	30

3. GB 5009.86—2016《食品安全国家标准　食品中抗坏血酸的测定》中抗坏血酸测定的方法和适用对象

（1）高效液相色谱法　适用于乳粉、谷物、蔬菜、水果及其制品、肉制品、维生素类补充剂、果冻、胶基糖果、八宝粥、葡萄酒中的 L（+）-抗坏血酸、D（-）-抗坏血酸和 L（+）-抗坏血酸总量的测定。

（2）荧光法　适用于乳粉、蔬菜、水果及其制品中 L（+）-抗坏血酸总量的测定。

（3）2,6-二氯靛酚滴定法　适用于水果、蔬菜及其制品中 L（+）-抗坏血酸的测定，不适于亚铁、亚锡、亚铜、亚硫酸盐、硫代硫酸盐共存的样品。

考核评价

通过小组自评、组间互评、教师评价，根据课前学习任务的完成情况评价自学能力，根据课中关键操作点的规范性评价操作技能，根据沟通交往、解决问题、时间管理、科学严谨的表现评价工作素养，根据实训报告、课后测试评价课后巩固提升。

2,6-二氯靛酚滴定法测定柑橘中的维生素 C（考核评价表）

2,6-二氯靛酚滴定法测定柑橘中的维生素 C（课后测试题）

方法拓展

碘量法测定柑橘中的维生素 C

（一）检测标准

GB 14754—2010《食品安全国家标准　食品添加剂 维生素 C（抗坏血酸）》。

（二）检测原理

维生素 C 具有较强的还原性，可被碘定量氧化。碘遇淀粉变蓝色，以淀粉为指示剂，用碘标准滴定溶液滴定样品水溶液，根据碘标准滴定溶液的用量，计算以 $C_6H_8O_6$ 计的维生素 C 含量。

维生素 C 含量的测定-碘量法（试剂的配制）　　维生素 C 含量的测定-碘量法（样品的测定）

（三）仪器设备的准备

碘量法测定柑橘中的维生素 C 所需的仪器设备如表 3-21 所示。

表 3-21　　所需仪器设备

序号	仪器名称	规格	数量	用途
1	分析天平	0.0001g	1	称量试剂
2	电子天平	0.01g	1	称量试样
3	量筒	20mL	1	配、取 20%硫酸溶液
4	烧杯	250mL	1	配 20%硫酸溶液
5	烧杯	150mL	2	配淀粉指示剂、称样
6	烧杯	1000mL	1	配硫代硫酸钠溶液
7	棕色试剂瓶	500mL	1	储存硫代硫酸钠溶液
8	漏斗	10cm	1	过滤硫代硫酸钠溶液、样液
9	高型称量瓶	30mm×50mm	1	干燥重铬酸钾
10	量筒	50、150、200mL	各 1	量蒸馏水
11	碘量瓶	500mL	4	溶液标定
12	酸式滴定管	棕色 50mL	1	溶液标定、样品滴定
13	分度吸量管	2、5mL	各 1	取淀粉指示剂
14	烧杯	50mL	1	配碘标准溶液
15	容量瓶	250mL	1	配碘标准溶液
16	棕色试剂瓶	250mL	1	储存碘标准溶液
17	量筒	5mL	1	配盐酸溶液
18	容量瓶	50mL	1	配盐酸溶液
19	单标吸量管	25mL	1	移取碘标准溶液
20	分度吸量管	20mL	2	移取硫代硫酸钠溶液、样液
21	分度吸量管	0.5mL	1	移取碘标准溶液
22	量筒	100mL	1	样液制备
23	容量瓶	100mL	1	取草酸溶液

续表

序号	仪器名称	规格	数量	用途
24	碘量瓶	250mL	4	样品滴定
25	分度吸量管	1mL	1	取盐酸溶液
26	胶头滴管	2mL	2	定容
27	玻璃棒	—	1	搅拌
28	挤压型洗瓶	500mL	1	清洗

（四）试剂的配制

1. 试剂清单

碘量法测定柑橘中的维生素 C 所需的试剂如表 3-22 所示。

表 3-22　　所需试剂

序号	试剂名称	作用
1	硫酸（H_2SO_4）	形成有利于反应的酸性条件
2	可溶性淀粉	滴定终点指示剂
3	硫代硫酸钠（$Na_2S_2O_3 \cdot 5H_2O$）	标定碘标准滴定溶液
4	碳酸钠（Na_2CO_3）	防止硫代硫酸钠分解
5	碘（I_2）	配制碘标准滴定溶液，标定样品
6	碘化钾（KI）	与硫代硫酸钠反应生成碘，促进碘的溶解
7	重铬酸钾（$K_2Cr_2O_7$）	标定硫代硫酸钠标准滴定溶液的基准物质
8	浓盐酸（HCl）	有助于形成碘量法反应所需的弱酸性条件

2. 试剂配制

（1）硫酸溶液（20%）　量取 12.64mL 浓硫酸，在不断搅拌下缓缓注入装有 90.74g 蒸馏水的烧杯中。

（2）淀粉指示剂（10g/L）　称取 0.5g 可溶性淀粉，加少量水调成糊状。边搅拌边倒入 50mL 沸水，再煮沸 2min，放冷备用。临用前配制。

（3）硫代硫酸钠标准滴定溶液（0.1mol/L）

①配制。0.1mol/L 硫代硫酸钠标准滴定溶液配制方法及要求如表 3-23 所示。

表 3-23　　0.1mol/L 硫代硫酸钠标准滴定溶液配制的方法及要求

序号	步骤	操作方法	要求
1	试剂的溶解	称取 13g 硫代硫酸钠，加 0.1g 碳酸钠，溶于 500mL 蒸馏水中	（1）称取稍微过量的硫代硫酸钠，以确保溶液浓度达到规定浓度，但制备标准滴定溶液的浓度应在规定浓度的±5%范围内； （2）加入少量的碳酸钠，使其浓度约为 0.02%，以防止硫代硫酸钠分解

续表

序号	步骤	操作方法	要求
2	煮沸、冷却	缓慢煮沸 10min，冷却至室温	除去水中的微生物和氧气，以防硫代硫酸钠分解
3	保存	保存于棕色试剂瓶中，并于暗处放置两周以后过滤、标定	(1) 避光保存：日光能促使硫代硫酸钠溶液分解； (2) 放置两周：降低氧气、二氧化碳、微生物对溶液浓度的影响； (3) 室温条件下保存时间不得超过 2 个月，若超过，则需重新标定

②标定。0. 1mol/L 硫代硫酸钠标准滴定溶液标定的方法及要求如表 3-24 所示。

表 3-24　0. 1mol/L 硫代硫酸钠标准滴定溶液标定方法及要求

序号	步骤	操作方法	要求
1	基准物恒重	取 0. 1500g 于 (120±5)℃干燥至质量恒定的基准重铬酸钾，置于 500mL 碘量瓶中，加 25mL 水溶解	(1) 采用减量称量法称取，倾倒次数≤3 次； (2) 水为新煮沸冷却的蒸馏水
2	加碘化钾、硫酸	依次加 2g 碘化钾、20mL 硫酸溶液(20%)，立即盖上碘量瓶塞	加试剂、盖瓶塞的动作都要迅速，以减少碘的损失
3	水封放置	瓶口加入少许蒸馏水形成水封，摇匀，于暗处放置 10min	(1) 加水不可过多，摇动不可过于剧烈，以防摇匀时水被晃出； (2) 严格控制操作时间
4	滴定 1	用蒸馏水冲洗磨口塞和瓶颈内壁，快速加水 150mL，用硫代硫酸钠标准溶液滴定近终点（浅黄绿色）	(1) 冲洗瓶塞和瓶颈，将残留的 I_2 洗入反应液中； (2) 水为新煮沸冷却的蒸馏水； (3) 滴定时应保持温度在 15～20℃，以防碘的损失； (4) 滴定速度应保持在 6～8mL/min
5	滴定 2	加 2mL 淀粉指示剂，继续滴定至溶液由蓝色变为亮绿色	(1) 滴定至终点后 5～10min，溶液又出现蓝色，空气氧化 I^- 所致，属正常现象； (2) 滴定至终点后，溶液很快变蓝，被滴定溶液酸度不足或暗处放置反应时间不够，重铬酸钾与碘化钾未完全反应，此时又继续反应，这种情况下应重新试验
6	空白试验-暗处反应	取与上述操作相同量的水、碘化钾、硫酸于碘量瓶中，水封并于暗处放置 10min	暗处放置后的溶液呈浅黄色
7	空白试验-加指示剂	加入 150mL 水、2mL 淀粉指示剂，混匀	碘与淀粉反应，使溶液呈蓝色
8	空白试验-滴定	用硫代硫酸钠标准溶液滴定至溶液从蓝色变为无色为终点	空白试验所消耗 0. 1mol/L 硫代硫酸钠标准溶液的体积不得超过 0. 1mL

③计算。硫代硫酸钠标准溶液的浓度按式（3-4）计算：

$$c_1 = \frac{m}{M(V_1 - V_2)/1000} \tag{3-4}$$

式中 c_1——硫代硫酸钠标准溶液的浓度，mol/L；

V_1——滴定时所消耗的硫代硫酸钠溶液的体积，mL；

V_2——空白试验所消耗硫代硫酸钠标准溶液的体积，mL；

m——称取的重铬酸钾的质量，g；

M——重铬酸钾（$1/6K_2Cr_2O_7$）的摩尔质量，g/mol（M=49.03）。

④精密度和有效数字要求。标定标准滴定溶液浓度时，需由两人同时做3次平行。每人3次平行测定数据的极差和平均值之比不得大于0.2%，两人测定结果之差与两人测定结果平均值之比不得大于0.2%。结果取平均值，浓度取四位有效数字。

（4）盐酸溶液（1mol/L） 量取4.5mL浓盐酸于50mL容量瓶中，加水至刻度，摇匀。

（5）碘标准滴定溶液［$c(\frac{1}{2}I_2)$ = 0.1mol/L］

①配制。0.1mol/L碘标准滴定溶液配制方法及要求如表3-25所示。

表3-25 0.1mol/L碘标准滴定溶液配制方法及要求

序号	步骤	操作方法	要求
1	试剂的溶解	称取3.25g碘和8.75g碘化钾，溶于25mL水中，用水稀释至250mL	（1）碘易升华为有毒的紫色蒸气，取用碘的时候，应尽量在通风橱中操作； （2）碘具有毒性和腐蚀性，应称量在烧杯中，不可用称量纸； （3）碘微溶于水，但含I的水可增大其溶解度
2	保存	保存于棕色试剂瓶中	阳光的照射会使溶液温度升高，促进碘的升华，降低溶液的有效碘含量

②标定。方法一依据GB/T 601—2016《化学试剂 标准滴定溶液的制备》。

试剂滴定：依据GB/T 601—2016对0.1mol/L碘标准滴定溶液进行滴定的方法及要求如表3-26所示。

表3-26 0.1mol/L碘标准滴定溶液滴定方法及要求

序号	步骤	操作方法	要求
1	加碘标准滴定溶液	用吸量管吸取35.00mL待标定的碘标准滴定溶液置于500mL碘量瓶中，加150mL水（15~20℃）	水为新煮沸冷却的蒸馏水
2	加盐酸溶液	用量筒量取5mL盐酸溶液置于500mL碘量瓶中	
3	滴定1	用硫代硫酸钠标准溶液滴定至溶液呈浅黄色，加入2mL淀粉指示剂	滴定时应保持温度在15~20℃，以防碘的损失
4	滴定2	继续用硫代硫酸钠溶液滴定至溶液蓝色恰好消失为终点	该反应过程中，颜色变化速度稍慢，当碘量瓶中的蓝色变浅时，应减慢滴定速度

空白滴定：依据 GB/T 601—2016 进行空白滴定的方法及要求如表 3-27 所示。

表 3-27　　空白滴定方法及要求

序号	步骤	操作方法	要求
1	加水、盐酸	量取 250mL 水、5mL 盐酸溶液置于 500mL 碘量瓶中	水为新煮沸冷却的蒸馏水
2	加碘标准滴定溶液	用吸量管吸取 0.05~0.20mL 待标定的碘标准滴定溶液置于 500mL 碘量瓶中（15~20℃）	
3	加淀粉指示液	用吸量管加入 2mL 淀粉指示剂	
4	滴定 2	用硫代硫酸钠溶液滴定至溶液蓝色恰好消失为终点	该反应过程中，颜色变化速度稍慢，当碘量瓶中的蓝色变浅时，应减慢滴定速度

碘标准滴定溶液的浓度按式（3-5）计算：

$$c_2 = \frac{(V_3 - V_4) \times c_1}{V_5 - V_6} \tag{3-5}$$

式中　c_2——碘标准滴定溶液的浓度，mol/L；
V_3——硫代硫酸钠标准溶液的体积，mL；
V_4——空白试验消耗硫代硫酸钠标准溶液的体积，mL；
c_1——硫代硫酸钠标准溶液的浓度，mol/L；
V_5——碘标准溶液的体积，mL；
V_6——空白试验中加入碘标准溶液的体积，mL。

方法二依据 HG/T　3696.1—2011《无机化工产品 化学分析用标准溶液、制剂及制品的制备 第 1 部分：标准滴定溶液的制备》。

标定：依据 HG/T 3696.1—2011 对 0.1mol/L 碘标准滴定溶液标定方法及要求如表 3-28 所示。

表 3-28　　0.1mol/L 碘标准滴定溶液标定方法及要求

序号	步骤	操作方法	要求
1	加硫代硫酸钠标准滴定溶液	用吸量管准确加入 30.00~35.00mL 硫代硫酸钠标准滴定溶液，置于 500mL 碘量瓶中，再加入 15mL 水	水为无二氧化碳的蒸馏水
2	滴定 1	用配制好的碘标准滴定溶液滴定至近终点（浅黄色）	滴定时应保持温度在 15~20℃，以防碘的损失
3	滴定 2	加 3mL 淀粉指示液，继续滴定至溶液呈蓝色	稍过量的碘遇淀粉变蓝
4	空白试验	（1）量取 200mL 水置于 500mL 碘量瓶中； （2）加 0.05mL 配制好的碘标准滴定溶液； （3）加 3mL 淀粉指示液； （4）硫代硫酸钠标准滴定溶液，滴定至溶液蓝色消失	将所有试剂全部加入碘量瓶后，立即进行滴定

碘标准滴定溶液的准确浓度按式（3-6）计算：

$$c_3 = \frac{(V_7 - V_8) \times c_2}{V_9 - 0.05} \tag{3-6}$$

式中 c_3——碘标准滴定溶液的准确浓度，mol/L；

c_2——硫代硫酸钠标准溶液的准确浓度，mol/L；

V_7——标定时加入的硫代硫酸钠标准溶液的体积，mL；

V_8——滴定时消耗的碘标准滴定溶液的体积，mL；

V_9——空白试验所消耗硫代硫酸钠标准溶液的体积，mL；

0.05——空白试验中加入的碘标准滴定溶液的体积，mL。

（五）样品测定

1. 试液制备

同 GB 5009.86—2016《食品安全国家标准　食品中抗坏血酸的测定》第三法。

2. 试液滴定

用标定过的碘标准溶液滴定试液的方法及要求如表 3-29 所示。

表 3-29　　试液滴定的方法及要求

序号	步骤	操作方法	要求
1	取样	准确吸取 20mL 滤液于 250mL 碘量瓶中，加入 1mol/L 的盐酸 1mL	盐酸：形成有利于碘量法反应和滴定的弱酸性条件
2	滴定	加入 1~2mL 淀粉溶液，用标定过的碘标准溶液滴定至溶液呈蓝色且 30s 不褪色为止	滴定时，不要剧烈摇动碘量瓶，以防碘的挥发
3	对照	另取 20mL 偏磷酸溶液或草酸替代样液做空白试验	空白试验数值不能太高，若太高，应找出原因，并重新测定

（六）数据分析及处理

1. 结果计算

试样中 L（+）-抗坏血酸含量按式（3-7）计算

$$X = \frac{(V_{10} - V_0) \times c_3 \times M \times A}{m_1} \tag{3-7}$$

式中 X——试样中 L（+）-抗坏血酸含量，mg/100g；

V_{10}——实验室样品消耗碘标准滴定溶液的体积，mL；

V_0——空白试验消耗碘标准滴定溶液的体积，mL；

c_3——碘标准滴定溶液浓度的准确数值，mol/L；

M——维生素 C 的摩尔质量，g/mol（M=176.12）；

m_1——实验室样品的质量，g；

A——稀释倍数。

计算结果以重复性条件下获得的两次独立测定结果的算术平均值表示。

2. 精密度

两次平行测定结果的绝对差值≤0.3%。

3. 原始数据记录

将检测过程中获得的数据如实填写在原始数据记录表 3-30 中。

表 3-30　碘量法测定柑橘中维生素 C 的原始数据记录表

<table>
<tr><td>检测日期</td><td></td><td>样品名称</td><td></td><td>样品规格</td><td></td></tr>
<tr><td>检测依据</td><td colspan="3"></td><td>样品状态</td><td></td></tr>
<tr><td colspan="6">硫代硫酸钠标准滴定溶液标定</td></tr>
<tr><td colspan="2">编号</td><td>1</td><td>2</td><td colspan="2">3</td></tr>
<tr><td rowspan="3">基准重铬酸钾的称量</td><td>m（倾样前）/g</td><td></td><td></td><td colspan="2"></td></tr>
<tr><td>m（倾样后）/g</td><td></td><td></td><td colspan="2"></td></tr>
<tr><td>m（$K_2Cr_2O_7$）/g</td><td></td><td></td><td colspan="2"></td></tr>
<tr><td rowspan="3">滴定消耗硫代硫酸钠体积</td><td>滴定管初读数/mL</td><td></td><td></td><td colspan="2"></td></tr>
<tr><td>滴定管终读数/mL</td><td></td><td></td><td colspan="2"></td></tr>
<tr><td>滴定消耗体积/mL</td><td></td><td></td><td colspan="2"></td></tr>
<tr><td rowspan="3">空白试验</td><td>滴定管初读数/mL</td><td></td><td></td><td colspan="2"></td></tr>
<tr><td>滴定管终读数/mL</td><td></td><td></td><td colspan="2"></td></tr>
<tr><td>滴定消耗体积/mL</td><td></td><td></td><td colspan="2"></td></tr>
<tr><td colspan="2">硫代硫酸钠标准溶液的浓度/（mol/L）</td><td></td><td></td><td colspan="2"></td></tr>
<tr><td colspan="2">硫代硫酸钠标准溶液浓度的平均值/（mol/L）</td><td colspan="4"></td></tr>
<tr><td colspan="6">碘标准滴定溶液的标定</td></tr>
<tr><td colspan="2">标定时加入的硫代硫酸钠标准溶液的体积/mL</td><td></td><td></td><td colspan="2"></td></tr>
<tr><td colspan="2">滴定时消耗的碘标准滴定溶液的体积/mL</td><td></td><td></td><td colspan="2"></td></tr>
<tr><td colspan="2">空白试验所消耗硫代硫酸钠标准溶液的体积/mL</td><td></td><td></td><td colspan="2"></td></tr>
<tr><td colspan="2">空白试验中加入的碘标准滴定溶液的体积/mL</td><td></td><td></td><td colspan="2"></td></tr>
<tr><td colspan="2">碘标准滴定溶液的浓度/（mol/L）</td><td></td><td></td><td colspan="2"></td></tr>
<tr><td colspan="2">碘标准滴定溶液浓度的平均值/（mol/L）</td><td colspan="4"></td></tr>
<tr><td colspan="6">样品的测定</td></tr>
<tr><td colspan="2">样品编号</td><td colspan="2">1</td><td colspan="2">2</td></tr>
<tr><td rowspan="2">试液制备</td><td>样品质量/g</td><td colspan="2"></td><td colspan="2"></td></tr>
<tr><td>稀释总体积/mL</td><td colspan="2"></td><td colspan="2"></td></tr>
<tr><td>试液的体积</td><td>稀释液移取体积/mL</td><td colspan="2"></td><td colspan="2"></td></tr>
<tr><td rowspan="3">试样滴定消耗
碘标准溶液体积</td><td>滴定管初读数/mL</td><td colspan="2"></td><td colspan="2"></td></tr>
<tr><td>滴定管终读数/mL</td><td colspan="2"></td><td colspan="2"></td></tr>
<tr><td>滴定消耗体积/mL</td><td colspan="2"></td><td colspan="2"></td></tr>
</table>

续表

<table>
<tr><td colspan="2" rowspan="3">空白试验</td><td colspan="2">滴定管初读数/mL</td><td colspan="2"></td><td></td></tr>
<tr><td colspan="2">滴定管终读数/mL</td><td colspan="2"></td><td></td></tr>
<tr><td colspan="2">滴定消耗体积/mL</td><td colspan="2"></td><td></td></tr>
<tr><td colspan="4">维生素 C 含量测定值/（g/kg）</td><td colspan="2"></td><td></td></tr>
<tr><td colspan="4">维生素 C 含量平均值/（g/kg）</td><td colspan="3"></td></tr>
<tr><td colspan="4">稀释倍数</td><td colspan="2"></td><td></td></tr>
<tr><td colspan="2" rowspan="2">试样中 L（+）-抗坏血酸含量/（mg/100g）</td><td colspan="2">测定值</td><td colspan="2"></td><td></td></tr>
<tr><td colspan="2">平均值</td><td colspan="3"></td></tr>
<tr><td>精密度/%</td><td colspan="2">测定值</td><td colspan="2"></td><td>允许偏差</td><td></td></tr>
<tr><td colspan="4">计算公式</td><td colspan="3"></td></tr>
<tr><td colspan="7">结论：</td></tr>
</table>

（七）注意事项

1. 本项目中涉及到的分析纯试剂碘和碘化钾的价格都较高，应合理设计试剂配制量，避免试剂浪费现象的发生。

2. 硫酸属于易制毒试剂，重铬酸钾属于易制爆试剂，审批程序复杂，购买周期长，应根据检测工作实际的需求，提前规划。

3. 木项目涉及强酸、有毒试剂、用电，需按要求规范操作，确保安全。

4. 滴定操作过程中，要根据颜色准确快速判定化学计量点非一日之功，因而不仅要仔细观察，还应勤加练习。

5. 遵守实验室管理规定，及时完成清洗和整理工作，保持实验室的清洁整齐。

碘量法测定柑橘中的维生素 C（课后测试题）

知识链接

一、硫代硫酸钠标准溶液标定的原理

以重铬酸钾（$K_2Cr_2O_7$）为基准物质，以淀粉为指示剂，用间接碘量法标定，即使 $K_2Cr_2O_7$ 先与过量的 KI 作用，再用预标定浓度的 $Na_2S_2O_3$ 溶液滴定析出的 I_2。

第一步反应：

$$Cr_2O_7^{2-}+14H^++6I^-=\!=\!=3I_2\uparrow+2Cr^{3+}+7H_2O$$

在酸度较低时此反应完成较慢，若酸度太强又有使 KI 被空气氧化成 I_2 的危险，因此，必须注意酸度的控制并避光放置 10min，此反应才能定量完成。

第二步反应：

$$2S_2O_3^{2-}+I_2=\!=\!=S_4O_6^{2-}+2I^-$$

第一步反应析出的 I_2 用 $Na_2S_2O_3$ 溶液滴定，以淀粉作为指示剂。淀粉溶液在 I^- 存在时能与 I_2 分子形成蓝色可溶性吸附化合物，使溶液呈蓝色。达到滴定终点时，溶液中的 I_2 全部与 $Na_2S_2O_3$ 作用，则蓝色消失。但开始 I_2 太多，被淀粉吸附得过牢，不易被完全夺出，并且也难以观察终点，因此，必须在滴定至近终点时方可加入淀粉溶液。

相当于：$6Na_2S_2O_3+3I_2 = 3Na_2S_4O_6+6NaI$

即：1mol $K_2Cr_2O_7$ 能与 6mol $Na_2S_2O_3$ 完全反应。

$Na_2S_2O_3$ 与 I_2 的反应只能在中性或弱酸性溶液中进行，因为在碱性溶液中会发生下面的副反应：

$$S_2O_3^{2-}+4I_2+10OH^- = 2SO_4^{2-}+8I^-+5H_2O$$

而在酸性溶液中 $Na_2S_2O_3$ 又易分解：

$$S_2O_3^{2-}+2H^+ = S\downarrow+SO_2\uparrow+H_2O$$

所以进行滴定以前溶液应加以稀释，以便降低酸度，同时使终点时溶液中的 Cr^{3+} 不至颜色太深，影响终点观察。另外 KI 浓度不可过大，否则，I_2 与淀粉所显颜色偏红紫色，也不利于观察终点。

二、碘量法的原理和方法

1. 原理

碘量法是以碘作为氧化剂，或以碘化物作为还原剂进行滴定的方法。

2. 方法

（1）直接碘量法——碘滴定法　直接碘量法是用碘标准滴定溶液直接滴定还原性物质的方法。在滴定过程中，I_2 被还原为 I^-

$$I_2+2e \rightleftharpoons 2I^-$$

该方法只能在弱酸性、中性或弱碱性溶液中进行。若在强酸中：

$$4I^- + O_2\text{（空气中）} + 4H^+ = 2I_2 + 2H_2O$$

若在强碱中：

$$3I_2 + 6OH^- = IO_3^- + 5I^- + 3H_2O$$

直接碘量法以淀粉溶液为指示剂。淀粉遇碘显蓝色，达到化学计量点后，溶液中过量的碘与淀粉结合显蓝色而指示终点到达。

（2）间接碘量法——滴定碘法

①剩余碘量法：在供试品（还原性物质）溶液中先加入定量或过量的碘标准滴定溶液，待 I_2 与测定组分反应完全后，再用硫代硫酸钠滴定溶液中剩余的碘，以求出待测组分含量的方法。

$$I_2\text{（定量/过量）}+\text{还原性物质}\rightarrow 2I^-+I_2\text{（剩余）}$$

$$I_2\text{（剩余）}+2S_2O_3^{2-} = S_4O_6^{2-}+2I^-$$

该方法以淀粉为指示剂时，在近终点时才可加入，因溶液中大量碘存在时，碘会吸附在淀粉表面，影响终点的正确判断。

②置换碘量法：先在供试品（氧化性物质）溶液中加入碘化钾，供试品将碘化钾氧化析出定量的碘，碘再用硫代硫酸钠标准滴定溶液滴定，从而求出待测组分含量的方法。

$$\text{氧化性物质}+2I^-\rightarrow I_2$$

$$I_2+2S_2O_3^{2-}=\!=\!=S_4O_6^{2-}+2I^-$$

间接碘量法中，I_2与$Na_2S_2O_3$应在中性、弱酸性溶液中进行反应。

若在碱性溶液中：

$$S_2O_3^{2-}+4I_2+10\,OH^-=\!=\!=2SO_4^{2-}+8I^-+5H_2O$$

$$3I_2+6OH^-=\!=\!=IO_3^-+5I^-+3H_2O$$

若在酸性溶液中：

$$S_2O_3^{2-}+2H^+=\!=\!=SO_2\uparrow+S\downarrow+H_2O$$

$$4I^-+O_2\text{（空气中）}+4H^+=\!=\!=2I_2+2H_2O$$

项目二

果脯的检测

任务二十 酸碱滴定法测定果脯中的二氧化硫

案例导入

二氧化硫作为一种用于食品漂白、防腐保鲜、抗氧化防褐变、延长保质期的添加剂，广泛存在于果脯、干菜、米粉类、粉条、砂糖、食用菌和葡萄酒产品中。二氧化硫进入人体后生成亚硫酸盐，并由组织细胞中的亚硫酸氧化酶将其氧化为硫酸盐，通过正常解毒后最终由尿排出体外，因此少量的二氧化硫进入机体可以认为是安全无害的。二氧化硫超标的食品会对呼吸道、食管有刺激作用，引发胃肠道反应，严重者可引起中毒性肺硬变等。国家市场监督管理总局发布的食品抽检不合格情况的通告〔2021 年　第 26 号〕显示，淘宝网远航食品商贸（经营者为山东省德州市乐陵市远航食品超市）在淘宝网（网店）销售的、标称山东省德州市乐陵市远航食品超市经销的、河北省保定市铜锣山食品有限公司制造的杏条（生产日期：2020-11-9）二氧化硫残留量达 1.02g/kg，远超过食品安全国家标准规定的 0.35g/kg 的最大限量。当地市场监督管理局依法对相关企业进行了核查，依据《中华人民共和国食品安全法》第一百二十四条的规定，没收上述企业的违法所得，处以罚款 60000 元的行政处罚。食品生产经营者应当依照法律、法规和食品安全标准从事生产经营活动，保证食品安全，诚信自律，对社会公众负责，接受社会监督，承担社会责任。

任务描述

二氧化硫广泛存在于快消食品中，不同产品加工使用二氧化硫的目的不同，因而其残留量不同。请选择合适的果脯原料，独自查询资料、学习国家标准、参与话题讨论，合作制订检测方案并完成样品检测。

学习目标

❖ 知识目标

1. 知道酸碱滴定法测定果脯中二氧化硫含量的标准依据，理解检测的原理。

2. 了解检测所需的试剂和仪器设备，熟练掌握氢氧化钠标准滴定溶液配制的方法和要求。

3. 了解酸式滴定管、碱式滴定管的适用场景，明白标准品使用的目的。

4. 掌握蒸馏、滴定装置的安装方法。

5. 掌握样品蒸馏、滴定的操作程序及要求。

❖ 技能目标

1. 能够根据国家标准完成试剂的配制。

2. 能进行仪器的组装、拆卸与清洗。

3. 能完成样品的蒸馏，并能根据滴定过程中颜色的变化准确把握滴定终点。

4. 能根据记录的数据进行结果计算和精密度分析。

❖ 素质目标

1. 树立食品安全标准意识和保护环境的意识。

2. 形成规范操作意识和团队合作精神。

3. 具有实事求是、科学严谨的工作态度。

4. 养成自觉维护工位及实验室整洁与卫生的习惯。

思政园地

严防、严管、严控食品安全风险，保证广大人民群众吃得放心、安心。

——习近平（2017 年 1 月，对食品安全工作作出的重要指示）

课前准备

1. 学习资源准备

通过网络获取 GB 5009.34—2022《食品安全国家标准　食品中二氧化硫的测定》GB/T 601—2016《化学试剂　标准滴定溶液的制备》。

2. 完成预习任务

（1）阅读相关标准文件，小组合作初拟检测方案。

（2）遵循够用节约的原则，设计试剂的配制量，汇总所需仪器设备的规格和数量。

（3）参与话题讨论：为什么要测定食品中的二氧化硫？标准品滴定有何目的？

必备知识

1. 产品标准

部分食品中二氧化硫残留限量标准如表 3-31 所示。

表 3-31　部分食品中二氧化硫残留限量标准

序号	品类	二氧化硫/（g/kg）	标准依据
1	水果干类、腌渍蔬菜、饼干、白糖	≤0.1	GB 2760—2014《食品安全国家标准　食品添加剂使用标准》
2	蜜饯凉果	≤0.35	
3	干制蔬菜、腐竹类	≤0.2	
4	干制蔬菜（仅限脱水马铃薯）	≤0.4	

2. 检测标准

GB 5009.34—2022《食品安全国家标准　食品中二氧化硫的测定》第一法：酸碱滴定法。

3. 检测原理

采用充氮蒸馏法处理试样，试样酸化后在加热条件下亚硫酸盐等系列物质释放二氧化硫，用过氧化氢溶液吸收蒸馏物，二氧化硫溶于吸收液被氧化生成硫酸，采用氢氧化钠标准溶液滴定，根据氢氧化钠标准溶液消耗量计算试样中二氧化硫的含量。

任务实施

一、仪器设备准备

酸碱滴定法测定果脯中的二氧化硫所需的仪器设备如表 3-32 所示。

表 3-32　所需仪器设备

序号	仪器名称	规格	数量	用途
1	分析天平	0.0001g	1	试剂称重
2	电子天平	0.01g	1	样品称重
3	粉碎机		1	粉碎固态试样
4	量筒	100mL	1	量取过氧化氢
5	容量瓶	1000mL	1	配制 3%过氧化氢溶液
6	量筒	50mL	3	量取盐酸、水、过氧化氢溶液
7	量筒	500mL	1	量取水
8	量筒	10mL	1	量取盐酸溶液
9	烧杯	250mL	2	配制 6mol/L 盐酸溶液、氢氧化钠饱和溶液
10	烧杯	50mL	2	配制甲基红指示液、酚酞指示液
11	容量瓶	100mL	2	配制甲基红指示液、酚酞指示液
12	滴瓶	100mL	2	盛放甲基红指示液、酚酞指示液
13	试剂瓶	100mL	1	储存氢氧化钠饱和溶液
14	吸量管	10mL	1	配氢氧化钠标准溶液
15	容量瓶	1000mL	1	配氢氧化钠标准溶液
16	聚乙烯瓶	1000mL	1	储存氢氧化钠标准溶液
17	高型称量瓶	30mm×50mm	1	干燥邻苯二甲酸氢钾
18	恒温干燥箱		1	干燥邻苯二甲酸氢钾
19	干燥器		1	保存干燥后的邻苯二甲酸氢钾
20	电炉	1000W	1	制备无二氧化碳蒸馏水、酸化加热

续表

序号	仪器名称	规格	数量	用途
21	烧杯	2000mL	1	制备无二氧化碳蒸馏水
22	碱式滴定管	50mL	1	标定氢氧化钠标准溶液
23	锥形瓶	250mL	4	标定氢氧化钠标准溶液
24	玻璃充氮蒸馏器	500mL	1	样品蒸馏
25	氮气源及气体流量计		1	蒸馏过程中充氮
26	碱式滴定管	10mL	1	样品滴定
27	胶头滴管	2mL	2	定容
28	玻璃棒		1	搅拌
29	挤压型洗瓶	500mL	1	清洗

二、试剂配制

1. 试剂清单

酸碱滴定法测定果脯中的二氧化硫所需的试剂如表3-33所示。

表3-33　所需试剂

序号	试剂名称	作用
1	30%过氧化氢（H_2O_2）	吸收二氧化硫，发生氧化还原反应，生成硫酸
2	无水乙醇（C_2H_5OH）	甲基红指示剂的溶剂
3	氢氧化钠（NaOH）	标准滴定溶液，与硫酸发生酸碱反应
4	甲基红（$C_{15}H_{15}N_3O_2$）	酸碱滴定时的指示剂
5	盐酸（HCl，$\rho_{20}=1.19g/mL$）	酸化作用，使二氧化硫释放出来
6	邻苯二甲酸氢钾（$C_8H_5O_4K$）	标定氢氧化钠标准溶液的基准试剂
7	95%乙醇（C_2H_5OH）	酚酞指示剂的溶剂
8	酚酞（$C_{20}H_{14}O_4$）	标定氢氧化钠标准溶液的指示剂

2. 配制方法

（1）过氧化氢溶液（3%）　量取质量分数为30%的过氧化氢100mL，加水稀释至1000mL。临用时现配。

（2）盐酸溶液（6mol/L）　量取盐酸（$\rho_{20}=1.19g/mL$）50mL，缓缓倾入50mL水中，边加边搅拌。

（3）甲基红-乙醇溶液指示液（2.5g/L）　称取甲基红指示剂0.25g，溶于100mL无水乙醇中。

（4）酚酞指示液（10g/L）　同任务十一《酚酞指示剂法测定生乳的酸度》。

（5）氢氧化钠标准溶液（0.1mol/L）　同任务十一《酚酞指示剂法测定生乳的酸度》。

（6）氢氧化钠标准溶液（0.01mol/L）　移取氢氧化钠标准溶液（0.1mol/L）10.0mL于100mL容量瓶中，加无二氧化碳的水稀释至刻度。

（7）不含二氧化碳的蒸馏水　同任务十一《酚酞指示剂法测定生乳的酸度》。

三、操作步骤

1. 试样制备

（1）剪小　果脯适当剪成小块。

（2）粉碎　用剪切式粉碎机剪碎，搅均匀，储存于洁净盛样袋内，密封并标识，备用。

2. 蒸馏

酸碱滴定法测定果脯中的二氧化硫时，试样蒸馏的方法及要求如表3-34所示。

表3-34　试样蒸馏的方法及要求

序号	步骤	操作方法	要求
1	吸收液加试剂	（1）利用量筒量取3%过氧化氢溶液50mL于100mL锥形瓶中 （2）在吸收液中加入3滴2.5g/L甲基红-乙醇溶液指示剂	（1）甲基红在pH≤4.4时，呈红色；pH≥6.2时，呈黄色 （2）甲基红添加量不可过多，否则吸收液颜色过深，不便于准确判定终点
2	吸收液滴定	用氢氧化钠标准溶液（0.01mol/L）滴定至黄色即为终点	若超过终点，应舍弃该吸收液
3	称样	称取粉碎均匀的样品20～100g（精确至0.01g）置于圆底烧瓶中	取样量，可视样品含量而定，液体样品直接吸取20～200mL样品
4	加水	加200～300mL水于圆底烧瓶中	加水量不可超过圆底烧瓶容积的2/3
5	仪器组装	按下图所示安装玻璃充氮蒸馏器： 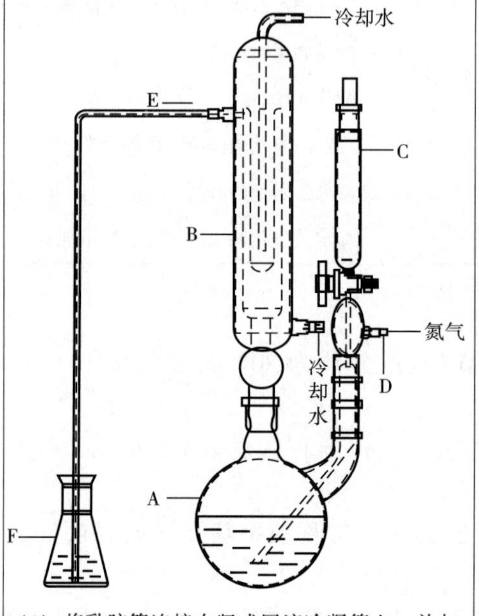 （1）将乳胶管连接在竖式回流冷凝管上，并与自来水相连，确保下进上出；	（1）仪器组成 A：圆底烧瓶； B：竖式回流冷凝管； C：带刻度分液漏斗； D：连接氮气流入口； E：SO_2导气口； F：接收瓶； （2）冷凝水的温度应低于15℃，以确保良好的冷凝效果； （3）分液漏斗的下端管口应浸没在液面下，确保氮气充分发挥作用，将反应产生的二氧化硫气体尽可能被吸收液完全吸收

续表

序号	步骤	操作方法	要求
5	仪器组装	(2) 将玻璃导气管与竖式回流冷凝管上的导气口E相连； (3) 将装有样品的圆底烧瓶置于电热套或电炉上，并用铁夹固定； (4) 将竖式回流冷凝管与圆底烧瓶相连，并用铁夹固定，接通冷凝水； (5) 将玻璃导气管末端置于吸收液液面下； (6) 将分液漏斗安装在圆底烧瓶上，连接氮气	
6	备酸化液	利用量筒量取10mL盐酸溶液（6mol/L）于分液漏斗中	分液漏斗需提前检漏、涂凡士林、干燥，确保其密闭性良好
7	通氮气	开通氮气，调节气体流量计至1.0~2.0L/min	氮气流量过低，不能将玻璃仪器死角的二氧化硫气体赶走；流量过高，则消耗量过大，检测成本高
8	加盐酸	打开分液漏斗的活塞，使10mL盐酸溶液（6mol/L）快速流入蒸馏瓶中	放液时，应先使磨口塞上的凹槽与漏斗口颈上的小孔对准（或稍稍提起上口的磨口塞），使漏斗内外的空气相通，压强相等，促使漏斗里的液体顺利流出
9	加热蒸馏	立即加热烧瓶内的溶液至沸，并保持微沸1.5h	电炉的火力先大后小：蒸馏瓶中的水沸腾前可开大火，以缩短升温时间；水沸腾后，减小火力，以免蒸馏量过大，二氧化硫不能被过氧化氢完全吸收而损失
10	断电、水、气	先使玻璃导气管下端离开液面；再关闭电炉加热开关，停止加热；关闭自来水开关，停止通冷凝水关闭氮气总阀，停止通氮气	及时断电、水、气可减少浪费、降低检测成本

3. 滴定

酸碱滴定法测定果脯中的二氧化硫时，样品滴定的方法及要求如表3-35所示。

表3-35　样品滴定的方法及要求

序号	步骤	操作方法	要求
1	冷却	取下接收瓶，冷却至室温	
2	滴定	用氢氧化钠标准溶液（0.01mol/L）滴定至黄色且20s不褪色	近终点时少量多次
3	数据记录	记录消耗的氢氧化钠标准溶液体积	

4. 空白试验

以等量的蒸馏水代替样品，重复蒸馏、滴定操作，记录消耗氢氧化钠标准溶液的体积。

四、数据分析及处理

1. 结果计算

试样中二氧化硫的含量按式（3-8）计算：

$$X = \frac{(V - V_0) \times c \times 0.032 \times 1000 \times 1000}{m} \tag{3-8}$$

式中 X——试样中二氧化硫含量（以 SO_2 计），mg/kg；

V_0——空白溶液消耗氢氧化钠标准溶液体积，mL；

V——试样溶液消耗氢氧化钠标准溶液体积，mL；

c——氢氧化钠标准溶液的摩尔浓度，mol/L；

0.032——1mL 氢氧化钠标准溶液（1mol/L）相当的二氧化硫的质量，g/mmoL；

m——样品质量，g。

计算结果保留三位有效数字。

2. 精密度

在重复条件下获得的两次独立测定结果的绝对差值不得超过算术平均值的10%。

3. 原始数据记录

将检测过程中获得的数据如实填写在原始数据记录表3-36中。

表3-36 酸碱滴定法测定果脯中二氧化硫含量的原始数据记录表

<table>
<tr><td>检测日期</td><td></td><td>样品名称</td><td></td><td>样品规格</td><td></td></tr>
<tr><td>检测依据</td><td colspan="3"></td><td>样品状态</td><td></td></tr>
</table>

<table>
<tr><td colspan="4">氢氧化钠标准溶液的标定</td></tr>
<tr><td>编号</td><td>1</td><td>2</td><td>3</td></tr>
<tr><td>邻苯二甲酸氢钾质量/g</td><td></td><td></td><td></td></tr>
<tr><td>滴定时所消耗的氢氧化钠标准溶液的体积/mL</td><td></td><td></td><td></td></tr>
<tr><td>空白试验中氢氧化钠标准溶液用量/mL</td><td></td><td></td><td></td></tr>
<tr><td>氢氧化钠标准溶液的实际浓度/（mol/L）</td><td></td><td></td><td></td></tr>
<tr><td>氢氧化钠标准溶液浓度的平均值/（mol/L）</td><td colspan="3"></td></tr>
<tr><td>滴定用氢氧化钠标准溶液的浓度/（mol/L）</td><td colspan="3"></td></tr>
</table>

<table>
<tr><td colspan="3">样品的测定</td></tr>
<tr><td>样品编号</td><td>1</td><td>2</td></tr>
<tr><td>样品的质量/g</td><td></td><td></td></tr>
<tr><td>试样溶液消耗氢氧化钠标准溶液体积/mL</td><td></td><td></td></tr>
<tr><td>空白溶液消耗氢氧化钠标准溶液体积/mL</td><td></td><td></td></tr>
<tr><td>氢氧化钠标准溶液的摩尔浓度/（mol/L）</td><td colspan="2"></td></tr>
</table>

续表

试样中二氧化硫的含量/（mg/kg）		测定值		
		平均值		
精密度/%	测定值		允许偏差	
计算公式				
产品标准/（mg/kg）				
结论：				

温馨提示

1. 学会统筹安排，充分利用样品蒸馏过程中的等待时间，可缩短任务完成时间。
2. 溶液标定操作需规范，否则将直接影响样品中二氧化硫的检测值。
3. 为了保护环境，需将废液倒入对应的废液桶中。
4. 遵守实验室管理规定，及时完成清洗和整理工作，保持实验室的清洁整齐。

相关知识

1. 酸碱滴定法测定二氧化硫的检出限和定量限

当用0.01mol/L氢氧化钠标准溶液时，固体或半流体称样量为35g时，检出限为1mg/kg，定量限为10mg/kg；当液体取样量为50mL（g）时，检出限为1mg/L（mg/kg），定量限为6mg/L（mg/kg）。

2. 食品中二氧化硫检测的方法及适用对象

（1）酸碱滴定法　适用于食品中二氧化硫的测定。

（2）分光光度法　直接提取法适用于白砂糖及白砂糖制品、淀粉及淀粉制品和生湿面制品中二氧化硫的测定，充氮蒸馏提取法适用于葡萄酒及赤砂糖中二氧化硫的测定。

（3）离子色谱法　适用于食品中二氧化硫的测定。

考核评价

通过小组自评、组间互评、教师评价，根据课前学习任务的完成情况评价自学能力，根据课中关键操作点的规范性评价操作技能，根据沟通交往、解决问题、时间管理、科学严谨的表现评价工作素养，根据实训报告、课后测试评价课后巩固提升。

酸碱滴定法测定果脯中的二氧化硫（考核评价表）

酸碱滴定法测定果脯中的二氧化硫（课后测试题）

项目三

蔬菜的检测

任务二十一　气相色谱法测定黄瓜中残留的有机磷农药

案例导入

根据2019年国家市场监督管理总局关于食品不合格情况的通告，2019年抽检的食品中，有机磷农药超标的产品主要涉及芹菜、菠菜、韭菜、白菜、龙井茶等，其中黑龙江省哈尔滨哈达果品批发市场任洪涛天津精品经营户销售的芹菜中毒死蜱含量达0.52mg/kg，重庆市江北区大石坝五村农贸市场销售的芹菜中毒死蜱含量达0.73mg/kg，分别是最低限量0.05mg/kg的10.4倍、14.6倍；云南省昆明家乐福超市有限公司白云分店销售的ST菠菜中毒死蜱含量达0.96mg/kg，是最低限量0.1mg/kg的9.6倍，以上食用农产品均不符合食品安全国家标准规定。

任务描述

GB 2763—2021《食品安全国家标准　食品中农药最大残留限量》规定了在食品或农产品内部或表面法定允许的农药最大浓度，超过这一限量即可判定产品不合格。那么现有哪些检测方法和检测手段能有效地测定果蔬中的农药残留，各有何优劣势？请独自查询相关标准和资料、参与话题讨论，制订气相色谱法测定黄瓜中残留的有机磷农药［以毒死蜱(氯吡硫磷)、二嗪磷为例］的实验方案，并完成样品检测。

学习目标

❖ 知识目标

1. 了解检测标准内容，理解检测方法原理。
2. 理解掌握黄瓜试样制样要求，知晓试样保存条件。
3. 熟练掌握检测方法流程、实验操作手法标准规范。

❖ 技能目标

1. 能够准确完成毒死蜱、二嗪磷农药标准溶液配制。
2. 能够独立完成试样称量、提取、分取、氮吹蒸发、定容装瓶操作及仪器测定分析。
3. 能根据色谱图准确地进行目标物定性分析、定量分析及精密度计算。

❖ 素质目标

1. 具有食品安全防范意识。
2. 遵守实验室规程，自觉落实安全措施，具有实验安全操作意识和环保意识。
3. 有效沟通，配合默契，具有团队合作精神。
4. 养成规范操作，如实记录的习惯，保持科学严谨的态度。
5. 养成自觉维护工位，保持实验室整洁与卫生的习惯。

课前准备

1. 学习资源准备

通过网络获取 NY/T 761—2008《蔬菜和水果中有机磷、有机氯、拟除虫菊酯和氨基甲酸酯类农药多残留的测定》第 1 部分相关资料。

2. 完成预习任务

（1）阅读标准文件，小组合作初拟检测方案。

（2）遵循够用节约的原则，设计试剂的配制量，汇总所需仪器设备的规格和数量。

（3）参与话题讨论：气相色谱法测定有机磷农药的定性和定量依据是什么？

思政园地

“菜篮子”“米袋子”“果盘子”，都是事关民生的大事。

——习近平（2020 年 1 月，春节前夕赴云南看望慰问各族干部群众时的讲话）

必备知识

1. 限量标准

黄瓜中毒死蜱、二嗪磷的最大残留限量如表 3-37 所示。

表 3-37　黄瓜中毒死蜱、二嗪磷的最大残留限量

序号	品类	检测项目	最大残留限量/（mg/kg）	标准依据
1	黄瓜	毒死蜱	0.02	GB 2763—2021《食品安全国家标准 食品中农药最大残留限量》
2		二嗪磷	0.1	

2. 检测标准

NY/T 761—2008《蔬菜和水果中有机磷、有机氯、拟除虫菊酯和氨基甲酸酯类农药多残留的测定》第 1 部分：蔬菜和水果中有机磷类农药多残留的测定。

3. 检测原理

试样中有机磷农药用乙腈提取，提取溶液经过滤、浓缩后，用丙酮定容，注入气相色谱仪，农药组分经毛细管柱分离，用火焰光度检测器检测。用保留时间定性，外标法定量。

任务实施

一、仪器设备准备

气相色谱法测定黄瓜中残留的有机磷农药所需仪器设备如表 3-38 所示。

表 3-38　所需仪器设备

序号	物品名称	规格	数量	用途
1	气相色谱仪	带火焰光度检测器（FPD）	1	测定有机磷农药含量

续表

序号	物品名称	规格	数量	用途
2	菜板与刀具	常规	1	切碎黄瓜
3	食品料理机		1	粉碎黄瓜试样
4	电子天平	感量 0.01g	1	样品称重
5	涡旋振荡器		1	振荡混匀
6	氮吹仪		1	样品浓缩
7	塑料样品盒	约 100mL	1	分装黄瓜待测样
8	塑料离心管	50mL	2	盛装样品
9	玻璃量筒	50mL	1	量取乙腈
10	具塞量筒	50mL	2	收集提取液
11	漏斗		2	提取液过滤
12	快速滤纸		2	提取液过滤
13	单标吸量管	10mL	2	分取提取液
14	单标吸量管	5mL	1	上机测试液定容
15	刻度试管	10mL	2	盛装分取液
16	一次性注射器		2	上机测试液过滤
17	有机微孔滤膜	0.22 μm	2	上机测试液过滤
18	进样瓶	2mL	2	盛装测试液，供气相色谱测定
19	容量瓶	10mL	1	配制毒死蜱、二嗪磷混合标准溶液
20	单道移液枪（带枪头）	量程 20~200 μL	1	吸取农药标准溶液

二、试剂配制

1. 试剂清单

气相色谱法测定黄瓜中残留的有机磷农药所需主要试剂如表 3-39 所示。

表 3-39　所需试剂

序号	试剂名称	级别/浓度	作用
1	乙腈（CH_3CN）	分析纯	提取黄瓜中有机磷农药
2	氯化钠（NaCl）	分析纯	盐析，使乙腈相和水相分层
3	丙酮（C_3H_6O）	色谱纯	上机测试液溶剂
4	毒死蜱标准储备液	10μg/mL，具有标准物质证书	配制农药混合标准溶液
5	二嗪磷标准储备液	10μg/mL，具有标准物质证书	配制农药混合标准溶液

2. 农药混合标准溶液配制

用单道移液枪分别吸取 100μL 毒死蜱标准储备液和 200μL 二嗪磷标准储备液于 10mL 容量瓶中，用丙酮定容，得到毒死蜱和二嗪磷浓度分别为 0.1μg/mL 和 0.2μg/mL 的农药混合标准溶液。

注：可根据样品中有机磷农药的残留情况确定混合标准溶液浓度，一般标准溶液浓度与样品中组分含量越相近，测得结果越准确。

三、样品处理

1. 试样制备

气相色谱法测定黄瓜中残留的有机磷农药时，样品制备的方法及要求如表 3-40 所示。

表 3-40　　样品制备的方法及要求

序号	步骤	操作方法	要求
1	切块	取完整黄瓜，去柄，切小块	样品制备按 NY/T 3304—2018《农产品检测样品管理技术规范》规定执行： （1）取样部位为全瓜，去柄，不去皮； （2）若提供黄瓜较多，可先按四分法缩分，再粉碎； （3）黄瓜不可水洗，表面有附着物时可用干净抹布擦除
2	粉碎	用料理机粉碎，制成待测样，放入塑料样品盒中，备用	
3	保存	非立即检测时，需在适当条件下保存：若当日内检测，冷藏保存；否则，于-20～-16℃冷冻保存	

2. 提取

黄瓜中残留的有机磷农药提取的方法及要求如表 3-41 所示。

表 3-41　　黄瓜中残留的有机磷农药提取的方法及要求

序号	步骤	操作方法	要求
1	称样	准确称取（10.00±0.02）g 黄瓜试样两份，分别置于 50mL 离心管中，做好标记	（1）天平预热，检查水平，归零，读数稳定； （2）称样过程中，少量样品添加，防止过量或样品滴落天平上； （3）取出的多余样品弃于废液桶中，避免污染待测样
2	涡旋混合	用量筒量取 20.0mL 乙腈于上述离心管中，在涡旋振荡器混合 10min	（1）正确使用量筒，视线与筒内液体最低凹液面保持水平； （2）涡旋振荡充分，确保提取效果，可适当延长提取时间

续表

序号	步骤	操作方法	要求
3	过滤	用滤纸将混匀后的样品过滤，滤液收集到装有2~3g氯化钠的具塞量筒中，约20mL	(1) 采用四折法折叠滤纸，滤纸锥度需与所使用的漏斗相符，将三层滤纸外两层撕去一个小角，可使其与漏斗壁贴合得更好； (2) 过滤样品，过滤过程注意一贴二低三靠； (3) 滤液体积较少时，可用玻璃棒挤压三层滤纸面，但切勿挤破滤纸
4	振荡	盖上塞子，剧烈振荡1min。充分混合，保证盐析效果	(1) 充分振摇，否则易出现乳化现象，使分层不明显； (2) 振荡过程中注意放气
5	静置	室温静置30min，使乙腈相和水相完全分层	

3. 净化

黄瓜中残留的有机磷农药的净化方法及要求如表3-42所示。

表3-42　黄瓜中残留的有机磷农药的净化方法及要求

序号	步骤	操作方法	要求
1	分取	从具塞量筒中准确吸取10.00mL乙腈相溶液于10mL刻度试管中	(1) 正确使用吸量管，不插入水相，不吸空，移取过程不漏液； (2) 放液时，刻度试管倾斜，吸量管竖直，靠壁，停留15s，勿吹打吸量管； (3) 可视情况，调整吸取体积，如实记录分取体积量
2	氮吹	将分取液置于氮吹仪中，70℃，缓缓通入氮气，蒸发近干	(1) 注意氮气流量控制，防止液体飞溅，观察液面，调节针头距离液面高度，一般1~2cm； (2) 蒸发至近干，即无明显液体流动，但保持湿润，无干涸现象
3	定容装瓶	准确移入5.00mL丙酮溶解残渣，在涡旋振荡器上混匀，过0.22μm滤膜，分别移入进样瓶中，做好标记，供气相色谱仪测定	(1) 吸量管的使用参照分取步骤； (2) 定容体积可根据实际分取体积按比例调整，如实记录定容体积； (3) 涡旋过程防止液体飞溅； (4) 过滤膜时，头尾液滴不收集，弃去

注：残留的其他有机磷农药检测方法一致，配制不同的农药标准溶液上机检测，即可定量计算结果。

四、仪器测定

1. 色谱参考条件

(1) 色谱柱　DB-1701，30m×0.25mm×0.25μm。

(2) 进样口温度　250℃。

（3）检测器温度　250℃。

（4）柱温　100℃ $\xrightarrow{25℃/min}$ 200℃ $\xrightarrow{10℃/min}$ 250℃（保持5min）。

（5）气体及流量

①燃气：氢气，纯度≥99.999%，流速75.0mL/min。

②助燃气：空气，纯度≥99.999%，流速100.0mL/min。

③载气：氮气，纯度≥99.999%，流速10.0mL/min。

④尾吹气：氮气，纯度≥99.999%，流速60.0mL/min。

（6）进样方式　不分流进样。

2. 进样分析

由自动进样器分别吸取1.0μL进样瓶中的混合标准溶液和样品溶液注入色谱仪中，以保留时间定性，以样品溶液峰面积与标准溶液峰面积比较定量。

五、数据分析及处理

1. 定性分析

测得样品溶液中未知组分的保留时间（RT）分别与标准溶液在同一检测条件下的保留时间相比较，若两组保留时间相差在±0.05min内，可认定为该农药。

2. 定量结果计算

试样中被测农药残留量以质量分数 w 计，单位以毫克每千克（mg/kg）表示，按式（3-9）计算：

$$w = \frac{V_1 \times A \times V}{V_2 \times A_s \times m} \times \rho \tag{3-9}$$

式中　ρ——混合标准溶液中被测农药的质量浓度，μg/mL；

V_1——提取溶剂总体积，mL；

V_2——分取出用于检测的溶液体积，mL；

V——样品溶液定容体积，mL；

A——样品溶液中被测农药的峰面积；

A_s——农药混合标准溶液中被测农药的峰面积；

m——称取样品的质量，g。

测定结果用平行测定的算术平均值表示，保留两位有效数字；当结果大于1mg/kg时，保留三位有效数字。

3. 精密度

用线性内插法计算不同农药含量下对应的重复性限 r：

$$r = r_1 + \frac{(r_2 - r_1) \times (w - w_1)}{w_2 - w_1} \tag{3-10}$$

式中　w_1、w_2——已知待测农药质量分数，mg/kg；

r_1、r_2——质量分数为 w_1、w_2 时，分别对应的重复性限；

w——测得样品中待测农药平均质量分数，mg/kg。

w_1、w_2、r_1、r_2 可从表3-43中得到，选择合适的数值，要求：$w_1<w<w_2$。

表 3-43　　毒死蜱、二嗪磷精密度计算数据表

检测项目	质量分数 w/（mg/kg）	重复性限 r	质量分数 w/（mg/kg）	重复性限 r	质量分数 w/（mg/kg）	重复性限 r
毒死蜱	0.05	0.0024	0.1	0.046	0.5	0.0190
二嗪磷	0.05	0.0039	0.1	0.0061	0.5	0.0354

注：已知质量分数 w 和对应的重复性限 r 均从标准 NY/T 761—2008 中查得。

在重复条件下获得的两次独立测定结果的绝对差值超过表 3-43 中列出的或由表 3-43 得出的重复性限 r 的情况不大于 5%，即 95%的可信度。

4. 原始数据记录

将检测过程中获得的数据如实填写在原始数据记录表 3-44 中。

表 3-44　　气相色谱法测定黄瓜中残留的有机磷农药原始数据记录表

样品名称		样品状态		检测时间	
检测人员		环境温度/℃		环境湿度/%	
检测依据					
气相色谱条件					
仪器/型号				检测器	
进样模式		进样口温度		检测器温度	
空气流速		氢气流速		载气流速	
尾吹流速		进样体积		色谱柱型号	
柱温					

样品的测定				
样品编号	1		2	
样品质量/g				
提取溶剂总体积/mL				
分取出用于检测的溶液体积/mL				
定容体积/mL				
检测项目	毒死蜱	二嗪磷	毒死蜱	二嗪磷
保留时间/min				
标准溶液浓度/（μg/mL）				
标准溶液峰面积				
样品溶液峰面积				
农药残留量/（mg/kg）				
测定结果平均值/（mg/kg）	毒死蜱			
	二嗪磷			

续表

精密度	绝对差值		重复性限 r	
计算公式				

结论：

温馨提示

1. 本项目涉及挥发性有机溶剂、农药标准品，穿好实验服，佩戴好口罩、手套等，做好防护措施，在通风橱或通风罩下按要求规范操作，确保安全。

2. 秉承科学严谨的作风，如实记录数据，细致分析结果。

3. 为了保护环境，需将废液倒入对应的废液桶中。

4. 遵守实验室管理规定，及时完成清洗和整理工作，保持实验室的清洁整齐。

相关知识

1. 有机磷农药

有机磷农药是指含磷元素的有机化合物农药，在农业生产中广泛使用，主要用于防治植物病、虫、草害，导致农作物中不同程度的残留，我国生产的有机磷农药绝大多数为杀虫剂。有机磷农药种类很多，根据其毒性强弱分为高毒、中毒、低毒三类，实际应用中应选择高效低毒及低残留品种。

2. 食品中有机磷测定的方法及适用对象

（1）气相色谱法（NY/T 761—2008《蔬菜和水果中有机磷、有机氯、拟除虫菊酯和氨基甲酸酯类农药多残留的测定》） 此法可用于蔬菜和水果中的敌敌畏、甲拌磷、乐果、对氧磷、对硫磷、甲基对硫磷、杀螟硫磷、异柳磷、乙硫磷、喹硫磷、伏杀硫磷、敌百虫、氧乐果、磷胺、甲基嘧啶磷、马拉硫磷、辛硫磷、亚胺硫磷、甲胺磷、二嗪磷、甲基毒死蜱、毒死蜱、倍硫磷、杀扑磷、乙酰甲胺磷、胺丙畏、久效磷、百治磷、苯硫磷、地虫硫磷、速灭磷、皮蝇磷、治螟磷、三唑磷、硫环磷、甲基硫环磷、益棉磷、保棉磷、蝇毒磷、地毒磷、灭菌磷、乙拌磷、除线磷、嘧啶磷、溴硫磷、乙基溴硫磷、丙溴磷、二溴磷、吡菌磷、特丁硫磷、水胺硫磷、灭线磷、伐灭磷、杀虫畏 54 种有机磷农药的测定。

（2）气相色谱-质谱法（GB 23200.93—2016《食品安全国家标准　食品中有机磷农药残留量的测定 气相色谱-质谱法》） 清蒸猪肉罐头、猪肉、鸡肉、牛肉、鱼肉中敌敌畏、二嗪磷、皮蝇磷、杀螟硫磷、马拉硫磷、毒死蜱、倍硫磷、对硫磷、乙硫磷、蝇毒磷 10 种有机磷农药残留量测定和确证。

考核评价

通过小组自评、组间互评、教师评价，根据课前学习任务的完成情况评价自学能力，根据课中关键操作点的规范性评价操作技能，根据沟通交往、解决问题、时间管理、科学严谨的表现评价工作素养，根据实训报告、课后测试评价课后巩固提升。

气相色谱法测定黄瓜中残留的有机磷农药（考核评价表）

气相色谱法测定黄瓜中残留的有机磷农药（课后测试题）

技能拓展

气相色谱仪的使用（以 Agilent 7890A 气相色谱仪为例）

1. 开机

气相色谱仪开机的步骤和要求如表 3-45 所示。

表 3-45　　气相色谱仪开机的步骤和要求

序号	步骤	操作方法	要求
1	开气	（1）打开氮气、空气控制阀门； （2）调节氮气、空气气瓶减压阀压力，调节气流量，使之符合仪器方法要求； （3）打开氢气发生器，调节气流量，使之符合仪器方法要求	（1）确认钢瓶不漏气； （2）先开总阀，打开至最大； （3）根据具体使用气流量，调节减压； （4）氢气为可燃气体，使用氢气发生器更安全
2	开机	接通电源，启动电脑，启动主机，仪器自检	自检通过后仪器指示灯为黄绿色
3	仪器联机	双击桌面“仪器 1 联机”图标，化学工作站自动与 7890A 通讯	通讯成功后，7890A 的遥控灯亮
4	配置编辑	（1）单击“仪器”菜单，选择“GC 配置…”，点击“配置”； （2）单击“自动进样器”，输入注射器体积，选择溶剂清洗模式； （3）单击“模块”，选进样口、检测器、输入 FPD 点火下限值； （4）单击“色谱柱”设定柱参数，如选择色谱柱规格、连接的进样口、检测器等	一般无变化时，配置编辑首次设定好后不需要更改，有变化时只需要更改相应位置，如更换新的色谱柱，重新配置对应的色谱柱规格

2. 序列的建立与运行

气相色谱仪序列建立与运行的方法和要求如表 3-46 所示。

表 3-46　　气相色谱仪序列建立与运行的方法和要求

序号	步骤	操作方法	要求
1	编辑方法	（1）从“方法”菜单中选择“编辑完整方法…”； （2）设置进样方式（自动进样或手动进样）；	方法编辑各模块图标： （1）进样器设定 ， （2）进样口设定 

续表

序号	步骤	操作方法	要求
1	编辑方法	(3) 在对应模块分别设置进样器、进样口、色谱柱、柱温箱、FPD检测器、信号等相关参数; (4) 单击“方法”菜单，选中“方法另存为…”，输入方法名，点击“确定”; (5) 方法建立好后，可直接调用，无需每次重复编辑，可在原有方法基础上修改	(3) 色谱柱设定  (4) 柱温箱设定  (5) FPD检测器设定  (6) 信号参数设定 
2	设置序列参数	单击“序列”，选择“序列参数”，选择序列数据的保存路径	序列会自动生成以“序列名称-时间”为名称的文件夹保存数据
3	编辑序列表	单击“序列”⟶“序列表”，分别输入“样品瓶”位置、“样品名称”“进样次数”、调用编辑好的“仪器运行方法”，从“序列”菜单，选择“序列另存为”，输入序列名，单击“确定”	多个样品进样时选择序列表进样，单针进样时不需编辑序列表
4	进样测定	(1) 待仪器基线平稳后进样; (2) 单针进样，从“运行控制”菜单中选择“运行方法”，进样; (3) 序列进样，从“运行控制”菜单中选择“运行序列”，进样	样品进样顺序一般为：空白溶剂-标准溶液-样品-样品-标准溶液，一般要求双针进样，若存在浓度梯度，一般按低浓度到高浓度顺序进样

3. 数据处理和结果查看

气相色谱仪数据处理与结果查看的方法和要求如表3-47所示。

表3-47　　气相色谱仪数据处理与结果查看的方法和要求

序号	步骤	操作方法	要求
1	调用数据	(1) 双击桌面“仪器1脱机”图标，进入脱机画面; (2) 从“视图”菜单进入“数据分析”界面; (3) 从“文件”菜单选择“调用信号”，选中需分析的数据文件名，点击“确定”，数据被调用	(1) “仪器1联机”一般用于样品进样分析; (2) “仪器1脱机”一般用于数据分析; (3) 脱机调用谱图，处理数据不影响仪器进样测定样品
2	谱图优化	(1) 从“图形”菜单选择“信号选项”; (2) 从“范围”中调整谱图X、Y坐标范围，直到谱图显示比例合适，“确定”; (3) 从“积分”菜单中选择“积分事件”选项，设定积分参数，直到积分结果理想	可通过设定“斜率灵敏度”“峰宽”“最小峰面积”“最小峰高”“积分开关”优化谱图，单击 ，自动加载积分参数
3	设定报告	(1) 从“报告”菜单选择“设定报告”选项; (2) 单击“定量结果”，选中“面积百分比报告”或“外标报告”，单击“确定”	可在此界面设定报告的格式、尺寸等

续表

序号	步骤	操作方法	要求
4	打印报告	从“报告”菜单中选择“打印”，可预览报告，如想输出纸质报告，可单击报告底部“打印”按钮	

4. 关机

气相色谱仪关机的方法和要求如表3-48所示。

表3-48　气相色谱仪关机的方法和要求

步骤	操作方法	要求
关机	（1）从仪器控制按键位置关闭FPD检测器； （2）降温各热源（柱温、进样口、检测器）； （3）关闭空气和氢气； （4）待检测器和进样口温度降到90℃以下、柱箱温度降到50℃以下，退出工作站； （5）关闭电脑，关7890A电源，关闭氮气	（1）可事先用“编辑方法”编好关机方法，每次关机时直接调用方法，避免按错按键； （2）确保各处已降温再关机； （3）氮气（载气）最后关闭

项目四

泡菜的检测

背景资料

由于我国有许多原产蔬菜，很早就制作和应用食盐，新石器时代已发明了陶器，公元前就掌握了制曲术，因而我国制作加盐的酱腌菜的历史甚为悠久，可能起源于周代以前。古籍中的“菹”字，指将食物用刀子粗切，也指这样切过后做成的酸菜、泡菜或用肉酱汁调味的蔬菜。至汉代以后，“菹”字泛称加食盐、加醋、加酱制品腌制成的蔬菜。湖南长沙马王堆汉墓中出土的豆豉姜，是我国迄今发现的最早的实物证据，是世界上储藏最久的酱菜。

近年来，国家各种扶持政策的推出，为泡菜行业持续稳定发展提供了良好的政策保障。据统计，我国泡菜市场规模和需求规模都呈现出稳定增长的趋势，市场规模从2017年的501亿元增长到2021年的650亿元，产量从2017年的603.71万t增长至2021年的745.44万t。我国泡菜行业市场具有较强的区域性特征，目前主要集中于川渝地区，其中四川省泡菜产量占全国总量的70%。

泡菜主要是靠乳酸菌的发酵生成大量乳酸而不是靠盐的渗透压来抑制腐败微生物的。泡菜使用低浓度的盐水或用少量食盐来腌渍各种鲜嫩的蔬菜，再经乳酸菌发酵，制成一种带酸味的腌制品。泡菜中只要乳酸含量达到一定的浓度并使产品隔绝空气，就可以达到久储的目的。

任务二十二 酚酞指示剂法测定泡菜中的总酸

案例导入

新春阶下笋芽生，厨里霜虀倒旧罂。
时绕麦田求野荠，强为僧舍煮山羹。
——宋·苏轼《次韵子由种菜久旱不生》

这首古诗生动地描述了苏轼制作泡菜时的情景。苏轼，号东坡居士，北宋时期眉州眉山人。他不仅是文学家、书法家，还是美食家；不但自己爱做泡菜，还将四川眉山的传统泡菜技术传授给他的好友和黎民百姓。泡菜不仅是四川人餐桌上不可缺少的佐餐食品，更是鱼香肉丝、酸菜鱼等川菜烹饪中的灵魂性食材。

任务描述

乳酸菌在新鲜蔬菜发酵过程中产生了大量的乳酸和少量的甲酸、乙酸、丙酸、丁酸、琥珀酸等有机酸，赋予泡菜特有的酸味，从而使泡菜深得大家的喜爱。泡菜好吃与否，与发酵条件的控制息息相关，发酵初期，泡菜液中的含酸量仅为0.3%~0.5%，泡菜处于初熟阶段，咸而不酸、有生味；发酵后期，乳酸含量可达1.2%以上，此时泡菜的酸度过高、风味不协调；发酵中期，泡菜中乳酸含量为0.6%~0.8%，此时的滋味与风味最好，因此，泡菜中总酸含量是影响产品质量的因素之一。请独自查询资料、学习国家标准、参与话题讨论，合作制订泡菜中总酸的检测方案并完成样品检测。

学习目标

❖ 知识目标

1. 知道酚酞指示剂法测定泡菜总酸的依据，理解检测的原理。
2. 知道检测所需的试剂和仪器设备。
3. 知道试液制备的步骤，掌握试液制备中混匀、浸提、过滤等操作的要求。
4. 掌握样品滴定、空白滴定的操作方法及要求。

❖ 技能目标

1. 能够根据国家标准完成仪器的准备。
2. 能够根据要求配制1%酚酞指示剂，能够完成0.1000mol/L氢氧化钠标准溶液的配制、标定和计算。
3. 能够按照国家标准完成样品滴定、空白滴定及结果计算。

❖ 素质目标

1. 树立食品安全标准意识、安全意识和环保意识。
2. 养成规范操作的意识和科学严谨的工作态度。
3. 树立精益求精的工匠精神。
4. 养成及时整理清洁的习惯。

课前准备

1. 学习资源准备

通过网络获取 GB 12456—2021《食品安全国家标准　食品中总酸的测定》第一法、GB/T 5009.54—2003《酱腌菜卫生标准的分析方法》、GB/T 5009.51—2003《非发酵性豆制品及面筋卫生标准的分析方法》、GB/T 601—2016《化学试剂　标准滴定溶液的制备》，以及扫码获取视频《泡菜的检测-酸度的测定（酚酞指示剂法）》。

泡菜的检测-酸度的测定（酚酞指示剂法）（视频）

2. 完成预习任务

（1）阅读相关标准文件，观看操作视频，小组合作初拟检测方案。

（2）遵循够用节约的原则，设计试剂的配制量，汇总所需仪器设备的规格和数量。

（3）参与话题讨论：要想在尽可能短的时间内，通过小组合作完成检测任务，该如何制订工作计划？

思政园地

时间就是金钱，效率就是生命。

——袁庚

必备知识

1. 产品标准

泡菜总酸的质量标准如表 3-49 所示。

表 3-49　泡菜总酸的质量标准

序号	品类	总酸（以乳酸计）/（g/100g）	标准依据
1	中式泡菜		
2	韩式泡菜	≤1.50	SB/T 10756—2012《泡菜》
3	日式泡菜		

2. 检测标准

GB 5009.239—2016《食品安全国家标准　食品酸度的测定》第一法：酚酞指示剂法、GB/T 5009.54—2003《酱腌菜卫生标准的分析方法》、GB/T 5009.51—2003《非发酵性豆制品及面筋卫生标准的分析方法》。

3. 检测原理

根据酸碱中和原理，用碱液滴定试液中的酸，以酚酞作为指示剂确定滴定终点。按碱液的消耗量计算食品中的总酸含量。

任务实施

一、仪器设备准备

酚酞指示剂法测定泡菜中的总酸所需的仪器设备如表 3-50 所示。

表 3-50 所需仪器设备

序号	仪器名称	规格	数量	用途
1	电子天平	0.01g	1	称取氢氧化钠
2	分析天平	0.0001g	1	称量
3	烧杯	250mL	2	配氢氧化钠饱和溶液、样液制备
4	试剂瓶	60mL	1	储存氢氧化钠饱和溶液
5	吸量管	2mL	1	配氢氧化钠标准溶液
6	容量瓶	1000mL	1	配氢氧化钠标准溶液
7	高型称量瓶	30mm×50mm	1	干燥邻苯二甲酸氢钾
8	恒温干燥箱		1	干燥邻苯二甲酸氢钾
9	干燥器		1	保存干燥后的邻苯二甲酸氢钾
10	电炉	1000W	1	制备无二氧化碳蒸馏水
11	烧杯	2000mL	1	制备无二氧化碳蒸馏水
12	量筒	100mL	1	量取无二氧化碳蒸馏水
13	碱式滴定管	50mL	1	标定氢氧化钠标准溶液
14	锥形瓶	250mL	4	标定氢氧化钠标准溶液、样品滴定
15	聚乙烯瓶	500mL	1	储存氢氧化钠标准溶液
16	烧杯	50mL	1	配指示剂
17	单标吸量管	50mL	1	配氢氧化钠标准溶液
18	容量瓶	100mL	3	配氢氧化钠标准溶液和酚酞指示剂、制备样液
19	组织捣碎机		1	样品制备
20	漏斗	10cm	1	样液制备
21	滴瓶	50mL	1	储存酚酞指示剂
22	量筒	50mL	1	量取无二氧化碳蒸馏水
23	碱式滴定管	10mL	1	样品滴定
24	洗瓶	500mL	1	清洗

二、试剂配制

（一）试剂清单

酚酞指示剂法测定泡菜中的总酸所需的试剂如表 3-51 所示。

表 3-51 所需试剂

序号	试剂名称	作用
1	氢氧化钠（NaOH）	配制标准滴定溶液，与酸反应

续表

序号	试剂名称	作用
2	95%乙醇（C_2H_5OH）	酚酞指示剂的溶剂
3	酚酞（$C_{20}H_{14}O_4$）	指示剂：在酸性和中性溶液中为无色，在碱性溶液中为紫红色，极强酸性溶液中为橙色，极强碱性溶液中无色
4	邻苯二甲酸氢钾	标定氢氧化钠标准滴定溶液的基准试剂

（二）配制方法

1. 酚酞指示液（10g/L）

称取 1g 酚酞溶于 95%的乙醇中，并定容至 100mL。

2. 不含二氧化碳的蒸馏水、氢氧化钠标准溶液（0.1000mol/L）

同任务十一《酚酞指示剂法测定生乳的酸度》。

3. 氢氧化钠标准溶液（0.0500mol/L）

准确移取 50mL 0.1000mol/L 氢氧化钠标准溶液稀释至 100mL（用时当天稀释）。

三、操作步骤

（一）试样制备

酚酞指示剂法测定泡菜总酸中，试样制备的方法及要求如表 3-52 所示。

表 3-52　试样制备的方法及要求

序号	步骤	操作方法	要求
1	称样 1	至少称取样品 200.0g（固体：液体≥1：1）	注意电子天平的最大量程
2	捣碎	用组织捣碎机捣碎、混匀	
3	暂存	置于密闭玻璃容器内	密闭：防止空气中的二氧化碳进入
4	称样 2	称取上述试样 20.000g，置于 250mL 烧杯中	
5	加水	加入 80℃煮沸过的蒸馏水 60mL	（1）80℃的水：使浸提液快速升温至 100℃； （2）煮沸过的水：除去水中溶解的二氧化碳
6	浸提	置于沸水浴中煮沸 30min（搅拌 2～3 次）、取出、冷却至室温	（1）30min，从浸提液沸腾后开始计时； （2）搅拌促进有机酸的提取
7	定容	用水定容至 100mL	新煮沸冷却至室温的蒸馏水
8	过滤	过滤，收集滤液	使用快速滤纸，提高工作效率

（二）试样滴定

酚酞指示剂法测定泡菜总酸中，试样滴定的方法及要求如表 3-53 所示。

表 3-53　　试样滴定的方法及要求

序号	步骤	操作方法	要求
1	称样	称取 25~50g（精确到 0.001g）已制备好的试样，置于 250mL 锥形瓶中	
2	加水、指示剂	加 50mL 新煮沸冷却至室温的水，混匀；加入 2~3 滴酚酞指示液，混匀	试样稀释时用水量应根据样品中总酸含量选择
3	滴定	用配制好的氢氧化钠溶液滴定至溶液呈微红色，且 30s 内不消退，整个滴定过程应在 45s 内完成	（1）滴定过程中，需向锥形瓶中吹氮气，防止溶液吸收空气中的二氧化碳； （2）严格控制操作时间
4	空白试验	同时用等质量的水替代样品做空白试验	水为新煮沸冷却至室温的蒸馏水

四、数据分析及处理

（一）结果计算

试样中总酸含量按式（3-11）计算：

$$X = \frac{c \times (V_1 - V_2) \times K}{m \times \frac{V_3}{100}} \times 100 \tag{3-11}$$

式中　X——试样中总酸含量，g/100g；

c——氢氧化钠标准溶液的浓度，mol/L；

V_1——滴定试液时所消耗氢氧化钠标准溶液的体积，mL；

V_2——空白试验所消耗氢氧化钠标准溶液的体积，mL；

K——酸的换算系数，乳酸为 0.09；

V_3——滴定用试液体积，mL；

m——称取试样的质量，g。

以重复性条件下获得的两次独立测定结果的算术平均值表示，结果保留两位有效数字。

（二）精密度

在重复条件下获得的两次独立测定结果的绝对差值不得超过算术平均值的 5%。

（三）原始数据记录

将检测过程中获得的数据如实填写在原始数据记录表 3-54 中。

表 3-54　　酚酞指示剂法测定泡菜总酸的原始数据记录表

检测日期		样品名称		样品规格	
检测依据				样品状态	

氢氧化钠标准滴定溶液标定			
编号	1	2	3
邻苯二甲酸氢钾质量/g			

续表

滴定时所消耗的氢氧化钠标准滴定溶液的体积/mL				
空白试验中氢氧化钠标准溶液用量/mL				
氢氧化钠标准滴定溶液的实际浓度/（mol/L）				
氢氧化钠标准滴定溶液浓度的平均值/（mol/L）				
计算公式				
样品的测定				
样品编号		1		2
样品的质量/g				
氢氧化钠标准溶液的浓度/（mol/L）				
试样溶液所消耗氢氧化钠标准溶液的体积/mL				
空白试验所消耗氢氧化钠标准溶液的体积/mL				
酸的换算系数				
试液的稀释倍数				
试样的总酸含量/（g/100g）	测定值			
	平均值			
精密度/%	测定值		允许偏差	
计算公式				
产品标准/（g/100g）				
结论：				

温馨提示

1. 科学制订实验计划，合理利用时间，提高检测效率。
2. 样品制备过程中涉及高温，应按要求规范操作，以防烫伤。
3. 秉承科学严谨的作风，如实记录数据，细致分析结果。
4. 遵守实验室管理规定，及时完成清洗和整理工作，保持实验室的清洁整齐。

考核评价

通过小组自评、组间互评、教师评价，根据课前学习任务的完成情况评价自学能力，根据课中关键操作点的规范性评价操作技能，根据沟通交往、解决问题、时间管理、科学严谨的表现评价工作素养，根据实训报告、课后测试评价课后巩固提升。

酚酞指示剂法测定泡菜中的总酸（考核评价表）

酚酞指示剂法测定泡菜中的总酸（课后测试题）

任务二十三 分光光度法测定泡菜中的亚硝酸盐

案例导入

2004 年 4 月，成都市彭州盐政管理所按照成都市盐政市场稽查处安排，对全市食品加工用盐单位进行盐政例行检查。检查中发现，彭州市九尺镇古棠村某私人泡菜厂擅自购进 2t 工业盐并充作食盐加工泡菜食品。该泡菜作坊已被捣毁，上百吨伪劣泡菜被深埋销毁，负责人被警方刑拘。

工业盐，是化学工业的最基本原料之一，主要成分有氯化钠、亚硝酸钠等，同时还含有氯化钙、氯化镁、氯化钡等杂质，不可食用。摄入亚硝酸盐后，不仅能导致人体组织缺氧，还能形成强致癌物质。亚硝酸盐还会导致高铁血红蛋白症、下腺肾小球肥大、维生素 A 缺乏症等。人体食入 0.3~0.5g 的亚硝酸盐即可引起中毒，3g 则可导致死亡。因而工业盐绝不可替代食用盐用于食品加工。

在泡菜发酵过程中，随着有机酸、还原糖、可溶性蛋白、游离氨基酸、维生素等的变化，亚硝酸盐也不可避免地产生了。随着我国经济的不断发展和人民生活水平的日益提高，人们越来越追求营养健康的生活方式，很多人开始“谈泡菜色变”，从此与泡菜“分道扬镳”。其实，只要掌握科学的加工方法，就能避免发酵过程中产生过多的亚硝酸盐；只要采用正确的食用方式，就不会对人体健康产生危害。

任务描述

原料（种类、新鲜度、成熟度、预处理方式）、辅料（食盐、糖、香辛料、抗氧化剂）、发酵方式（自然发酵、接种发酵）、发酵温度等都会影响泡菜中亚硝酸盐的含量，为了保证食品安全，GB 2762—2022《食品安全国家标准　食品中污染物限量》中对腌渍蔬菜中亚硝酸盐的残留量有明确规定，因而亚硝酸盐的含量也成为泡菜产品的质量指标之一。请独自查询资料、学习国家标准、参与话题讨论，合作制订检测方案并完成样品检测。

学习目标

❖ 知识目标

1. 知道分光光度法测定泡菜中亚硝酸盐的依据，理解检测的原理。

2. 知道检测所需的试剂和仪器设备，熟练掌握亚硝酸钠标准溶液、亚硝酸钠标准使用液、亚铁氰化钾溶液、乙酸锌溶液、对氨基苯磺酸溶液、盐酸萘乙二胺溶液、饱和硼砂溶液配制的方法和要求。

3. 掌握样品制备、比色的操作步骤及要求。

❖ 技能目标

1. 能够根据国家标准制订分光光度法测定泡菜中亚硝酸盐的方案。
2. 能够根据国家标准完成仪器的准备。
3. 能够根据要求配制亚硝酸钠标准溶液、亚硝酸钠标准使用液、亚铁氰化钾溶液、乙酸锌溶液、对氨基苯磺酸溶液、盐酸萘乙二胺溶液、饱和硼砂溶液。
4. 能够按照国家标准完成样品制备，正确使用分光光度计进行比色及结果计算。

❖ 素质目标

1. 树立食品检测的标准意识和环保意识。
2. 具有统筹规划的意识。
3. 具有科学严谨的工作态度和团队合作精神。
4. 树立精益求精的工匠精神。
5. 养成及时整理清洁的习惯。

课前准备

1. 学习资源准备

通过网络获取 GB 5009.33—2016《食品安全国家标准　食品中亚硝酸盐与硝酸盐的测定》第二法、GB 2762—2022《食品安全国家标准　食品中污染物限量》，以及扫码获取视频《泡菜的检测-亚硝酸盐的测定（分光光度法-试剂的配制）》《泡菜的检测-亚硝酸盐的测定（分光光度法-样品的制备及检测）》。

泡菜的检测-亚硝酸盐的测定（分光光度法-试剂的配制）（视频）

泡菜的检测-亚硝酸盐的测定（分光光度法-样品的制备及检测）（视频）

2. 完成预习任务

（1）阅读相关标准文件，观看操作视频，小组合作初拟检测方案。

（2）遵循够用节约的原则，设计试剂的配制量，汇总所需仪器设备的规格和数量。

（3）参与话题讨论：如何操作能提高标准曲线的线性相关系数?

思政园地

勤能补拙是良训，一分辛苦一分才。

——华罗庚

必备知识

1. 产品标准

腌制蔬菜中亚硝酸盐的限量标准如表 3-55 所示。

表 3-55　　腌制蔬菜中亚硝酸盐的限量标准

品类	亚硝酸盐/（mg/kg）	标准依据
腌制蔬菜	20	GB 2762—2022《食品安全国家标准　食品中污染物限量》

2. 检测标准

GB 5009.33—2016《食品安全国家标准　食品中亚硝酸盐与硝酸盐的测定》第二法：分光光度法。

3. 检测原理

试样经沉淀蛋白质、除去脂肪后，在弱酸条件下，亚硝酸盐与对氨基苯磺酸重氮化后，再与盐酸萘乙二胺偶合形成紫红色染料，外标法测得亚硝酸盐含量。

任务实施

一、仪器设备准备

分光光度法测定泡菜中的亚硝酸盐所需的仪器设备如表 3-56 所示。

表 3-56　　所需仪器设备

序号	仪器名称	规格	数量	用途
1	分析天平	0.0001g	1	称量
2	电子天平	0.01g	1	称取样品
3	烧杯	50mL	3	配亚硝酸钠标准溶液、试液制备-弃液
4	容量瓶	500mL	1	储存亚硝酸钠标准溶液
5	吸量管	5mL	4	配亚硝酸钠标准使用溶液、移取硼砂、亚铁氰化钾、乙酸锌溶液
6	容量瓶	100mL	6	配亚硝酸钠使用溶液、硼砂、盐酸萘乙二胺溶液
7	容量瓶	25mL	3	配亚铁氰化钾、乙酸锌、硼砂溶液
8	容量瓶	50mL	2	配亚铁氰化钾、乙酸锌、盐酸萘乙二胺溶液
9	具塞锥形瓶	250mL	1	试液制备
10	高型称量瓶	30mm×50mm	1	干燥亚硝酸钠
11	吸量管	10mL	1	移取硼砂
12	烧杯	250mL	1	制备 70℃热水
13	容量瓶	200mL	1	试液制备
14	漏斗	10cm	1	试液制备
15	烧杯	200mL	1	试液制备-滤液
16	分度吸量管	5mL	2	移取亚硝酸钠标准溶液和亚硝酸钠标准使用液

续表

序号	仪器名称	规格	数量	用途
17	具塞比色管	250mL	13	配制比色溶液
18	吸量管	2mL	2	移取亚硝酸钠标准使用液、对氨基苯磺酸溶液
19	吸量管	1mL	1	移取盐酸萘乙二胺溶液
20	单标吸量管	20mL	1	移取试液
21	洗瓶	500mL	1	清洗
22	比色皿	1cm	2	比色
23	紫外可见分光光度计		1	测定吸光度
24	组织捣碎机		1	样品制备

二、试剂配制

（一）试剂清单

分光光度法测定泡菜中的亚硝酸盐所需的试剂如表 3-57 所示。

表 3-57　所需试剂

序号	试剂名称	作用
1	亚硝酸钠（$NaNO_2$）	绘制标准曲线
2	对氨基苯磺酸（$C_6H_7NO_3S$）	在酸性条件下，与亚硝酸盐反应生成重氮盐
3	盐酸萘乙二胺（$C_{12}H_{14}N_2 \cdot 2HCl$）	与重氮盐反应，生成紫红色的 *N*-1-萘基乙二胺盐酸盐
4	硼砂（$Na_2B_4O_7 \cdot 10H_2O$）	创造碱性条件： （1）有助于锌盐在碱性条件下沉淀蛋白质； （2）促进亚硝酸盐的提取，通过皂化反应，减少样品被脂肪包裹的概率； （3）减少亚硝酸盐的损失，亚硝酸盐在酸性条件下会形成亚硝酸，在加热时进一步分解成 NO_2 而导致总量减少
5	亚铁氰化钾 ［$K_4Fe(CN)_6 \cdot 3H_2O$］	蛋白质沉淀剂：亚铁氰化钾与乙酸锌反应生成氰亚铁酸锌沉淀，从而挟走或吸附干扰物质
6	乙酸锌［$Zn(CH_3COO)_2 \cdot 2H_2O$］	蛋白质沉淀剂：乙酸锌可降低蛋白质的溶解度，使蛋白质凝聚而从溶液中析出
7	冰乙酸（CH_3COOH）	促进乙酸锌的溶解：纯净的乙酸锌溶于水，但乙酸锌中的锌离子易水解成氢氧化锌（不溶于水），冰乙酸可与氢氧化锌反应生成乙酸锌
8	盐酸（HCl）	为显色反应提供弱酸性条件

（二）配制方法

1. 亚硝酸钠标准溶液（200μg/mL，以亚硝酸钠计）

准确称取 0.1000g 于 110~120℃干燥恒重的亚硝酸钠，加水溶解，移入 500mL 容量瓶中，加水稀释至刻度，混匀。

2. 亚硝酸钠标准使用液（5.0μg/mL）

临用前，吸取 2.50mL 亚硝酸钠标准溶液，置于 100mL 容量瓶中，加水稀释至刻度。

3. 亚铁氰化钾溶液（106g/L）

称取 106.0g 亚铁氰化钾，用水溶解，并稀释至 1000mL。

4. 乙酸锌溶液（220g/L）

称取 220.0g 乙酸锌，先加 30mL 冰乙酸溶解，用水稀释至 1000mL。

5. 饱和硼砂溶液（50g/L）

称取 5.0g 硼砂，溶于 100mL 热水中，冷却后备用。

6. 对氨基苯磺酸溶液（4g/L）

称取 0.4g 对氨基苯磺酸，溶于 100mL 20%盐酸中，混匀，置棕色瓶中，避光保存。

7. 盐酸萘乙二胺溶液（2g/L）

称取 0.2g 盐酸萘乙二胺，溶于 100mL 水中，混匀，置棕色瓶中，避光保存。

三、检测步骤

（一）试样预处理

分光光度法测定泡菜的亚硝酸盐中，试样预处理的方法及要求如表 3-58 所示。

表 3-58　试样预处理的方法及要求

序号	步骤	操作方法	要求
1	称样	至少称取固体样品 100g	
2	捣碎	用组织捣碎机捣碎、混匀	
3	暂存	置于玻璃容器内	容器需洁净干燥

（二）试液制备

分光光度法测定泡菜的亚硝酸盐中，试液制备的方法及要求如表 3-59 所示。

表 3-59　试液制备的方法及要求

序号	步骤	操作方法	要求
1	称样	称取匀浆试样 10.000g，置于 250mL 具塞锥形瓶中	具塞锥形瓶：防止浸提过程中水分过度蒸发
2	加硼砂	加 12.5mL 50g/L 饱和硼砂溶液	
3	加水	加入 70℃左右的水 150mL，混匀	70℃的水：使浸提液尽快升温至沸腾
4	浸提	置于沸水浴中煮沸 10min、取出、冷却至室温	从沸腾开始计时

续表

序号	步骤	操作方法	要求
5	转移	定量转移上述提取液至 200mL 容量瓶中	
6	加亚铁氰化钾	加入 5mL 106g/L 亚铁氰化钾溶液，摇匀	
7	加乙酸锌	再加入 5mL 220g/L 乙酸锌溶液，以沉淀蛋白质	
8	定容	加水至刻度，摇匀	三分之二处摇匀
9	静置	放置 30min	放置可使蛋白质充分沉淀
10	过滤	上清液用滤纸过滤，弃去初滤液 30mL，滤液备用	可用快速滤纸，提高工作效率

（三）试样测定

分光光度法测定泡菜的亚硝酸盐中，试样测定的方法及要求如表 3-60 所示。

表 3-60　试样测定的方法及要求

序号	步骤	操作方法	要求
1	取试液	分别取 40mL 试液于 3 支 50mL 带塞比色管中	最好使用 40mL 单标吸量管一次性移取规定体积的试液，若没有也可以用 20mL 分度吸量管分两次移取
2	取亚硝酸钠标准使用液	分别取 0，0.20，0.40，0.60，0.80，1.00，1.50，2.00，2.5mL（有效含量分别为 0，1.0，2.0，3.0，4.0，5.0，7.5，10.0，12.5μg）亚硝酸钠标准使用液于 9 支 50mL 具塞比色管中	（1）利用同一支分度吸量管，通过控制放液体积完成试剂移取； （2）吸量管内剩余的试剂作为废液弃去，不可重复使用
3	加对氨基苯磺酸	向上述比色管中分别加入 4g/L 对氨基苯磺酸溶液 2mL，混匀，静置 3~5min	严格计时，确保氨基苯磺酸与亚硝酸盐充分反应
4	加盐酸萘乙二胺	向上述比色管中各加入 2g/L 盐酸萘乙二胺溶液 1mL，加水至刻度，混匀，静置 15min	定容要准确，若超过刻度线，需重做
5	测吸光度	用 1cm 比色皿，以零管调节零点，于波长 538nm 处测吸光度	（1）比色皿需提前用蒸馏水在比色波长下进行成套性检验，各比色皿透射比偏差应小于 0.5%，不符合要求的比色皿不可使用； （2）拿取比色皿时，只能用手指接触两侧的毛玻璃，避免接触光学面，并注意轻拿轻放； （3）比色皿的外壁可先用吸水纸吸干，再用擦镜纸小心地向一个方向擦拭光学面
6	绘制标准曲线	以亚硝酸钠含量（μg）为横坐标，以吸光度为纵坐标，绘制标准曲线	

四、数据分析及处理

(一) 结果计算

试样中亚硝酸钠含量按式(3-12)计算:

$$X = \frac{m_1 \times 1000}{m_2 \times \frac{V_1}{V_0} \times 1000} \tag{3-12}$$

式中 X——试样中亚硝酸钠的含量,mg/kg;

m_1——测定用样液中亚硝酸钠的质量,μg;

1000——转换系数;

m_2——试样质量,g;

V_1——测定用样液体积,mL;

V_0——试样处理液总体积,mL。

以重复性条件下获得的两次独立测定结果的算术平均值表示,结果保留两位有效数字。

(二) 精密度

在重复条件下获得的两次独立测定结果的绝对差值不得超过算术平均值的10%。

(三) 原始数据记录

将检测过程中获得的数据如实填写在原始数据记录表3-61中。

表3-61　　分光光度法测定泡菜中的亚硝酸盐的原始数据记录表

<table>
<tr><td>检测日期</td><td></td><td>样品名称</td><td></td></tr>
<tr><td>样品规格</td><td></td><td>样品状态</td><td></td></tr>
<tr><td>检测依据</td><td colspan="3"></td></tr>
<tr><td colspan="4">(一)比色皿配套性检验</td></tr>
<tr><td colspan="2">A_1 =</td><td colspan="2">A_2 =</td></tr>
<tr><td colspan="4">(二)标准工作曲线的制作</td></tr>
<tr><td colspan="4">1. 亚硝酸钠标准使用液的配制</td></tr>
<tr><td>亚硝酸钠标准溶液浓度/(μg/mL)</td><td></td><td>亚硝酸钠标准使用液浓度/(μg/mL)</td><td></td></tr>
<tr><td>稀释次数</td><td>吸取体积/mL</td><td>稀释后的体积/mL</td><td>稀释倍数</td></tr>
<tr><td>1</td><td></td><td></td><td></td></tr>
<tr><td>2</td><td></td><td></td><td></td></tr>
<tr><td colspan="4">2. 标准曲线的绘制</td></tr>
<tr><td>测量波长</td><td colspan="3"></td></tr>
</table>

续表

编号	吸取标准使用液体积/mL	亚硝酸钠的浓度/（μg/mL）	亚硝酸钠的有效含量/μg	*A*
0				
1				
2				
3				
4				
5				
6				
7				
8				
标准曲线回归方程			相关系数 *r*	

（三）样液中亚硝酸钠含量的测定

样品编号		1		2
吸光度				
测定用样液中亚硝酸钠的质量/μg				
试样质量/g				
测定用样液体积/mL				
试样处理液总体积/mL				
试样中亚硝酸钠的含量/（mg/kg）	测定值			
	平均值			
精密度/%	测定值		允许偏差	
计算公式				
产品标准/（mg/kg）				

定量分析结果：

温馨提示

1. 科学统筹时间，合理分工合作，方能提高工作效率。
2. 多练多思，规范而熟练地使用仪器，可提高检测结果的准确性。

3. 为了保护环境，需将废液倒入对应的废液桶中。

4. 遵守实验室管理规定，及时完成清洗和整理工作，保持实验室的清洁整齐。

相关知识

一、泡菜中亚硝酸盐变化的机制

在泡菜发酵过程中，因反硝化作用、同化硝酸盐还原和异化硝酸盐还原的存在，导致泡菜中亚硝酸盐的含量在发酵过程中呈现出动态变化。因硝酸盐被还原为亚硝酸盐，导致发酵初期的泡菜中亚硝酸盐含量快速升高。随着发酵的进行，亚硝酸盐的含量逐渐降低，其原因在于亚硝酸盐因反硝化作用而还原为氮气；因同化和异化硝酸盐还原而被转化成的氨，一部分在同化硝酸盐还原作用下被生物体合成机体代谢所需的含氮物质，另一部分在异化硝酸盐还原作用下作为代谢终产物排出细胞外。

二、紫外分光光度计的检测原理

分光光度法分析的原理是利用物质对不同波长光的选择吸收现象来进行物质的定性和定量分析，通过对吸收光谱的分析，判断物质的结构及化学组成。

分光光度计是根据相对测量原理工作的，即选定某一溶剂（蒸馏水、空气或试样）作为参比溶液，并设定它的透射比（即透过率 T）为 100%，而被测试样的透射比是相对于该参比溶液而得到的。透射比（透过率 T）的变化和被测物质的浓度有一定函数关系，在一定的范围内，它符合朗伯-比尔定律：

$$A = \lg\frac{I_0}{I} = \lg\frac{1}{T} = Kbc \tag{3-13}$$

式中 A——被测溶液的吸光度；

K——溶液的吸光系数；

b——液层厚度（光程长度），cm；

c——被测溶液的浓度；

I_0——光透过参比测试样后照射到光电转换器上的强度（入射光的强度）；

I——光透过被测试样后照射到光电转换器上的强度（透射光的强度）；

T——透射比。

朗伯-比尔定律只在一定浓度范围内适用，因为浓度过高或过低，溶液都会发生电离或聚合而产生误差。

一般供试样品溶液的吸光度读数，以 0.3~0.7 的误差较小。

三、紫外可见分光光度计的使用（以美普达 NU-1800PC 为例）

1. 仪器准备

紫外可见分光光度计准备的方法及要求如表 3-62 所示。

表 3-62　　紫外可见分光光度计准备的方法及要求

序号	步骤	操作方法	要求
1	开机自检	打开仪器电源开始自检	自检前，确认仪器光路中无阻挡物；自检时，关上样品室盖
2	预热	（1）仪器自检完成后进入预热状态，打开样品室盖，预热 30min； （2）按“ENTER”键，跳过预热过程后，自动进入主界面	（1）预热使仪器达到稳定状态，确保检测结果的准确性； （2）打开盖子时，压杆弹起，挡光片挡住光路，光电池不会接收到光信号，从而延长仪器的寿命
3	校正波长	按“▽”键，选择“系统应用”，按“ENTER”键后，利用“▽”键，选择“波长校正”，按“ENTER”键，仪器会自动完成波长校正；按“RETURN”键返回主界面	为了保证仪器的精度，首次使用前需校正波长
4	确认比色皿	在将样品移入比色皿前先确认比色皿是干净、无残留物的	测试波长小于 400nm 时，只能用石英比色皿

2. 联机

紫外可见分光光度计联机的方法及要求如表 3-63 所示。

表 3-63　　紫外可见分光光度计联机的方法及要求

序号	步骤	操作方法	要求
1	运行软件	先将“USB 钥匙”插入电脑的 USB 口，打开 M. Wave Professional 软件	双击软件图标
2	联机	在弹出的“选项”窗口中，点击“通讯”，然后单击“搜索”按钮，软件搜索到仪器端口后，显示“设备已找到”，按“联机/脱机”按钮连接后，单击“确定”按钮，完成识别；单击软件左上方的“联机/脱机”快捷键按钮，完成联机	联机后该图标处于选中状态，软件获得仪器的控制权；再按可释放主机
3	设置用户信息	单击“视图”→“选项”菜单，弹出“选项”窗体，单击“用户信息”标签，选中并输入相关用户信息，单击“确定”保存设置	可输入项目、用户、组织、备注、日期等用户信息 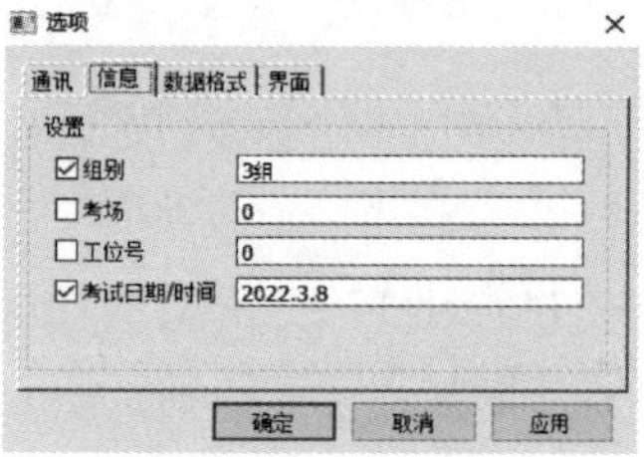

续表

序号	步骤	操作方法	要求
4	设置数据格式	单击“视图”⟶“选项”菜单，弹出“选项”窗体，单击“数据格式”标签，选择各测量结果的显示格式，单击“确定”保存设置 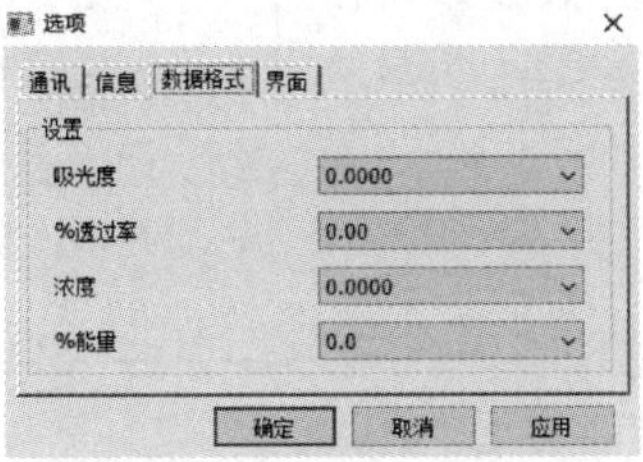 	可设置吸光度、透过率、浓度、能量 4 个数据的小数点保留位数 吸光度：0.00~0.000000 透过率：0~0.0000 浓度：0.0~0.000000 能量：0.0~0.0000

3. 比色皿配套性检验

比色皿配套性检验的方法及要求如表 3-64 所示。

表 3-64　　比色皿配套性检验的方法及要求

序号	步骤	操作方法	要求
1	比色皿准备	将完整、清洁干净的比色皿用蒸馏水润洗 3 次，装入 2/3~3/4 体积蒸馏水，置于样品室内	（1）比色皿内壁不能有气泡； （2）比色皿外壁吸干水分，光学面用擦镜纸沿同一方向擦拭； （3）比色皿光学面对准光路； （4）沿毛玻璃面倾斜，慢慢倒掉比色皿中的蒸馏水，将比色皿口朝下放在干净的滤纸上吸干剩余蒸馏水
2	对准光路	盖上样品室盖，以距离操作者最近的一只比色皿为参比，拉动样品槽拉动杆将参比位置的比色皿置于光路中	
3	背景校准	单击右键，选择校准背景	此时参比比色皿的吸光度为 0.0000，透过率为 100.00%
4	对比透射比	依次将其余 3 个比色皿置于光路中，读取其透射比	各比色皿透射比偏差小于 0.5%，即可配套使用

4. 光谱扫描

紫外可见分光光度计光谱扫描的方法及要求如表 3-65 所示。

表 3-65　　紫外可见分光光度计光谱扫描的方法及要求

序号	步骤	操作方法	要求
1	建立光谱扫描	单击“光谱扫描”键  ，建立一个光谱扫描	（1）文件-新建-光谱扫描； （2）直接单击左边的快捷键

续表

序号	步骤	操作方法	要求
2	设置扫描参数	单击“光谱扫描设置”快捷键，设置波长扫描参数	（1）光度模式：吸光度（*A*）； （2）参数：起始（nm）700 终止（nm）400 间隔（nm）1.0； （3）扫描模式：重复（R）1； （4）响应模式：慢速； （5）显示：最大 1.0000 最小 0.0000
3	扫描基线	将参比置于光路中，单击 ，弹出“基线”对话框，单击“扫描”开始扫描基线	单击“取消”中断扫描并退出
4	样品扫描	将待测样品置于光路中，单击快捷工具栏上“开始”键  开始扫描	想要中断单击“取消”键 ，停止扫描
5	确定最大吸收波长	根据数据表，找出最大吸收波长	

5. 定量分析

紫外可见分光光度计定量分析的方法及要求如表 3-66 所示。

表 3-66　紫外可见分光光度计定量分析的方法及要求

序号	步骤	操作方法	要求
1	建立定量分析	单击“定量分析”键 ，建立一个定量分析	（1）文件-新建-定量分析； （2）直接单击左边的快捷键
2	设置定量测试参数	单击快捷工具栏上“设置”键 ，设置定量测试参数后，单击“确定”按钮，完成设置	（1）测试方法：单波长法； （2）浓度单位：μg/mL； （3）拟合方式：一阶； （4）标准样品标定法； （5）标准样品数量：9； （6）浓度 1~9 分别为 0，0.02，0.04，0.06，0.08，0.10，0.15，0.20，0.25μg/mL
3	背景校准	将参比置于光路中，单击“操作”键，选择校准背景	此时参比比色皿的吸光度为 0.0000，透过率为 100%
4	标准曲线的建立	将待测标准样品按照浓度由低到高的原则，依次置于光路中，单击快捷工具栏上“开始”键测定吸光度	当所有标准样品完成测试后，软件将自动绘制出标准曲线，并显示一阶方程式和相关系数
5	样品检测	将待测样品置于光路中，单击快捷工具栏上“开始”键进行测试	吸光度将显示在结果列表中，并自动计算出样品的浓度

续表

序号	步骤	操作方法	要求
6	数据保存	单击“样品名称”单元格，编辑样品名称；单击快捷工具栏的“保存”图标，输入文件名后，保存检测结果	
7	比色皿清洗	完成样品检测后，取出比色皿，用蒸馏水清洗，倒置吸干蒸馏水，并擦拭干净	每次测量结束或溶液更换后，需要对比色皿进行及时清洗，否则比色皿壁上的残留溶液会引起测量误差
8	关机	关闭样品室盖，关机，切断电源，盖上防尘罩	

四、比色皿的洗涤

比色皿进行清洗，只能按照各种试剂，采用能溶解中和的方法来进行清洗，原则上一是不能损坏比色皿的结构和透光性能；二是能够采用中和溶解的方法来达到比色皿干净如初的效果。

1. 根据测定溶液的特点选择洗液

采用自来水和蒸馏水无法洗净的比色皿，应合理利用试剂洗涤。若测定溶液是酸，就用弱碱溶液洗；若测定溶液是碱，可用弱酸溶液洗；若测定溶液是有机物质，用有机溶剂，比如酒精等溶液洗。

2. 不可用铬酸洗液洗涤

分析常用的铬酸洗液不宜用于洗涤比色皿，这是因为带水的比色皿在该洗液中有时会局部发热，致使比色皿胶接面裂开而损坏。同时经洗液洗涤后的比色皿还很可能残存微量铬，其在紫外区有吸收，因此会影响铬及其他有关元素的测定。一般主张使用硝酸和过氧化氢（5∶1）的混合溶液泡洗，然后用水冲洗干净。

考核评价

通过小组自评、组间互评、教师评价，根据课前学习任务的完成情况评价自学能力，根据课中关键操作点的规范性评价操作技能，根据沟通交往、解决问题、时间管理、科学严谨的表现评价工作素养，根据实训报告、课后测试评价课后巩固提升。

分光光度法测定泡菜中的亚硝酸盐（考核评价表）

分光光度法测定泡菜中的亚硝酸盐（课后测试题）

项目五

薯片的检测

任务二十四　石墨炉原子吸收光谱法测定薯片中的铅

案例导入

2006年，甘肃天水市某村庄一名14岁男孩到村边小河游泳，不久以后，该男孩全身陆续出现了红疱，到后来发展到流脓，嘴周围发青，伴随脸色发黄，肚子坠痛，厌食、呕吐症状，医生诊断为铅中毒。联想到近几年该村大多孩子都出现同一种症状：脸色发黄、厌食，村民们把50名孩子送到当地医学微量元素研究所做化验，结果显示这50名孩子体内全部铅超标。经分析，附近铅工厂污染了水源，直接导致饮用水和生长的农作物铅超标，从而危害到附近村民身体健康。铅进入人体后很难排出，并且其半衰期长达14年之久。长期摄入的铅可在体内不断蓄积，对神经、心血管、骨骼以及肝、肾等产生持续危害。

根据国家市场监督管理总局关于8批次食品不合格情况的通告〔2018年　第20号〕，在抽检的45批次薯类和膨化食品中，锦江麦德龙现购自运有限公司北京立水桥商场销售的标称深圳市洋一食品有限公司经销的UCA木薯片（原味，原产国：马来西亚），铅（以Pb计）检出值为1.63mg/kg，比国家标准规定（不超过0.5mg/kg）高出2.26倍。依据《中华人民共和国食品安全法》第一百二十六条第一款第（三）项及第一百二十四条第一款第（一）项的规定，北京市朝阳区食品药品监督管理局决定处以警告处罚，并没收违法所得594元，罚款5.1万元。

任务描述

组织蓬松、口感酥脆的薯片是一种深受青少年喜爱的膨化食品。在加工过程中，物料需要通过金属管道，在高温下，设备或管道中所含的重金属会被汽化，从而导致产品被污染。食品中污染物是指食品在生产、加工、包装、储存、运输、销售，直至食用等过程中产生的或由环境污染带入的、非有意加入的化学性危害物质，GB 2762—2022《食品安全国家标准　食品中污染物限量》规定了这类物质的限量指标。我们食用的薯片中是否含有污染物铅，含量是多少，是否在限量范围内？请独自查询相关标准和资料、参与话题讨论，制订石墨炉原子吸收光谱法测定薯片中铅的实验方案，并完成样品检测。

学习目标

❖ 知识目标

1. 了解铅在膨化食品中的限量要求。

2. 了解检测标准GB 5009.12—2023《食品安全国家标准　食品中铅的测定》第一法石墨炉原子吸收光谱法，理解检测原理。

3. 掌握湿法消解，了解常用的几种氧化性强酸的区别和适用情况。

❖ 技能目标

1. 能够准确完成铅标准系列工作溶液配制，标准曲线线性相关系数满足要求。

2. 能够独立完成试样制备、湿法消解操作，熟悉仪器测定分析步骤。
3. 能准确计算样品中铅含量，进行精密度分析。

❖ 素质目标

1. 提高食品安全防范意识。
2. 遵守实验室规程，自觉落实安全措施，不断提升安全意识和环保意识。
3. 具有善于沟通、默契配合的团队协作精神。
4. 养成规范操作，如实记录的习惯，保持科学严谨的态度。
5. 养成自觉维护工位，保持实验室整洁与卫生的习惯。

课前准备

1. 学习资源准备

通过网络获取 GB 5009.12—2023《食品安全国家标准　食品中铅的测定》第一法相关资料。

2. 完成预习任务

（1）阅读标准文件，小组合作初拟检测方案。

（2）遵循够用节约的原则，设计试剂的配制量，汇总所需仪器设备的规格和数量。

（3）参与话题讨论：薯片中铅的主要来源有哪些？

思政园地

因食品安全违法被吊销许可证的企业，其法定代表人、直接负责的主管人员和其他直接责任人员，自处罚决定作出之日起五年内不得担任食品安全总监、食品安全员。因食品安全犯罪被判处有期徒刑以上刑罚的人员，终身不得担任食品安全总监、食品安全员。

——《企业落实食品安全主体责任监督管理规定》第七条

必备知识

1. 限量标准

薯片中铅的限量指标如表 3-67 所示。

表 3-67　薯片中铅的限量指标

品类	检测项目	限量值（以 Pb 计）/（mg/kg）	标准依据
膨化食品	铅	0.5	GB 2762—2022《食品安全国家标准 食品中污染物限量》

2. 检测标准

GB 5009.12—2023《食品安全国家标准　食品中铅的测定》第一法：石墨炉原子吸收光谱法。

3. 检测原理

试样用湿法消解处理后，经石墨炉原子化，在 283.3nm 处测定吸光度，在一定浓度范围内铅的吸光度与铅含量成正比，通过与标准系列比较定量。

任务实施

一、仪器设备准备

石墨炉原子吸收光谱法测定薯片中的铅所需仪器设备如表 3-68 所示。

表 3-68　所需仪器设备

序号	物品名称	规格	数量	用途
1	原子吸收光谱仪	配石墨炉原子化器，附铅空心阴极灯	1	测定铅含量
2	分析天平	感量 1mg	1	样品称重
3	可调式电热板		1	消解加热设备
4	粉碎机		1	粉碎薯片，制备试样
5	锥形瓶	150mL	3	盛装薯片试样，用于消煮
6	单道移液枪（带枪头）	10mL	1	消解过程加硝酸
7	单道移液枪（带枪头）	1mL	1	消解过程加高氯酸
8	容量瓶	25mL	3	消化液定容
9	容量瓶	100mL	7	配制铅标准溶液
10	量筒	50mL	1	量取硝酸
11	量筒	1000mL	1	量取超纯水
12	试剂瓶	1000mL	1	储存硝酸溶液
13	单标吸量管	1mL	1	移取铅标准溶液
14	分度吸量管	5mL	1	移取铅标准溶液

二、试剂配制

（一）试剂清单

石墨炉原子吸收光谱法测定薯片中的铅所需试剂如表 3-69 所示。

表 3-69　所需试剂

序号	试剂名称	级别/浓度	作用
1	硝酸（HNO_3）	优级纯	湿法消解用酸
2	高氯酸（$HClO_4$）	优级纯	湿法消解用酸
3	铅标准储备液	100μg/mL，具有标准物质证书	配制铅标准系列溶液

（二）配制方法

1. 硝酸溶液（5%）

量取50mL硝酸，缓慢加入到950mL水中，混匀。

2. 铅标准中间液（1.00μg/mL）

准确吸取1.00mL铅标准储备液（100μg/mL）于100mL容量瓶中，用硝酸溶液（5%）定容至刻度，混匀。

3. 铅标准系列溶液

分别吸取铅标准中间液（1.00μg/mL）0，0.50，1.00，2.00，3.00，4.00mL于100mL容量瓶中，用硝酸溶液（5%）定容至刻度，混匀，得到铅标准系列溶液的质量浓度分别为0，5.00，10.0，20.0，30.0，40.0μg/L。

注：可根据仪器的灵敏度以及样品中铅的实际含量确定标准系列溶液中铅的质量浓度。

三、操作步骤

薯片中铅的检测样品处理方法及要求如表3-70所示。

表3-70　　薯片中铅的检测样品处理方法及要求

序号	步骤	操作方法	要求
1	样品制备	将全部薯片粉碎，装入塑料瓶中。若样品较多，可混匀后，按四分法缩分，得到检测试样	样品充分混合，科学缩分，使样品具有代表性，使检测结果更真实有效
2	称样	称取0.5~2g（精确至0.001g）试样两份，分别置于150mL锥形瓶中，做好标记	（1）注意天平的正确使用，预热，检查水平，归零，读数稳定； （2）根据样品中铅的含量水平调整称样量
3	加消解液	在样品锥形瓶中加入10mL硝酸和0.5mL高氯酸	样品提前加硝酸浸泡，再加热硝煮，消解更容易
4	加热消化	（1）在可调式电热板上消解，消解温度逐步升高（参考条件：120℃消解0.5~1h，升至180℃消解2h左右，最后升至220℃消解）； （2）至冒白烟（消解终点），此时消化液无色透明或略带黄色，停止消解，取下锥形瓶	（1）刚开始消解温度不宜过高，防止炭化。硝酸沸点130℃，高氯酸沸点200℃以上，所以消解温度可从100℃逐步升至200℃，根据具体情况调整； （2）若消化液呈棕褐色，再加少量硝酸，继续消解； （3）消解过程中如果出现炭化，应取下锥形瓶放置至室温，再添加混合酸消解； （4）消解过程中避免烧干，否则铅测定含量偏低； （5）有条件的可用刻度消化管在可调式电热炉上进行消解
5	定容	待锥形瓶冷却至室温后，将消化液转移至25mL容量瓶中，超纯水定容，备测	务必使锥形瓶冷却后再转移，定容，否则温度会引起体积变化，造成测量结果偏差
6	空白试验	样品消解同时做试剂空白试验（除不加样品外，消解过程与样品相同）	

四、仪器测定

（一）仪器条件

根据所用仪器性能调至最佳状态，参考条件如表 3-71 所示。

表 3-71　石墨炉原子吸收光谱仪测定条件

波长/nm	狭缝/nm	灯电流/mA	干燥	灰化	原子化
283.3	0.5	8~12	85~120℃/40~50s	750℃/20~30s	2300℃/4~5s

（二）标准曲线制作

按质量浓度由低到高顺序依次将 10μL（可根据所使用仪器确定最佳进样量）铅标准系列溶液注入石墨炉，原子化后测定其吸光度，以吸光度为纵坐标、浓度为横坐标作图，得到标准曲线回归方程。

（三）试样溶液测定

在与测定标准溶液相同的仪器条件下，将 10μL（可根据所使用仪器确定最佳进样量，与标准溶液一致）空白溶液、试样溶液分别注入石墨炉，原子化后测定其吸光度，根据标准曲线得到试样浓度。

五、数据分析及处理

（一）结果计算

1. 试样中铅含量按式（3-14）计算：

$$X_1 = \frac{(\rho_1 - \rho_0) \times V_1}{m_1 \times 1000} \tag{3-14}$$

式中　X_1——试样中铅的含量，mg/kg；

ρ_1——试样溶液中铅的质量浓度，μg/L；

ρ_0——空白溶液中铅的质量浓度，μg/L；

V_1——试样消化液的定容体积，mL；

m_1——称取样品的质量，g；

1000——单位换算系数。

2. 若选择仪器自动扣除试剂空白背景，则试样中铅含量（X_2）按式（3-15）计算：

$$X_2 = \frac{\rho_2 \times V_2}{m_2 \times 1000} \tag{3-15}$$

式中　ρ_2——扣除空白背景后，得到的试样溶液中铅的质量浓度，μg/L；

V_2——试样消化液的定容体积，mL；

m_2——称取样品的质量，g；

1000——单位换算系数。

测定结果用平行测定的算术平均值表示，当铅含量≥1.00mg/kg 时，计算结果保留三位有效数字；当铅含量<1.00mg/kg 时，计算结果保留两位有效数字。

（二）精密度

样品中铅含量大于 1mg/kg 时，在重复性条件下获得的两次独立测定结果的绝对差值不得超过算术平均值的 10%；小于或等于 1mg/kg 且大于 0.1mg/kg 时，在重复性条件下获得的两次独立测定结果的绝对差值不得超过算术平均值的 15%；小于或等于 0.1mg/kg 时，在重复性条件下获得的两次独立测定结果的绝对差值不得超过算术平均值的 20%。

（三）原始数据记录

将检测过程中获得的数据如实填写在原始数据记录表 3-72 中。

表 3-72　　石墨炉原子吸收光谱法测定薯片中铅的原始数据记录表

<table>
<tr><td>样品名称</td><td colspan="2"></td><td>样品状态</td><td></td><td>检测时间</td><td></td></tr>
<tr><td>检测人员</td><td colspan="2"></td><td>环境温度/℃</td><td></td><td>环境湿度/%</td><td></td></tr>
<tr><td>检测依据</td><td colspan="6"></td></tr>
<tr><td colspan="7">仪器条件</td></tr>
<tr><td>仪器型号</td><td colspan="3"></td><td rowspan="4">原子化条件</td><td>干燥</td><td></td></tr>
<tr><td>灯电流</td><td colspan="3"></td><td>灰化</td><td></td></tr>
<tr><td>波长</td><td colspan="3"></td><td>原子化</td><td></td></tr>
<tr><td>狭缝</td><td colspan="3"></td><td>清洗</td><td></td></tr>
<tr><td colspan="7">数据记录与结果计算</td></tr>
<tr><td rowspan="2">标准系列溶液质量浓度/（μg/L）</td><td>1</td><td>2</td><td>3</td><td>4</td><td>5</td><td>6</td></tr>
<tr><td></td><td></td><td></td><td></td><td></td><td></td></tr>
<tr><td>标准曲线回归方程</td><td colspan="3"></td><td>相关系数 r</td><td colspan="2"></td></tr>
<tr><td colspan="7">样品的测定</td></tr>
<tr><td>样品编号</td><td colspan="3">1</td><td colspan="3">2</td></tr>
<tr><td>样品质量/g</td><td colspan="3"></td><td colspan="3"></td></tr>
<tr><td>定容体积/mL</td><td colspan="3"></td><td colspan="3"></td></tr>
<tr><td>空白溶液铅的质量浓度/（μg/L）</td><td colspan="3"></td><td colspan="3"></td></tr>
<tr><td>试样溶液铅的质量浓度/（μg/L）</td><td colspan="3"></td><td colspan="3"></td></tr>
<tr><td>试样中铅含量/（mg/kg）</td><td colspan="3"></td><td colspan="3"></td></tr>
<tr><td>试样中铅平均含量/（mg/kg）</td><td colspan="6"></td></tr>
<tr><td>精密度/%</td><td>测定值</td><td colspan="2"></td><td>允许偏差</td><td colspan="2"></td></tr>
<tr><td>计算公式</td><td colspan="6"></td></tr>
<tr><td colspan="7">结论：</td></tr>
</table>

温馨提示

1. 本项目涉及高浓度强酸、高温操作，操作者应穿戴好防护用品，规范操作，防止被腐蚀或烫伤，做好保护措施，确保安全。

2. 湿法消解应在通风橱中进行，避免酸蒸气对人体的伤害。

3. 秉承科学严谨的作风，如实记录数据，细致分析结果。

4. 所有废弃物放入指定存放位置，废液倒入对应的废液桶中。

5. 遵守实验室管理规定，及时完成清洗和整理工作，保持实验室的清洁整齐。

相关知识

GB 5009.12—2023《食品安全国家标准　食品中铅的测定》中食品铅测定的方法及适用对象

石墨炉原子吸收光谱法、电感耦合等离子体质谱法和火焰原子吸收光谱法均适用于各类食品。

考核评价

通过小组自评、组间互评、教师评价，根据课前学习任务的完成情况评价自学能力，根据课中关键操作点的规范性评价操作技能，根据沟通交往、解决问题、时间管理、科学严谨的表现评价工作素养，根据实训报告、课后测试评价课后巩固提升。

石墨炉原子吸收光谱法测定薯片中的铅（考核评价表）

石墨炉原子吸收光谱法测定薯片中的铅（课后测试题）

技能拓展

原子吸收分光光度计（石墨炉法）的使用（以 PerkinElmer AA800 为例）

1. 使用前的准备

PerkinElmer AA800 原子吸收分光光度计使用前的准备要求如表 3-73 所示。

表 3-73　PerkinElmer AA800 原子吸收分光光度计使用前的准备要求

序号	步骤	操作方法	要求
1	装灯	选定和安装需要的空心阴极灯或无极灯，以空心阴极灯为例：打开灯室，将 Lumina 灯小心滑进灯架（插头要全部滑进灯架上插座），关上灯室盖子	（1）开机前必须已有一只空心阴极灯在灯架上； （2）不要碰灯的窗口，汗水或其它沾污会降低辐射强度
2	开机流程	开启通风系统，打开空气压缩机，打开氩气气阀，打开循环冷却水，打开电脑，待准备就绪，开仪器主机，石墨炉自动进样器进行自检	（1）空压机输出压力至约 450kPa； （2）氩气瓶气阀调节至 0.35~0.4MPa； （3）待空压机达到额定压力后，再开仪器主机

续表

序号	步骤	操作方法	要求
3	仪器自检	单击电脑桌面 AA Winlab 快捷图标，联机，仪器对光栅、马达等进行自检	屏幕上出现 Select Workspace 画面表明自检通过

2. 仪器设置

PerkinElmer AA800 原子吸收分光光度计仪器设置方法如表 3-74 所示。

表 3-74 PerkinElmer AA800 原子吸收分光光度计仪器设置方法

序号	步骤	操作方法	要求
1	选择原子化器	单击“File”菜单上“Change Technique”，选择石墨炉（Furnace）。若不需要转换，直接点击“Menus and Toolbar”进入工作界面	转换原子化器前，需确保： （1）自动进样器已从原子化器室前旋转至旁边位置； （2）雾化器管子没有接任何附件
2	点灯	（1）关闭分析窗口（Auto） （2）单击“Lamp”菜单，点亮测定元素的灯，同时调节波长狭缝等条件到设定状态，预热待测元素的灯 注：PE 公司的灯会自动识别，并推荐一个使用条件，非 PE 公司的灯，需手动输入使用条件	灯点亮后若在反光镜中不能看到完整的光斑，需要进行石墨炉位置优化，通过“Tools”⟶“Atomizer Position”⟶“OptimizePosition”实现
3	方法编辑	从 Tools 菜单“Method Editor”进入方法编辑窗口，建立一个新的方法，或修正一个存档方法： （1）“Inst”设置仪器参数； （2）“Calib”编辑校正信息； （3）“Furnace”设置石墨炉程序； （4）保存	（1）选择建立方法的基础时，一般选择推荐条件即可； （2）在设置校正信息时，Standard Concs 窗口设置，空白永远放在 1 号位； （3）保存方法后若出现警告提示需返回检查有无错漏

3. 样品测定

PerkinElmer AA800 原子吸收分光光度计测定样品的方法及要求如表 3-75 所示。

表 3-75 perkinElmer AA800 原子吸收分光光度计测定样品的方法及要求

序号	步骤	操作方法	要求
1	测定	（1）在自动分析窗口（Auto），选择分析方法，选择数据结果文件储存路径和文件名，输入分析试样在自动进样器上的位置； （2）设置完成后，单击“Auto”下的次级窗口“Analyze”，可选择性分析所有设置位置样品（标准和样品）、分析校正曲线（方法中设置的校正标准品）、分析样品	（1）分析前需校正自动进样针位置，使进样到石墨管中呈均匀且连续的液滴状，通过“Furnace”⟶“Align tip”实现； （2）设置的分析试样排列顺序与样品位置应与实际放置情况相符合，否则进样位置错位，结果有误； （3）校正曲线进样按标准溶液浓度从低到高顺序进行； （4）待测样品响应信号应在标准溶液线性范围内，否则需稀释样品或重新配制标准曲线，再上机测试

续表

序号	步骤	操作方法	要求
2	清洗	测试完毕后用蒸馏水冲洗石墨炉自动进样器系统，关闭空心阴极灯。	测定了高浓度试液后最好空烧一次石墨管，除去残留
3	打印报告	从“File” ⟶ “utility” ⟶ “Reporter” 进入专用报告界面，调出数据文件，选择需要的报告格式，可预览或打印	仪器可自动零点校正，根据校正曲线计算样品浓度，并显示在结果报告中
4	关机	退出分析工作站系统，关闭主机电源、关闭计算机、关闭氩气保护气、在关闭空气压缩机和室内排风系统、切断实验室电源，最后倒掉自动进样器的废液	

模块四

粮油制品检测

背景资料

粮食事关国运民生，粮食安全是国家安全的重要基础。党的十八大以来，以习近平同志为核心的党中央把解决好十几亿人口的吃饭问题作为治国理政的头等大事，提出了新粮食安全观，确立了国家粮食安全战略。党的二十大报告提出“全方位夯实粮食安全根基”“确保中国人的饭碗牢牢端在自己手中”。2023 年全国粮食总产量达 13908.2 亿斤（6.95 亿 t），比上年增加 177.6 亿斤，增长 1.3%，粮食产量连续 9 年稳定在 1.3 万亿斤（6.5 亿 t）以上。6.5 亿 t 是中国粮食供需平衡的临界点，意味着粮食总体供需平衡、比较稳定安全。目前，中国的粮食产量已经牢牢站稳 6.5 亿 t 的安全平台，正是处于历史上粮食安全性最好的时期，做到了把中国人的饭碗牢牢端在自己手中，而且里面主要装中国粮。我国是全球重要的油料生产和消费大国，油料作物是仅次于粮食作物的第二大农作物，其中棉籽、大豆、油菜籽、花生四类油料作为我国主要油料种植品种，2022 年中国油料产量达 3654.21 万 t（不包括 2028.35 万 t 大豆）、油菜籽、花生两类油料产量占比为 92.7%。粮油检测是粮油行业在收购、销售、调运、储藏、加工、进出口等各环节的重要组成部分，在保证粮油市场稳定方面起到关键性的作用。粮油质量出了问题，不仅会给粮油经营者在经济上造成损失，也会给社会带来不安定因素。

项目一

小麦粉的检测

任务二十五 灼烧称重法测定小麦粉中的总灰分

案例导入

灰分是面粉分等定级的主要指标之一。小麦中胚乳的灰分为 0.35%~0.55%，而在麸皮与糊粉层灰分高达7.5%~10.8%，胚的灰分在5.0%~6.7%，小麦的总灰分在1.5%~2.2%。面粉的加工精度越高，去皮程度越大，含麸皮量就越少，纤维素含量也就越少，灰分也相应降低。因此，实际使用中，面粉灰分的高低会影响面粉的内在品质和使用性能。

在工业化生产过程中，常常出现面粉成品灰分超标的情况。究其原因，主要分为人为因素和设备因素。因选用了自身灰分含量高的小麦、小麦清理不彻底、润麦时水分调节不当等人为因素的存在，会使本应清除的杂质混入小麦中而导致灰分超标。因高方筛的筛网配备过稀或破裂、更换过多的新齿辊、磨辊技术参数配备不合理等设备因素的存在，都会使过多的麸皮进入面粉，导致灰分超标。因此，确保人员在使用设备进行原料加工时，注意尽量选择好的原料，并进行有效的清理，注意严格遵守设备使用规范，定期检查设备是否异常，及时解决问题，才能确保面粉的高品质。

任务描述

小麦粉灰分就是面粉高温灼烧后的残留物质量占灼烧前面粉质量的百分比，它是描述面粉精度的一个参数，一般情况下，品质高的面粉灰分低，反之，粗粉、全麦粉等加工精度低的面粉灰分高。请独自查询资料、学习国家标准、参与话题讨论，合作制订检测方案并完成样品检测。

学习目标

❖ 知识目标

1. 知道灼烧称重法测定小麦粉中总灰分含量的标准依据，理解检测的原理。
2. 了解检测所需的试剂和仪器设备。
3. 掌握坩埚的前处理方法。
4. 掌握样品炭化、灰化、恒重的操作程序及要求。

❖ 技能目标

1. 能够根据国家标准完成试剂的配制和仪器的准备。
2. 能根据样品进行坩埚前处理。
3. 能够根据检测方案完成样品总灰分的测定
4. 能根据记录的数据进行结果计算和精密度分析。

❖ 素质目标

1. 树立食品安全标准意识和保护环境的意识。
2. 形成规范操作意识和团队合作精神。
3. 具有实事求是、科学严谨的工作态度。
4. 养成自觉维护工位及实验室整洁与卫生的习惯。

课前准备

1. 学习资源准备

通过网络获取GB 5009.4—2016《食品安全国家标准　食品中灰分的测定》第一法，以及扫码获取视频《食品中灰分的测定》。

食品中灰分的测定（视频）

2. 完成预习任务

（1）阅读相关标准文件，观看操作视频，小组合作初拟检测方案。

（2）遵循够用节约的原则，计算样品用量，汇总所需仪器设备的规格和数量。

（3）参与话题讨论：为什么要测定食品中的总灰分？

思政园地

粮食安全是“国之大者”。悠悠万事，吃饭为大。

——习近平（2022年3月，在看望出席全国政协十三届五次会议的农业界、社会福利和社会保障界委员并参加联组会时的讲话）

必备知识

1. 食品中的灰分

食品经灼烧后所残留的残渣（主要为无机盐和氧化物），称为灰分。食品中的灰分与其中存在的无机成分在数量和组成上并不完全相同，因为食品在灰化过程中，某些易挥发元素，如氯、碘、铅等挥发散失，或者如磷、硫等以含氧酸的形式挥发散失，这使测定的灰分中的无机成分与真实值相比减少。其次，某些金属氧化物会吸收有机物分解产生的二氧化碳而形成碳酸盐，又使无机成分增多。

2. 产品标准

不同品类小麦粉中灰分的质量标准如表4-1所示。

表4-1　小麦粉中灰分的质量标准

序号	品类	灰分/（%，以干物质计）	标准依据
1	精细粉	≤0.70	GB/T 1355—2021《小麦粉》
2	标准粉	≤1.10	
3	普通粉	≤1.60	
4	一级高筋粉	≤0.70	GB/T 8607—1988《高筋小麦粉》
5	二级高筋粉	≤0.85	
6	一级低筋粉	≤0.60	GB/T 8608—1988《低筋小麦粉》
7	二级低筋粉	≤0.80	

3. 检测标准

GB 5009.4—2016《食品安全国家标准　食品中灰分的测定》第一法。

4. 检测原理

食品经灼烧后所残留的无机物质为灰分。灰分数值系用灼烧、称重后计算得出。

任务实施

一、仪器设备准备

灼烧称重法测定小麦粉中的总灰分所需仪器设备如表4-2所示。

表 4-2　所需仪器设备

序号	仪器名称	规格	数量	用途
1	高温炉	≥950℃	1	灼烧
2	分析天平	0.0001g	1	称量
3	坩埚	30mL	3	盛装样品
4	干燥器		1	冷却
5	电热板/电炉		1	炭化
6	量筒	25mL	1	量取浓盐酸
7	烧杯	200mL	1	配制盐酸溶液

二、试剂准备

1. 试剂清单

灼烧称重法测定小麦粉中的总灰分所需试剂如表 4-3 所示。

表 4-3　所需试剂

试剂名称	作用
盐酸（HCl）	清洗坩埚

2. 配制方法

10%盐酸溶液：量取 24mL 分析纯浓盐酸用蒸馏水稀释至 100mL。

三、操作步骤

1. 坩埚前处理

用于灰分测定的坩埚前处理的方法及要求如表 4-4 所示。

表 4-4　坩埚前处理的方法及要求

序号	步骤	操作方法	要求
1	热酸洗涤	用沸腾的稀盐酸洗涤坩埚	可将稀盐酸倒在坩埚中，盖好盖子煮沸数分钟
2	自来水洗涤	酸洗之后用大量的自来水洗涤	将酸洗后的坩埚放置一段时间，待自然冷却后再用大量自来水清洗
3	蒸馏水洗涤	用蒸馏水将坩埚冲洗干净	分多次清洗，将坩埚洗净
4	编号	用铅笔对坩埚进行编号	也可使用 1：1 的 15%三氯化铁溶液和蓝墨水混合液

续表

序号	步骤	操作方法	要求
5	灼烧	将洗净的坩埚置于高温炉（900±25）℃下灼烧30min	把坩埚放入已升温至900℃的高温炉时，要放在炉口停留片刻，使坩埚预热，防止因温度剧变而使坩埚破裂
6	冷却	将灼烧后的坩埚放至干燥器内冷却至室温	将坩埚从高温炉取出放入干燥器前需在炉口预冷
7	称量	将在干燥器内冷却至室温的坩埚准确称重	精确至0.0001g

2. 样品测定

小麦粉称样、炭化、灰化、冷却、称量的操作方法及要求如表4-5所示。

表4-5　小麦粉中总灰分测定的方法及要求

序号	步骤	操作方法	要求
1	称样	迅速称取样品5~10g，精确至0.0001g。将样品均匀分布在坩埚内，不要压紧	（1）分析天平检查水平，提前预热； （2）坩埚经过前处理并已称重
2	炭化	将坩埚置于高温炉口或电热板上，半盖坩埚盖，小心加热使样品在通气情况下完全炭化至无烟	（1）炭化过程中会产生大量烟雾，故应在通风橱中操作； （2）样品炭化时要注意热源强度，防止在灼烧时因高温引起试样飞溅或炭粒包裹导致灰化不完全
3	灰化	炭化完全后即刻将坩埚放入高温炉内，将温度升高至（900±25）℃，保持此温度直至剩余的碳全部消失为止，一般1h可灰化完毕	
4	冷却	灰化完毕，冷却至200℃左右，取出，放入干燥器中冷却30min	灼烧后的坩埚应冷却到200℃以下再移入干燥器中，否则因热的对流作用，易造成残灰飞散，且冷却速度慢，冷却后干燥期内形成较大真空，盖子不易打开
5	称量	称量灼烧后的质量，直至恒重（重复灼烧至前后两次称量相差不超过0.5mg为恒重）	称量前如发现灼烧残渣有炭粒时，应向试样中滴入少许水湿润，使结块松散，蒸干水分再次灼烧至无炭粒即表示灰化完全，方可称量

四、数据分析及处理

1. 结果计算

试样中灰分的含量按式（4-1）计算：

$$X = \frac{(m_1 - m_2)}{(m_3 - m_2) \times w} \times 100 \qquad (4-1)$$

式中　X——试样中灰分的含量，以干物质计，g/100g；

m_1——坩埚和灰分的质量，g；

m_2——坩埚的质量，g；

m_3——坩埚和试样的质量，g；

w——试样干物质的含量（质量分数），%；

100——单位换算系数。

试样中灰分含量≥10g/100g时，结果保留三位有效数字；试样中灰分含量<10g/100g时，结果保留两位有效数字。

2. 精密度

在重复条件下获得的两次独立测定结果的绝对差值不得超过算术平均值的5%。

3. 原始数据记录

将检测过程中获得的数据如实填写在原始数据记录表4-6中。

表4-6　　灼烧称重法测定小麦粉中总灰分的原始数据记录表

检测日期		样品名称		样品规格	
检测依据				样品状态	
样品的测定					
样品编号		1		2	
坩埚的质量/g					
坩埚和试样的质量/g					
坩埚和灰分的质量/g					
试样中灰分的含量/（g/100g）	测定值				
	平均值				
精密度/%	测定值		允许偏差		
计算公式					
产品标准/（g/100g）					
结论：					

温馨提示

1. 为防止炭化过程中产生的可吸入颗粒物危害操作者的健康，需在通风橱中操作。
2. 高温的坩埚不可直接置于操作台上，以防烫坏台面。
3. 秉承科学严谨的作风，如实记录数据，细致分析结果。
4. 遵守实验室管理规定，及时完成清洗和整理工作，保持实验室的清洁整齐。

相关知识

1. 灰分的测定内容

食品的灰分按其溶解性还可以分为水溶性灰分、水不溶性灰分、酸不溶性灰分。水溶性灰分是一些可溶性碱金属或碱土金属的氧化物及盐类；水不溶性灰分多是灰尘、泥沙和铁、铝等氧化物及碱土金属的碱式磷酸盐；酸不溶性灰分则是水不溶性灰分中一些含硅的物质。

2. 灰分测定的意义

灰分是某些食品重要的质量控制指标，也是食品中常规的检测项目之一。

（1）食品中的灰分含量可以作为评判食品品质的重要依据　例如，生产面粉时，其加工精度可由灰分含量来表示，面粉的加工精度越高，灰分含量越低，面粉等级越高。

（2）食品中的灰分含量是评判食品营养价值的一项指标　无机盐是构成机体组织的重要成分，在维持生物体正常的代谢、酸碱平衡和渗透压方面具有重要作用，因此其含量可直接用于食品营养评估分析，而灰分是标志食品中无机成分总量的一项指标。

（3）测定食品灰分可以判断食品受污染的程度　不同的食品，因所用原料、加工方法及测定条件的不同，各种灰分的组成和含量也不相同，但当一种食品的各种条件确定后，其灰分会稳定在一定范围内。假如灰分含量超过了正常范围，则说明食品生产中出现了不合乎卫生标准要求的原料或食品添加剂，或食品在加工、储运过程中受到了污染。

3. GB 5009.4—2016《食品安全国家标准　食品中灰分的测定》中食品灰分测定的方法及适用对象

（1）第一法　适用于食品中灰分的测定（淀粉类灰分的方法适用于灰分质量分数不大于2%的淀粉和变性淀粉）。

（2）第二法　适用于食品中水溶性灰分和水不溶性灰分的测定。

（3）第三法　适用于食品中酸不溶性灰分的测定。

考核评价

通过小组自评、组间互评、教师评价，根据课前学习任务的完成情况评价自学能力，根据课中关键操作点的规范性评价操作技能，根据沟通交往、解决问题、时间管理、科学严谨的表现评价工作素养，根据实训报告、课后测试评价课后巩固提升。

灼烧称重法测定小麦粉中的总灰分（考核评价表）

灼烧称重法测定小麦粉中的总灰分（课后测试题）

项目二

大豆的检测

任务二十六 索氏抽提法（索氏抽提器）测定大豆中的游离脂肪

案例导入

大豆原产中国，古称菽，广泛栽培于世界各地，是世界上最重要的豆类，也是中国重要粮食作物之一。我国油料自给率长期偏低，虽然食用大豆完全可以自给，但满足榨油和饲用需求主要靠进口。为实施好新形势下国家粮食安全战略，积极应对复杂国际贸易环境，国家启动了大豆和油料产能提升工程，通过在东北地区推广粮豆轮作等措施，促进我国大豆生产恢复发展，提升国产大豆自给水平。2022 年，我国大豆年产量首次迈上 2000 万 t 的台阶，达到了 2029 万 t，位列全球第四；我国大豆年消费量为 1.14 亿 t 左右，虽然大豆进口量仍位居全球第一，但已从 2020 年的 10033 万 t 降至 2022 年的 9108.1 万 t。目前我国大豆油国内生产尚未满足市场需求，我国大豆油仍依赖于进口，因此粗脂肪含量在 22%以上的高油大豆是企业生产大豆油的优质原料。

任务描述

大豆中游离脂肪含量的高低对于大豆油生产企业来说尤为重要，我国大豆标准中根据大豆中脂肪含量将大豆分为了 3 个等级。请独自查询资料、学习国家标准、参与话题讨论，合作制订检测方案并完成样品检测。

学习目标

❖ 知识目标

1. 知道索氏抽提法测定大豆中的游离脂肪的标准依据，理解检测的原理。
2. 了解检测所需的试剂和仪器设备。
3. 掌握索氏抽提器的准备和安装方法。
4. 掌握样品准备、抽提、回收溶剂、干燥恒重的操作程序及要求。

❖ 技能目标

1. 能够根据国家标准完成试剂的配制和仪器的准备。
2. 能进行样品的前处理、抽提等操作。
3. 能根据记录的数据进行结果计算和精密度分析。

❖ 素质目标

1. 树立食品安全标准意识。
2. 树立安全使用试剂和设备、规范操作的意识。
3. 具有团队合作精神。
4. 树立遵纪守法、爱护环境的意识。
5. 具有严谨细致的工作态度。
6. 养成自觉维护工位及实验室整洁与卫生的习惯。

课前准备

1. 学习资源准备

通过网络获取 GB 5009.6—2016《食品安全国家标准　食品中脂肪的测定》第一法、GB 1352—2023《大豆》，以及扫码获取视频《粮油制品的检测-脂肪的测定［索氏抽提法（索氏抽提器）测定大豆中的游离脂肪］》。

粮油制品的检测-脂肪的测定［索氏抽提法（索氏抽提器）测定大豆中的游离脂肪］

2. 完成预习任务

（1）阅读相关标准文件，观看操作视频，小组合作初拟检测方案。

（2）遵循够用节约的原则，设计试剂的用量，计算样品用量，汇总所需仪器设备的规格和数量。

（3）参与话题讨论：脂肪的测定中可使用无水乙醚和石油醚作为提取剂，你认为哪一种更好？

思政园地

保障好初级产品供给是一个重大战略性问题，中国人的饭碗任何时候都要牢牢端在自己手中，饭碗主要装中国粮。

——习近平（2021 年 12 月 25—26 日在中央农村工作会议中的重要指示）

必备知识

1. 脂肪的存在形式

游离态：动物性脂肪及植物性油脂。

结合态：天然存在的磷脂、糖脂、脂蛋白及某些加工食品（如焙烤食品及麦乳精等）中的脂肪与蛋白质或碳水化合物等成分形成结合态。

对大多数食品来说，游离态脂肪是主要的，结合态脂肪含量较少。

2. 产品标准

不同等级高油大豆脂肪含量指标要求如表 4-7 所示。

表 4-7　高油大豆脂肪含量指标

等级	粗脂肪含量（干基）/%	标准依据
1	≥22.0	
2	≥21.0	GB 1352—2023《大豆》
3	≥20.0	

3. 检测标准

GB 5009.6—2016《食品安全国家标准　食品中脂肪的测定》第一法：索氏抽提法。

4. 检测原理

脂肪易溶于有机溶剂。试样直接用无水乙醚或石油醚等溶剂抽提后，蒸发除去溶剂，干燥，得到游离态脂肪的含量。

任务实施

一、仪器设备准备

索氏抽提法（索氏抽提器）测定大豆中的游离脂肪所需的仪器设备如表 4-8 所示。

表 4-8　所需仪器设备

序号	仪器名称	规格	数量	用途
1	分析天平	0.0001g	1	称量
2	索氏抽提器		3	提取脂肪
3	电热鼓风干燥箱		1	干燥
4	干燥器		1	冷却
5	接收瓶	500mL	3	盛装提取剂，接收脂肪
6	回收瓶	500mL	3	回收有机溶剂
7	恒温水浴锅		1	加热
8	磨砂玻璃棒		1	判断抽提是否结束

二、试剂准备

索氏抽提法（索氏抽提器）测定大豆中的游离脂肪所需的试剂如表 4-9 所示。

表 4-9　所需试剂

序号	试剂名称	作用
1	无水乙醚（$C_4H_{10}O$）	提取脂肪
2	石油醚（C_nH_{2n+2}）：沸程 30~60℃	提取脂肪

三、操作步骤

利用索氏抽提器测定大豆中的游离脂肪的方法及要求如表 4-10 所示。

表 4-10　索氏抽提的方法及要求

序号	步骤	操作方法	要求
1	滤纸筒的准备	（1）将滤纸裁成 8cm×15cm 大小； （2）将滤纸紧靠试管（直径 2.0cm）壁卷成圆筒型，把底端封口，内放一小片脱脂棉，用白细线扎好定型； （3）100～105℃烘箱中烘至恒量（准确至 0.0002g）	白细线：需不含油脂，也可用脱脂棉自制棉线

续表

序号	步骤	操作方法	要求
2	样品的准备	（1）取有代表性的样品至少 100g； （2）用万能粉碎机粉碎； （3）置于密闭玻璃容器内保存	密闭保存：以防样品吸收外部水分
3	称样	称取充分混匀后的试样 2～5g，准确至 0.001g，全部移入滤纸筒内，并盖上一层薄薄的脱脂棉	（1）滤纸筒应严密，不能往外漏样品； （2）筒内样品松紧要适度，否则乙醚/石油醚不易充分抽提试样脂肪造成结果偏低而产生误差
4	样品的干燥	（103±2）℃温度下烘干 2h	若使用测定水分后的样品，则无需干燥
5	索氏抽提器的准备	（1）将回流冷凝管、提脂管、提脂烧瓶清洗干净； （2）将清洗干净的冷凝管、提脂管、提脂烧瓶三部分置于 100～105℃烘箱中干燥； （3）提脂烧瓶需烘至恒量（质量差值小于 0.0002g）	
6	放滤纸筒	将装有样品的滤纸筒（滤纸包）放入索氏抽提器内	放入滤纸筒时高度不要超过回流弯管，否则超过弯管的样品中的脂肪不能提尽，造成误差
7	安装仪器	将回流冷凝管、提脂管、提脂烧瓶由下至上安装	
8	加提取剂	由冷凝管上端加入无水乙醚或石油醚（30～60℃沸程）	（1）有机溶剂的加入量约是接收瓶体积的 2/3 为宜。加溶剂至虹吸管高度以上，经过一次虹吸，然后再加至虹吸管高度 1/3 处，保证试验不断循环。提取过程中若溶剂蒸发损耗太多可从冷凝器上口小心加入适量的新溶剂补充； （2）用于抽提的乙醚应无过氧化物、无水、无醇，挥发残渣含量低
9	提取	（1）于水浴上（夏天 65℃，冬天 80℃）加热使乙醚或石油醚，不断回流提取； （2）提取结束时，用磨砂玻璃棒或滤纸接取 1 滴提取液，磨砂玻璃棒挥干后无油斑表明提取完毕	（1）在抽提时，冷凝管上端最好连接一个氯化钙干燥管，以防止空气中水分进入，也可避免提取剂挥发在空气中，如无此装置可塞一团干燥的脱脂棉球，但不能用塞子将冷凝管上端完全堵死； （2）抽提时水浴温度一般控制在提取剂刚开始沸腾即可。水温过高会使提取剂从冷凝管上端溢出，水温过低使回流速度过慢不易抽提充分。在恒温水浴中抽提，控制每分钟滴下提取剂 80～150 滴，或每小时回流 8～12 次，并视含量高低抽提 6～12h。测定脂肪含量大的样品可先将样品先回流 1～2 次，然后浸泡在溶剂中过夜，次日再继续抽提，则可明显缩短抽提时间。抽提室温度以 15～25℃为宜

续表

序号	步骤	操作方法	要求
			(3) 乙醚和石油(沸点 30~60℃)都是易燃易爆且挥发性强的物质，因此，在挥发乙醚或石油醚时，切忌用直接明火加热，应该用电热套、电水浴等。另外，乙醚具有麻醉作用，在使用乙醚时应注意室内通风换气，空气流畅
10	回收溶剂	(1) 当乙醚或石油醚在提脂管内即将虹吸时立即取下提脂管，将其下口放到盛乙醚的试剂瓶口，使之倾斜，使液面超过虹吸管，乙醚或石油醚即经虹吸管流入瓶内；按同法继续回收，将乙醚或石油醚完全蒸出； (2) 也可用旋转蒸发仪回收溶剂	(1) 控制好时机，以免溶剂回流至提取瓶中； (2) 操作速度尽量快，减少有机溶剂在空气中的挥发量
11	去溶剂	取下提脂烧瓶，于水浴上蒸去残留乙醚或石油醚	试样抽提完毕后需将接收瓶中提取剂在水浴上完全蒸发挥净后再放入烘箱中，若提取剂为乙醚，将未挥发净的接收瓶放入烘箱会有爆炸危险
12	干燥、冷却	用脱脂滤纸擦净烧瓶外部，105℃干燥 1h，取出放入干燥器内冷却 30min	提取剂完全挥净后，将提脂烧瓶放入烘箱中(100±5)℃烘干至恒重。烘干后易吸湿，因此称量要迅速
13	称量	精确至 0.001g，直至恒重(前后称量误差在±2mg 以内)	称量过程中，如质量增加时，以增重前的质量为恒重

四、数据分析及处理

1. 结果计算

试样中脂肪的含量按式(4-2)计算：

$$X = \frac{m_1 - m_0}{m_2} \times 100 \tag{4-2}$$

式中 X——试样中脂肪的含量，g/100g；

m_1——恒重后接收瓶和脂肪的质量，g；

m_0——接收瓶的质量，g；

m_2——试样的质量，g；

100——换算系数。

计算结果表示到小数点后一位。

2. 精密度

在重复条件下获得的两次独立测定结果的绝对差值不得超过算术平均值的 10%。

3. 原始数据记录

将检测过程中获得的数据如实填写在原始数据记录表 4-11 中。

表 4-11　　索氏抽提法（索氏抽提器）测定大豆中的游离脂肪

<table>
<tr><td>检测日期</td><td></td><td>样品名称</td><td></td><td>样品规格</td><td></td></tr>
<tr><td>检测依据</td><td colspan="3"></td><td>样品状态</td><td></td></tr>
<tr><td colspan="6">样品的测定</td></tr>
<tr><td colspan="2">样品编号</td><td colspan="2">1</td><td colspan="2">2</td></tr>
<tr><td colspan="2">接收瓶的质量/g</td><td colspan="2"></td><td colspan="2"></td></tr>
<tr><td colspan="2">试样的质量/g</td><td colspan="2"></td><td colspan="2"></td></tr>
<tr><td colspan="2">恒重后接收瓶和脂肪的含量/g</td><td colspan="2"></td><td colspan="2"></td></tr>
<tr><td rowspan="2">试样中游离脂肪的含量/（g/100g）</td><td>测定值</td><td colspan="2"></td><td colspan="2"></td></tr>
<tr><td>平均值</td><td colspan="4"></td></tr>
<tr><td>精密度/%</td><td>测定值</td><td></td><td>允许偏差</td><td colspan="2"></td></tr>
<tr><td colspan="2">计算公式</td><td colspan="4"></td></tr>
<tr><td colspan="2">产品标准/（g/100g）</td><td colspan="4"></td></tr>
<tr><td colspan="6">结论：</td></tr>
</table>

温馨提示

1. 石油醚易挥发、易燃易爆，提取过程中不可明火加热，室内需保持通风。
2. 废液回收应遵守实验室管理规定，将废液倒入指定的废液桶中。
3. 提脂瓶若采用常规方法清洗后仍有油污，可先加入铬酸洗液浸泡数分钟，回收洗液后再用自来水反复冲洗，最后用蒸馏水润洗 2~3 次。
4. 秉承科学严谨的作风，如实记录数据，细致分析结果。

考核评价

通过小组自评、组间互评、教师评价，根据课前学习任务的完成情况评价自学能力，根据课中关键操作点的规范性评价操作技能，根据沟通交往、解决问题、时间管理、科学严谨的表现评价工作素养，根据实训报告、课后测试评价课后巩固提升。

索氏抽提法（索氏抽提器）测定大豆中的游离脂肪（考核评价表）

索氏抽提法（索氏抽提器）测定大豆中的游离脂肪（课后测试题）

方法拓展

索氏抽提法（索氏抽提仪）测定大豆中的游离脂肪

1. 检测标准与检测原理

同索氏抽提法（索氏抽提器）测定大豆中的游离脂肪。

2. 仪器设备的准备

海能脂肪测定仪 sox406。

3. 试剂的准备

石油醚或无水乙醚。

4. 样品测定（以海能脂肪测定仪 sox406 为例）

利用索氏抽提仪测定大豆中的游离脂肪的方法及要求如表 4－12 所示。

粮油制品的检测–脂肪的测定（索氏抽提（索氏抽提仪）测定大豆中的游离脂肪（视频）

表 4-12　索氏抽提法（索氏抽提仪）测定大豆中的游离脂肪的方法及要求

序号	步骤	操作方法	要求
1	溶剂杯的准备	将溶剂杯洗净，105℃烘干 1h，取出放入干燥器内，冷却至室温，精确至 0.001g，直至恒重	恒重：前后称量误差在 0.0002g 以内
2	释放冷凝器	将冷凝器处于释放位置	
3	称样	称取充分混匀后的试样 2～5g，准确至 0.001g，全部移入滤纸筒内，然后放入滤纸架，用磁铁将滤纸架吸住	通过向下滑动滑珠带动滤纸框上移
4	加溶剂	将提取干燥、恒重的溶剂杯内加入石油醚或无水乙醚 60mL，然后置于加热板上	
5	密封	按下扳手，使密封圈压紧抽提杯，移动滑珠，把滤纸筒置于抽提杯内，使试样完全浸入溶剂内	浸泡时间为 10min
6	调滤纸框	向下滑动滑珠使滤纸框上移，处于悬空状态	
7	开机	打开电源，打开冷凝水，设置好温度与所需时间	（1）开机后按“确认”进入“加热”菜单，设置好温度与时间，按“确认”后开始加热； （2）萃取温度一般要求高于溶剂最高沸点 5～20℃（30～60℃的石油醚温度设置为 70℃）； （3）萃取时间：脂肪含量<10%的抽提时间应≥2h；脂肪含量在 10%～30%，萃取时间≥3h；脂肪含量>30%的萃取时间>4h
8	淋洗	浸提结束后，关闭冷凝管上的旋塞，将溶剂全部蒸发到冷凝管下部的储液槽中，然后打开旋塞，使溶剂留下，反复淋洗几次	（1）将冷凝管下部的回流开关旋塞转至水平，呈关闭状态； （2）当溶剂积累到一定量时在打开旋塞，溶剂瞬间大量流下冲洗滤纸框反复淋洗 3 次，确定滤纸包外无脂肪残留

续表

序号	步骤	操作方法	要求
9	预干燥	关闭旋塞，进行预干燥，把溶剂全部蒸发到储液槽中，停止加热	预干燥时间一般为 20min
10	取溶剂杯	抬起扳手使密封圈与溶剂杯分离，取下溶剂杯	
11	关机	断水断电	
12	回收溶剂	（1）待加热盘冷却后，向上移动滑珠带动滤纸框下移，取下滤纸框； （2）将洁净溶剂杯置于电热板上，对准位置，压下扳手，打开旋塞回收石油醚	
13	冷却、称重	把抽提杯从电热板上拿下，置于干燥箱内，烘干水分及剩余有机溶剂，取出，放入干燥器中冷却至室温，称量准确至 1mg，并重复干燥至恒重	（1）干燥时干燥箱门需敞开 30°角； （2）重复干燥至前后两次质量差不超过 0.0002g

5. 数据分析及处理

同索氏抽提法（索氏抽提器）测定大豆中的游离脂肪。

索氏抽提法（索氏抽提仪）测定大豆中的游离脂肪（课后测试题）

项目三

植物油的检测

任务二十七 冷溶剂指示剂滴定法测定菜籽油的酸价

案例导入

菜籽油俗称菜油，又称油菜籽油、芸薹油、芥花油，是用油菜籽榨出来的一种食用油，是我国主要食用油之一，主产于长江流域及西南、西北等地。我国是全球菜籽油生产与消费大国，产品产量与消费量均居世界首位。2022 年我国油菜籽产量达到 1553.14 万 t，菜籽油产量为 663 万 t。

菜籽油作为植物油的一种，其酸价含量是重要质量指标。酸价，又称酸值，主要反映食品中的油脂酸败程度。酸价超标会导致食品有哈喇味，超标严重时所产生的醛、酮、酸会破坏脂溶性维生素，导致肠胃不适。

河北省保定市“油条哥”餐饮管理有限公司经理刘洪安从 2008 年开办早餐店。最初，为了省油，他把炸油条的剩油留在第二天再用。后来，刘洪安通过媒体了解到，食用油反复加温会产生大量有害物质，对人体造成很大危害。于是在 2012 年初，他使用一级大豆色拉油炸油条，而且每天一换。他的油条因坚决不用“复炸油”，而被消费者称为“良心油条”，他也被网友亲切地称为“良心油条哥”。刘洪安在 2013 年 9 月 26 日被评为第四届全国道德模范——全国诚实守信模范。

任务描述

我国菜籽油中酸价含量一般≤3.0%，而且不同的工艺、不同的等级，要求不一样。菜籽油生产企业则根据“按质论价、优质优价”的原则，根据不同的生产工艺和不同的等级严控酸价含量。请独自查询资料、学习国家标准、参与话题讨论，合作制订菜籽油酸价的检测方案并完成样品检测。

学习目标

❖ 知识目标

1. 知道冷溶剂指示剂滴定法测定菜籽油的酸价的标准依据，理解检测的原理。

2. 了解检测所需的试剂和仪器设备，掌握氢氧化钾或氢氧化钠标准滴定溶液、乙醚-异丙醇混合液、酚酞指示剂配制的方法和要求。

3. 掌握滴定的操作程序及要求。

❖ 技能目标

1. 能够根据国家标准完成试剂的配制和仪器的准备。

2. 能规范进行样品的称量、滴定和仪器的清洗。

3. 能根据记录的数据进行结果计算和精密度分析。

❖ 素质目标

1. 树立民族自豪感、标准意识和环保意识。

2. 具有捍卫食品安全的责任感和严谨细致的工作作风。

3. 具有规范操作意识、安全操作意识和节约成本的意识。

4. 养成勤于思考的习惯，具有敢于直面困难的精神。

5. 养成自觉维护工位及实验室整洁与卫生的习惯。

课前准备

1. 学习资源准备

通过网络获取 GB 5009.229—2016《食品安全国家标准　食品中酸价的测定》第一法、GB/T 601—2016《化学试剂 标准滴定溶液的制备》，以及扫码获取视频《油脂酸价的测定（冷溶剂指示剂滴定法）》。

油脂酸价的测定（冷溶剂指示剂滴定法）（视频）

2. 完成预习任务

（1）阅读相关标准文件，观看操作视频，小组合作初拟检测方案。

（2）遵循够用节约的原则，设计试剂的配制量，汇总所需仪器设备的规格和数量。

（3）参与话题讨论：为什么要测定食品中的酸价？

思政园地

己所不欲，勿施于人。

——春秋《论语·颜渊篇第十二章》

必备知识

1. 产品标准

不同品类菜籽油中酸价的质量标准如表 4-13 所示。

表 4-13 菜籽油中酸价的质量标准

序号	品类		酸价（以 KOH 计）/（mg/g）	标准依据
1	压榨菜籽油	一级	≤1.5	GB/T 1536—2021《菜籽油》
2		二级	≤3.0	
3	浸出菜籽油	一级	≤0.5	
4		二级	≤2.0	
5		三级	≤3.0	

2. 检测标准

GB 5009.229—2016《食品安全国家标准　食品中酸价的测定》第一法：冷溶剂指示剂滴定法。

3. 检测原理

用有机溶剂将油脂试样溶解成样品溶液，再用氢氧化钾或氢氧化钠标准滴定溶液中和滴定样品溶液中的游离脂肪酸，以指示剂相应的颜色变化来判定滴定终点，最后通过滴定终点消耗的标准滴定溶液的体积计算油脂试样的酸价。

任务实施

一、仪器设备准备

冷溶剂指示剂滴定法测定菜籽油酸价所需的仪器设备如表 4-14 所示。

表 4-14 所需仪器设备

序号	仪器名称	规格	数量	用途
1	分析天平	0.001g	1	称量
2	烧杯	250mL	1	配氢氧化钠饱和溶液
3	试剂瓶	100mL	1	储存氢氧化钠饱和溶液
4	吸量管	10mL	1	配氢氧化钠标准溶液
5	容量瓶	1000mL	1	配氢氧化钠标准溶液
6	高型称量瓶	30mm×50mm	1	干燥邻苯二甲酸氢钾
7	量筒	100mL	2	量取无二氧化碳蒸馏水、乙醚、异丙醇
8	碱式滴定管	50mL	1	标定氢氧化钠标准溶液

续表

序号	仪器名称	规格	数量	用途
9	聚乙烯试剂瓶	1000mL	1	储存碱液
10	烧杯	50mL	1	配制酚酞指示剂
11	试剂瓶	100mL	1	储存指示剂
12	容量瓶	100mL	1	配制酚酞指示剂
13	滴瓶	30mL	1	储存酚酞指示剂
14	碱式滴定管	10mL	1	样品滴定
15	锥形瓶	250mL	6	氢氧化钠标定和样品滴定
16	量筒	500mL	1	配制乙醚-异丙醇混合液
17	试剂瓶	500mL	1	储存有机溶剂混合液
18	洗瓶	500mL	1	清洗

二、试剂配制

1. 试剂清单

冷溶剂指示剂滴定法测定菜籽油酸价所需的试剂如表4-15所示。

表4-15 所需试剂

序号	试剂名称	作用
1	异丙醇（C_3H_8O）	有机溶剂，溶解样品
2	乙醚（$C_4H_{10}O$）	有机溶剂，溶解样品
3	95%乙醇（C_2H_5OH）	溶剂，配制酚酞指示剂
4	酚酞（$C_{20}H_{14}O_4$）	酸碱滴定指示剂
5	氢氧化钠（NaOH）	配制标准碱液，用于滴定

2. 配制方法

（1）酚酞指示剂、氢氧化钠标准滴定溶液（0.1mol/L）同任务十一《酚酞指示剂法测定生乳的酸度》。

（2）乙醚-异丙醇混合液（1∶1）乙醚与等体积的异丙醇充分互溶混合，用时现配。

三、操作步骤

1. 样品称量

根据制备试样的颜色和估计的酸价按表4-16的规定称取试样。

表 4-16　　试样称样表

估计的酸价/(mg/g)	试样的最小称样量/g	使用滴定液的浓度/(mol/L)	试样称重的精确度/g
0~1	20	0.1	0.05
1~4	10	0.1	0.02
4~15	2.5	0.1	0.01
15~75	0.5~3.0	0.1 或 0.5	0.001
≥75	0.2~1.0	0.5	0.001

试样称样量和滴定液浓度应使滴定液用量在 0.2~10mL（扣除空白后）。若检测后发现样品的实际称样量与该样品酸价所对应的应有称样量不符，应按照表 4-16 要求，调整称样量后重新检测。

2. 试样测定

冷溶剂指示剂滴定法测定菜籽油酸价的操作方法及要求如表 4-17 所示。

表 4-17　　试样测定的方法及要求

序号	步骤	操作方法	要求
1	称样	取一干净的 250mL 锥形瓶，按表 4-16 要求用天平称取制备的油脂试样	菜籽油常温下为液态且澄清，充分混合后直接取样即可
2	加试剂	加入乙醚-异丙醇混合液 50~100mL 和 3~4 滴的酚酞指示剂，充分振摇溶解试样	乙醚-异丙醇混合液具有极强的挥发性，以下操作均需在通风橱中进行
3	滴定	用装有标准滴定溶液的刻度滴定管对试样进行滴定，当试样溶液初现微红色，且 15s 内无明显褪色时，为滴定终点。立刻停止滴定，记录下此滴定所消耗的标准滴定溶液的毫升数	（1）酚酞变色点为 pH 8.0~10.0； （2）平行 2 次
4	空白试验	另取一个干净的 250mL 的锥形瓶，准确加入试样测定时相同体积、相同种类的有机溶剂混合液和指示剂，振摇混匀。然后再用装有标准滴定溶液的刻度滴定管进行滴定，当溶液初现微红色，且 15s 内无明显褪色时，为滴定的终点，立刻停止滴定，记录下此滴定所消耗的标准滴定溶液的毫升数	也可在配制好的试样溶解液中滴加数滴指示剂，然后用标准滴定溶液滴定试样溶解液至相应的颜色变化且 15s 内无明显褪色后停止滴定，表明试样溶解液的酸性正好被中和。然后以这种酸性被中和的试样溶解液溶解油脂试样，再用同样的方法继续滴定试样溶液至相应的颜色变化且 15s 内无明显褪色后停止滴定，记录下此滴定所消耗的标准滴定溶液的毫升数。若按此操作，则无需做空白试验

四、数据分析及处理

1. 结果计算

试样的酸价按式（4-3）计算：

$$X_{AV}=\frac{(V-V_0)\times c\times 56.1}{m} \tag{4-3}$$

式中 X_{AV}——酸价，mg/g；

V——试样测定所消耗的标准滴定溶液的体积，mL；

V_0——相应的空白测定所消耗的标准滴定溶液的体积，mL；

c——标准滴定溶液的摩尔浓度，mol/L；

56.1——氢氧化钾的摩尔质量，g/mol；

m——油脂样品的称样量，g。

酸价≤1mg/g 时，结果保留两位有效数字；1mg/g<酸价≤100mg/g 时，结果保留一位有效数字；酸价>100mg/g 时，结果保留至整数位。

2. 精密度

当酸价<1mg/g 时，在重复条件下获得的两次独立测定结果的绝对差值不得超过算术平均值 15%；当酸价≥1mg/g 时，在重复条件下获得的两次独立测定结果的绝对差值不得超过算术平均值 12%。

3. 原始数据记录

将检测过程中获得的数据如实填写在原始数据记录表 4-18 中。

表 4-18　冷溶剂指示剂滴定法测定菜籽油的酸价原始数据记录表

检测日期		样品名称		样品规格	
检测依据				样品状态	
氢氧化钠标准溶液标定					
编号			1	2	3
邻苯二甲酸氢钾的质量/g					
滴定时所消耗的氢氧化钠标准滴定溶液的体积数/mL					
空白试验中氢氧化钠标准溶液用量/mL					
氢氧化钠标准滴定溶液的实际浓度/（mol/L）					
氢氧化钠标准滴定溶液浓度的平均值/（mol/L）					
计算公式					
样品的测定					
样品编号			1		2
样品的质量/g					
试样所消耗氢氧化钠标准溶液的体积/mL					
空白试验所消耗氢氧化钠标准溶液的体积/mL					
试样的酸价/（mg/g）	测定值				
	平均值				
精密度/%	测定值			允许偏差	

续表

计算公式	
产品标准/（mg/g）	
结论：	

温馨提示

1. 乙醚和异丙醇均易挥发，其蒸气具有麻醉性、刺激性，固需在通风橱中完成操作，并保持室内通风，以确保安全。

2. 秉承严谨细致的工作作风，认真观察滴定终点，确保数据的准确性。

3. 为了保护环境，需将废液倒入对应的废液桶中。

4. 遵守实验室管理规定，及时完成清洗和整理工作，保持实验室的清洁整齐。

相关知识

1. 食品中的酸价

酸价（AV）是中和 1g 油脂中游离脂肪酸所需的氢氧化钾的质量（mg）。酸价的大小可直接说明油脂的新鲜度和质量的好坏。

酸价是脂肪中游离脂肪酸含量的标志，脂肪在长期保藏过程中，由于微生物、酶和热的作用发生缓慢水解，产生游离脂肪酸。而脂肪的质量与其中游离脂肪酸的含量有关，一般常用酸价作为油脂质量衡量标准之一。在脂肪生产的条件下，酸价可作为水解程度的指标，在其保藏的条件下，则可作为酸败的指标。酸价越小，说明油脂质量越好，新鲜度和精炼程度越好。它的大小不仅是衡量毛油和精油品质的一项重要指标，也是计算酸价炼耗比这项主要技术经济指标的依据。而毛油酸价则是炼油车间在碱炼操作过程中计算加碱量、碱液浓度的依据。

2. GB 5009. 229—2016《食品安全国家标准　食品中酸价的测定》中食品酸价测定的方法及适用对象

（1）冷溶剂指示剂滴定法　适用于常温下能够被冷溶剂完全溶解成澄清溶液的食用油脂样品，适用范围包括食用植物油（辣椒油除外）、食用动物油、食用氢化油、起酥油、人造奶油、植脂奶油、植物油料共计 7 类。

（2）冷溶剂自动电位滴定法　适用于常温下能够被冷溶剂完全溶解成澄清溶液的食用油脂样品和含油食品中提取的油脂样品，适用范围包括食用植物油（包括辣椒油）、食用动物油、食用氢化油、起酥油、人造奶油、植脂奶油、植物油料、油炸小食品、膨化食品、烘炒食品、坚果食品、糕点、面包、饼干、油炸方便面、坚果与籽类的酱、动物性水产干制品、腌腊肉制品、添加食用油的辣椒酱共计 19 类。

（3）热乙醇指示剂滴定法　适用于常温下不能被冷溶剂完全溶解成澄清溶液的食用油脂样品，适用范围包括食用植物油、食用动物油、食用氢化油、起酥油、人造奶油、植脂奶油共计 6 类。

考核评价

通过小组自评、组间互评、教师评价，根据课前学习任务的完成情况评价自学能力，根据课中关键操作点的规范性评价操作技能，根据沟通交往、解决问题、时间管理、科学严谨的表现评价工作素养，根据实训报告、课后测试评价课后巩固提升。

冷溶剂指示剂滴定法测定菜籽油的酸价（考核评价表）

冷溶剂指示剂滴定法测定菜籽油的酸价（课后测试题）

任务二十八 滴定法测定大豆油的过氧化值

案例导入

2020 年 11 月 1 日阜新市市场监督管理局委托某检测公司，对阜新蒙古族自治县于寺镇宏源榨油坊生产经营的两个批次大豆油进行抽样检验，经检验“过氧化值”项目不符合 GB 2716—2018《食品安全国家标准　植物油》要求，检验结论为不合格。

任务描述

我国食品安全标准对大豆油等产品中过氧化值含量都有明确要求。过氧化值超标说明产品可能已被氧化而变质。请独自查询资料、学习国家标准、参与话题讨论，合作制订检测方案并完成样品检测。

学习目标

❖ 知识目标

1. 知道滴定法测定大豆油的过氧化值的标准依据，理解检测的原理。
2. 了解检测所需的试剂和仪器设备，掌握碘化钾饱和溶液配制的方法和要求。
3. 掌握样品滴定的操作程序及要求。

❖ 技能目标

1. 能够根据国家标准完成试剂的配制和仪器的准备。
2. 能进行样品的滴定和仪器的清洗。
3. 能根据记录的数据进行结果计算和精密度分析。

❖ 素质目标

1. 树立食品安全标准意识。
2. 具有规范操作意识和环保意识、节约意识。
3. 养成实事求是、科学严谨的工作态度。
4. 养成自觉维护工位及实验室整洁与卫生的习惯。

课前准备

1. 学习资源准备

通过网络获取 GB 5009.227—2023《食品安全国家标准　食品中过氧化值的测定》第一法，以及扫码获取《油脂过氧化值测定（滴定法）》系列视频。

油脂过氧化值测定（滴定法-试剂的配制）（视频）

油脂过氧化值测定（滴定法-样品的测定）（视频）

2. 完成预习任务

（1）阅读相关标准文件，观看操作视频，小组合作初拟检测方案。

（2）遵循够用节约的原则，设计试剂的配制量，汇总所需仪器设备的规格和数量。

（3）参与话题讨论：为什么要测定食品中的过氧化值？

思政园地

禁止生产经营腐败变质、油脂酸败、霉变生虫、污秽不洁、混有异物、掺假掺杂或者感官性状异常的食品、食品添加剂。

——摘选《中华人民共和国食品安全法》第三十四条

必备知识

1. 过氧化值

过氧化值是表示油脂和脂肪酸等被氧化程度的一种指标，指 1kg 样品中的活性氧含量，一般以过氧化物的毫摩尔数表示，用于说明样品是否因已被氧化而变质。那些以油脂、脂肪为原料而制作的食品，通过检测其过氧化值来判断其质量和变质程度。

2. 产品标准

不同品类大豆油中过氧化值的质量标准如表 4-19 所示。

表 4-19　　大豆油中过氧化值的质量标准

序号	品类	过氧化值	标准依据
1	大豆原油	≤0.25g/100g	GB/T 1535—2017《大豆油》 GB 2716—2018《食品安全国家标准　植物油》
2	一级大豆油	≤5.0mmol/kg	
3	二级大豆油	≤6.0mmol/kg	
4	三级大豆油	≤0.25g/100g	

3. 检测标准

GB 5009.227—2023《食品安全国家标准　食品中过氧化值的测定》第一法：指示剂

滴定法。

4. 检测原理

制备的油脂试样在三氯甲烷-冰乙酸溶液中溶解，其中的过氧化物与碘化钾反应生成碘，用硫代硫酸钠标准溶液滴定析出的碘。用过氧化物相当于碘的质量分数或 1kg 样品中活性氧的毫摩尔数表示过氧化值的量。

任务实施

一、仪器设备准备

滴定法测定大豆油的过氧化值所需的仪器设备如表 4-20 所示。

表 4-20　所需仪器设备

序号	仪器名称	规格	数量	用途
1	分析天平	0.0001g	1	称重
2	量筒	20mL	1	配、取 20%硫酸溶液
3	烧杯	250mL	1	配 20%硫酸溶液
4	烧杯	150mL	2	配淀粉指示剂、称样
5	烧杯	1000mL	1	配硫代硫酸钠溶液
6	棕色试剂瓶	500mL	1	储存硫代硫酸钠溶液
7	漏斗	10cm	1	滤硫代硫酸钠、样液
8	高型称量瓶	30mm×50mm	1	干燥重铬酸钾
9	量筒	10，50，150，200mL	各 1	量蒸馏水
10	碘量瓶	500mL	4	溶液标定
11	酸式滴定管	棕色 50mL	1	溶液标定
12	量筒	50，100mL	各 1	量三氯甲烷、冰乙酸
13	棕色试剂瓶	30，100mL	各 1	储存混合溶液、碘化钾
14	试剂瓶	60mL	1	储存淀粉溶液
15	碘量瓶	250mL	4	溶液标定
16	棕色酸式滴定管	10mL	1	样品滴定
17	分度吸量管	1mL	2	移取饱和碘化钾溶液、淀粉指示剂
18	洗瓶	500mL	1	清洗
19	胶头滴管	2mL	2	定容
20	量筒	100mL	1	样液制备
21	容量瓶	100mL	1	取草酸溶液

续表

序号	仪器名称	规格	数量	用途
22	碘量瓶	250mL	4	样品滴定
23	分度吸量管	1mL	1	取盐酸溶液
24	胶头滴管	2mL	2	定容
25	玻璃棒	—	1	搅拌
26	挤压型洗瓶	500mL	1	清洗

二、试剂配制

（一）试剂清单

滴定法测定大豆油的过氧化值所需的试剂如表 4-21 所示。

表 4-21　所需试剂

序号	试剂名称	作用
1	硫代硫酸钠（$Na_2S_2O_3 \cdot 5H_2O$）	配制标准滴定溶液
2	碳酸钠（Na_2CO_3）	防止硫代硫酸钠分解
3	重铬酸钾（$K_2Cr_2O_7$）	标定硫代硫酸钠标准滴定溶液的基准物质
4	硫酸（H_2SO_4）	形成有利于反应的酸性条件
5	冰乙酸（CH_3COOH）	溶剂，溶解油脂样品
6	三氯甲烷（$CHCl_3$）	溶剂，溶解油脂样品
7	碘化钾（KI）	与硫代硫酸钠、过氧化物反应生成碘单质
8	可溶性淀粉	滴定终点指示剂

（二）配制方法

1. 硫酸溶液（20%）

量取 12.64mL 浓硫酸，在不断搅拌下缓缓注入装有 90.74g 蒸馏水的烧杯中。

2. 淀粉指示剂（10g/L）

同任务二十二《酚酞指示剂法测定泡菜中的总酸》。

3. 硫代硫酸钠标准滴定溶液（0.1mol/L）

同碘量法测定柑橘中的维生素 C。

4. 硫代硫酸钠标准溶液（0.01mo1/L）

由 0.1mo1/L 硫代硫酸钠标准溶液以新煮沸冷却的水稀释而成。临用前配制。

5. 硫代硫酸钠标准溶液（0.002mo1/L）

由 0.1mo1/L 硫代硫酸钠标准溶液以新煮沸冷却的水稀释而成。临用前配制。

6. 三氯甲烷-冰乙酸混合液（体积比 40：60）

量取 40mL 三氯甲烷，加 60mL 冰乙酸，混匀。

7. 碘化钾饱和溶液

称取 20g 碘化钾，加入 10mL 新煮沸冷却的水，摇匀后储于棕色瓶中，存放于避光处备用。要确保溶液中有饱和碘化钾结晶存在。使用前检查：在 30mL 三氯甲烷-冰乙酸混合液中添加 1.00mL 碘化钾饱和溶液和 2 滴 1%淀粉指示剂，若出现蓝色，并需用 1 滴以上的 0.01mo1/L 硫代硫酸钠标准溶液才能消除，此碘化钾溶液不能使用，应重新配制。

三、操作步骤

滴定法测定大豆油的过氧化值的操作方法及要求如表 4-22 所示。

表 4-22　　样品测定的方法及要求

序号	步骤	操作方法	要求
1	称样	准确称取试样 2～3g（精确至 0.001g），置于 250mL 碘量瓶中	（1）大豆油为液态样品，充分均匀后直接取样； （2）称样操作避免阳光直射
2	溶解	加入 30mL 三氯甲烷-冰乙酸混合液，轻轻振摇使试样完全溶解	
3	反应	准确加入 1.00mL 饱和碘化钾溶液，塞紧瓶盖，并轻摇 0.5min，在暗处放置 3min	在暗处反应：避免碘在阳光下被氧化损失，而导致检测值偏低
4	滴定	加入 100mL 水，摇匀后立即用硫代硫酸钠标准溶液滴定析出的碘，滴定至淡黄色时，加入 1mL 淀粉指示剂，继续滴定并强烈振摇至溶液蓝色消失为终点	过氧化值估值在 0.15g/100g 及以下时，用 0.002mol/L 的标准溶液；估值大于 0.15g/100g 时，用 0.01mol/L 的标准溶液
5	空白试验	同时做空白试验	空白试验所消耗 0.01mol/L 硫代硫酸钠溶液体积不得超过 0.1mL

四、数据分析及处理

（一）结果计算

1. 用过氧化物相当于碘的质量分数表示过氧化值时，按式（4-4）计算：

$$X_1 = \frac{(V - V_0) \times c \times 0.1269}{m} \times 100 \tag{4-4}$$

式中　X_1——过氧化值，g/100g；

V——试样消耗的硫代硫酸钠标准溶液体积，mL；

V_0——空白试验消耗的硫代硫酸钠标准溶液体积，mL；

c——硫代硫酸钠标准溶液的浓度，mol/L；

0.1269——与 1.00mL 硫代硫酸钠标准滴定溶液［$c(Na_2S_2O_3) = 1.000$mol/L］相当的碘的质量；

m——样品质量，g；

100——换算系数。

计算结果以重复性条件下获得的两次独立测定结果的算术平均值表示，结果保留两位有效数字。

2. 用1kg样品中活性氧的毫摩尔数表示过氧化值时，按式（4-5）计算：

$$X_2 = \frac{(V - V_0) \times c}{2 \times m} \times 1000 \tag{4-5}$$

式中 X_2——过氧化值，mmol/kg；

V——试样消耗的硫代硫酸钠标准溶液体积，mL；

V_0——空白试验消耗的硫代硫酸钠标准溶液体积，mL；

c——硫代硫酸钠标准溶液的浓度，mol/L；

m——样品质量，g；

1000——换算系数；

2——硫代硫酸和活性氧之间的转换系数。

计算结果以重复性条件下获得的两次独立测定结果的算术平均值表示，结果保留两位有效数字。

（二）精密度

在重复条件下获得的两次独立测定结果的绝对差值不得超过算术平均值的10%。

（三）原始数据记录

将检测过程中获得的数据如实填写在原始数据记录表4-23中。

表4-23　　滴定法测定大豆油的过氧化值的原始数据记录表

<table>
<tr><td>检测日期</td><td></td><td>样品名称</td><td></td><td>样品规格</td><td></td></tr>
<tr><td>检测依据</td><td colspan="3"></td><td>样品状态</td><td></td></tr>
<tr><td colspan="6">样品的测定</td></tr>
<tr><td colspan="3">样品编号</td><td colspan="2">1</td><td>2</td></tr>
<tr><td colspan="3">样品的质量/g</td><td colspan="2"></td><td></td></tr>
<tr><td colspan="3">硫代硫酸钠标准溶液的浓度/（mol/L）</td><td colspan="2"></td><td></td></tr>
<tr><td colspan="3">试样所消耗硫代硫酸钠标准溶液的体积/mL</td><td colspan="2"></td><td></td></tr>
<tr><td colspan="3">空白试验所消耗硫代硫酸钠标准溶液的体积/mL</td><td colspan="2"></td><td></td></tr>
<tr><td rowspan="2">过氧化值/（g/100g）
或（mmol/kg）</td><td colspan="2">测定值</td><td colspan="2"></td><td></td></tr>
<tr><td colspan="2">平均值</td><td colspan="3"></td></tr>
<tr><td>精密度/%</td><td>测定值</td><td></td><td colspan="2">允许偏差</td><td></td></tr>
<tr><td colspan="3">计算公式</td><td colspan="3"></td></tr>
<tr><td colspan="3">产品标准/（g/100g）或（mmol/kg）</td><td colspan="3"></td></tr>
<tr><td colspan="6">结论：</td></tr>
</table>

温馨提示

1. 三氯甲烷易挥发，具有麻醉性；冰乙酸易挥发，具有强烈的刺激性，故样品的测定应在通风橱中进行，以确保操作人员的健康和安全。

2. 秉承科学严谨、实事求是的工作态度，规范操作，如实记录数据，细致分析结果。

3. 为了保护环境，需将废液倒入对应的废液桶中。

4. 遵守实验室管理规定，及时完成清洗和整理工作，保持实验室的清洁整齐。

相关知识

1. 过氧化值测定的意义

过氧化值在一定程度上可以反映食品的质量，除了食用油质量检测时需要测定过氧化值，当加工食品的原材料中有油脂、脂肪时，一般也要检测其过氧化值，如蛋糕、月饼、方便面、绿豆糕、桃酥、莲花酥、饼干、面包、沙琪玛、肉制品、坚果、水产品及其制品、速冻水饺、火腿、火腿肠、腌腊肉、婴幼儿乳粉等。

同时过氧化值也可以作为地沟油的初步筛查方法之一。因为地沟油是将反复使用的废弃油脂回购加工所得，其过氧化值是严重超标的。长期食用过氧化值超标的食物对人体的健康非常不利，过氧化物可破坏细胞膜结构，诱发胃癌、肝癌、动脉硬化、心肌梗死、脱发和体重减轻等。

2. GB 5009. 227—2023《食品安全国家标准　食品中过氧化值的测定》中食品过氧化值测定的方法及适用对象

（1）滴定法　适用于各类食品中过氧化值的测定。

（2）电位滴定法　适用于食用动植物油脂和人造奶油中过氧化值的测定。

考核评价

通过小组自评、组间互评、教师评价，根据课前学习任务的完成情况评价自学能力，根据课中关键操作点的规范性评价操作技能，根据沟通交往、解决问题、时间管理、科学严谨的表现评价工作素养，根据实训报告、课后测试评价课后巩固提升。

滴定法测定大豆油的过氧化值（考核评价表）

滴定法测定大豆油的过氧化值（课后测试题）

任务二十九　高效液相色谱-柱前衍生法测定花生油中的黄曲霉毒素

案例导入

20 世纪 60 年代，美国东南部的一些农场，大批火鸡不明缘由突然死亡，死亡数量多达10万，一时间造成了极度恐慌和不安。当时也弄不清楚病因，只得取名为“X病”，这就是美国闻名的“火鸡X病”。后来，经过食品学、毒理学和细菌学方面专家的通力合作，终于找出了引起火鸡大批死亡的原因：专家从饲料玉米粉中分离出了一种前所未知的毒素，这种毒素是由黄曲霉产生的，命名为“黄曲霉毒素”。

根据国家市场监督管理总局关于11批次食品抽检不合格情况的通告〔2022年　第25号〕，江西省上饶市余干县黄金埠老胡榨油坊于2022年6月7日加工自制的花生油，其中黄曲霉毒素 B_1 检测值高达128μg/kg，是国家标准中最大残留限量的6倍多，不符合食品安全国家标准规定。

任务描述

黄曲霉在自然界中分布广泛，很容易在水分含量较高（水分含量低于12%则不能繁殖）的禾谷类作物、油料作物籽实及其加工副产品中寄生繁殖和产生黄曲霉毒素，使其发霉变质，人们通过误食这些食品或其加工副产品，又经消化道吸收毒素而发生中毒。那么为确认食品中是否含有黄曲霉毒素，有哪些检测方法和检测手段呢？不同食品中黄曲霉毒素的限量标准是多少呢？请独自查询相关标准和资料、参与话题讨论，制订高效液相色谱-柱前衍生法测定花生油中黄曲霉毒素（以黄曲霉毒素 B_1 为例）的实验方案，并完成样品检测。

学习目标

❖ 知识目标

1. 了解国家对黄曲霉毒素的限量要求，知晓黄曲霉毒素的主要检测方法。

2. 了解检测标准GB 5009. 22—2016《食品安全国家标准　食品中黄曲霉毒素B族和G族的测定》检测方法原理。

3. 熟练掌握检测方法流程、实验操作手法标准规范。

❖ 技能目标

1. 能够独立完成试样制备、提取、净化、衍生操作，熟悉仪器测定分析步骤。

2. 能够准确完成黄曲霉毒素 B_1 标准系列工作溶液配制，标准曲线线性相关系数满足要求。

3. 能根据色谱图准确识别目标峰，准确定量及精密度计算。

❖ 素质目标

1. 具有食品安全防范意识。

2. 自觉遵守实验室规程，落实安全措施，强化安全意识和环保意识。

3. 有效沟通，配合默契，具有团队合作精神。

4. 养成规范操作、如实记录的习惯，保持科学严谨的态度。

5. 养成自觉维护工位，保持实验室整洁与卫生的习惯。

课前准备

1. 学习资源准备

通过网络获取GB 5009. 22—2016《食品安全国家标准　食品中黄曲霉毒素B族和G族的测定》第二法相关资料。

2. 完成预习任务

（1）阅读标准文件，小组合作初拟检测方案。

（2）遵循够用节约的原则，设计试剂的配制量，汇总所需仪器设备的规格和数量。

（3）参与话题讨论：为什么要测定花生油中的黄曲霉毒素？

思政园地

巧诈不如拙诚，惟诚可得人心。

——《韩非子·说林上》

必备知识

1. 限量标准

花生油中黄曲霉毒素 B_1 限量标准如表 4-24 所示。

表 4-24　花生油中黄曲霉毒素 B_1 限量标准

品类	检测项目	最大残留限量（μg/kg）	标准依据
花生油	黄曲霉毒素 B_1	20	GB 2761—2017《食品安全国家标准　食品中真菌毒素限量》

2. 检测标准

GB 5009.22—2016《食品安全国家标准　食品中黄曲霉毒素 B 族和 G 族的测定》第二法：高效液相色谱-柱前衍生法。

3. 检测原理

试样中的黄曲霉毒素 B_1 用乙腈-水溶液或甲醇-水溶液提取，提取溶液经黄曲霉毒素专用型固相萃取净化柱净化，去除脂肪、蛋白质、色素以及碳水化合物等杂质，净化液用三氟乙酸柱前衍生，经液相色谱分离，荧光检测器（FLD）检测，保留时间定性、外标法定量。

任务实施

一、仪器设备准备

高效液相色谱-柱前衍生法测定花生油中的黄曲霉毒素所需主要仪器设备如表 4-25 所示。

表 4-25　所需仪器设备

序号	仪器名称	规格	数量	用途
1	高效液相色谱仪	配荧光检测器（FLD）	1	测定黄曲霉毒素含量
2	电子天平	感量 0.01g	1	样品称重
3	匀浆机		1	混合花生油样品
4	超声波		1	用于试样超声提取

续表

序号	仪器名称	规格	数量	用途
5	氮吹仪		1	样品浓缩
6	恒温箱		1	恒温衍生反应
7	涡旋振荡器		1	振荡混匀
8	塑料样品盒	约 100mL	1	分装检测用花生油
9	塑料离心管	50mL	2	盛装花生油样品
10	塑料离心管	10mL	7	盛装试液用于衍生反应
11	刻度试管	10mL	2	盛装样品提取后上清液
12	玻璃试剂瓶	200mL	3	储存混合试剂
13	容量瓶	10mL	5	配制标准系列工作溶液
14	容量瓶	100mL	1	配制黄曲霉毒素标准中间液
15	玻璃量筒	50mL	1	量取提取试剂
16	玻璃量筒	100mL	3	配制混合试剂
17	单标吸量管	1mL	3	上机测试液定容，吸取黄曲霉毒素标准溶液
18	单标吸量管	2mL	1	吸取黄曲霉毒素标准溶液
19	单标吸量管	5mL	1	吸取黄曲霉毒素标准溶液
20	分度吸量管	5mL	2	吸取净化液
21	单道移液枪（带枪头）	量程 20~200 μL	1	吸取正己烷和三氟乙酸，用于衍生反应 吸取黄曲霉毒素标准溶液
22	进样瓶	2mL	7	盛装测试液，供液相色谱测定
23	一次性微孔滤头	带 0.22 μm 微孔滤膜	2	上机测试液过滤

二、试剂配制

1. 试剂清单

高效液相色谱-柱前衍生法测定花生油中的黄曲霉毒素所需试剂如表 4-26 所示。

表 4-26　所需试剂

序号	试剂名称	级别/浓度	作用
1	乙腈（CH_3CN）	色谱纯	配制提取试剂，配制流动相
2	甲醇（CH_3OH）	色谱纯	配制提取试剂，配制流动相
3	正己烷（C_6H_{14}）	色谱纯	用于衍生反应

续表

序号	试剂名称	级别/浓度	作用
4	三氟乙酸（CF_3COOH）	分析纯	用于衍生反应
5	黄曲霉毒素 B_1 标准储备液	10μg/mL，具有标准物质证书	配制黄曲霉毒素 B_1 标准系列工作溶液

2\. 配制方法

（1）乙腈-水溶液（84∶16，体积比）　量取 84mL 乙腈加入 16mL 水，混匀。

（2）甲醇-水溶液（70∶30，体积比）　量取 70mL 甲醇加入 30mL 水，混匀。

（3）乙腈-甲醇溶液（50∶50，体积比）　量取 50mL 乙腈加入 50mL 甲醇，混匀。

注：以上 3 种混合试剂可根据需要量按相应体积比配制。

（4）黄曲霉毒素 B_1 标准中间液（100μg/L）　准确吸取 1.00mL 黄曲霉毒素 B_1 标准储备液（10μg/mL）于 100mL 容量瓶中，乙腈定容，混匀。密封后避光-20℃保存。

（5）黄曲霉毒素 B_1 标准系列工作溶液　准确移取黄曲霉毒素 B_1 标准中间液（100μg/L）20μL、200μL、1mL、2mL、5mL 至 10mL 容量瓶中，用乙腈-水溶液（84∶16）定容至刻度，得到含黄曲霉毒素 B_1 浓度为 0.2μg/L、2μg/L、10μg/L、20μg/L 和 50μg/L 的标准系列工作溶液。

注：可根据仪器的灵敏度以及样品中黄曲霉毒素 B_1 的实际含量确定标准系列溶液中黄曲霉毒素 B_1 的质量浓度。

三、操作步骤

（一）样品处理

花生油中黄曲霉毒素检测样品处理方法及要求如表 4-27 所示。

表 4-27　　花生油中黄曲霉毒素检测样品处理方法及要求

序号	步骤	操作方法	要求
1	样品制备	将所有花生油样品在一个容器中用匀浆机混匀，分取任意 100mL 样品用于检测	样品充分混合体现了样品的代表性，使检测结果更真实有效
2	样品提取-称样	准确称取 5g 试样（精确至 0.01g）两份，分别置于 50mL 离心管中，做好标记	（1）天平预热，检查水平，归零，读数稳定； （2）防止样品滴落，污染天平，取出的多余样品弃于废液桶中
3	样品提取-加提取剂	用量筒加入 20.0mL 乙腈-水溶液（84∶16），涡旋混匀	可用甲醇-水溶液（70∶30）代替乙腈-水溶液（84∶16）
4	样品提取-超声提取	超声波提取 20min 或高速均质器均质 3min	可用涡旋振荡器或摇床代替超声波仪，可根据情况适当延长提取时间，确保提取效果
5	样品提取-离心	6000r/min，离心 10min，取上清液备用	离心管对称放入套管中，确保仪器内部的平衡

续表

序号	步骤	操作方法	要求
6	净化	以 Amicrom228 多功能净化柱为例：取适量上清液（如 10mL）到试管中，将净化柱带橡胶头的一端插入试管，向下压至试管底端，净化液通过填料到达净化柱顶端，收集全部净化液 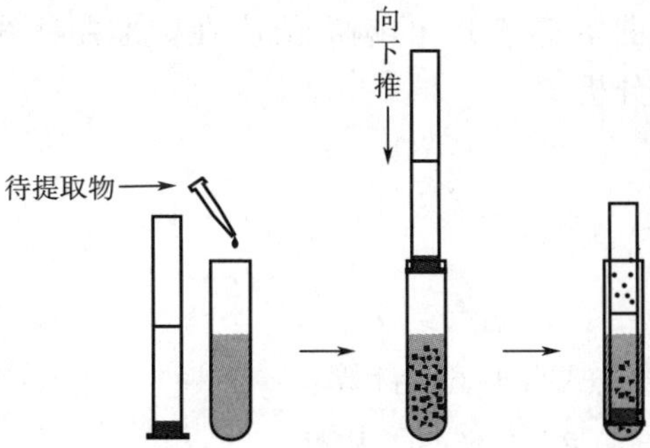	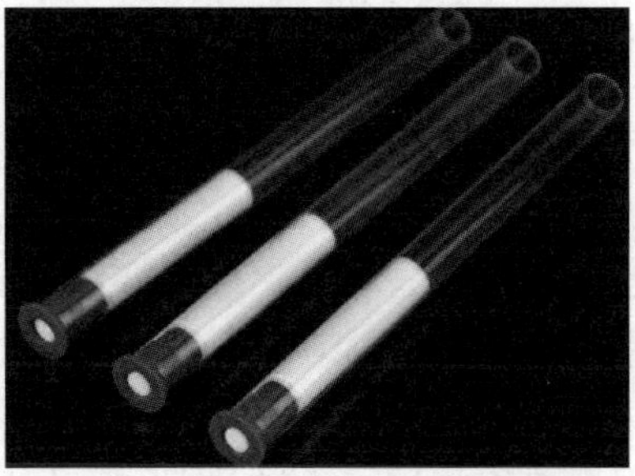 （1）纯化后的提取物（含黄曲霉毒素）在净化填料上端，杂质保留在净化填料内部； （2）按照具体选用的黄曲霉毒素固相净化柱说明书操作
7	浓缩	分别吸取 4.00mL 净化液和 1.00mL 配制的黄曲霉毒素 B_1 标准系列工作溶液于 10mL 离心管中，置于氮吹仪下，50℃，缓缓通入氮气，蒸发近干	（1）注意选择适当的移液工具并正确使用； （2）氮吹时，控制氮气流量，防止液体飞溅。调节针头与液面距离，一般 1~2cm
8	衍生	（1）用移液枪加入 200 μL 正己烷和 100μL 三氟乙酸，盖上离心管盖，涡旋混合 30s； （2）置于恒温箱中，(40±1)℃衍生 15min，同时进行样品溶液和标准溶液的衍生反应	（1）离心管盖需盖紧，以防管内液体在涡旋混合时冲出管外； （2）衍生目的：黄曲霉毒素 B_1 本身荧光性能弱，通过衍生增强荧光性能，提高检测灵敏
9	氮吹	衍生结束后，置于氮吹仪中，50℃，将衍生液氮吹蒸发近干	
10	定容装瓶	（1）准确移取 1.00mL 乙腈-水溶液（84：16）溶解残留物，涡旋混合 30s； （2）过 0.22μm 滤膜，收集滤液于进样瓶中，做好标记，供高效液相色谱测定	（1）注意选择适当的移液工具并正确使用； （2）若使用甲醇-水溶液（70：30）提取，可用其溶解残留物； （3）选用的滤膜应采用标准溶液检验确认无吸附现象； （4）过滤时，头尾液滴均不收集，应弃去

（二）仪器测定

1. 色谱参考条件

（1）色谱柱　C_{18} 柱，150m×0.46mm（内径），5.0μm（粒径）。

（2）柱温　40℃。

（3）流动相组成　A—水，B—乙腈-甲醇溶液（50：50）。

（4）洗脱程序　24% B（0~6min）⟶ 35% B（8~10min）⟶ 100%B（10.2~11.2min）⟶ 24%B（11.5~13.0min）。

（5）流速　1.0mL/min。

（6）进样体积　50μL。

（7）检测波长　激发波长 360nm、发射波长 440nm。

2. 进样分析

（1）标准曲线制作　由自动进样器分别吸取标准系列工作溶液由低浓度到高浓度依次进样检测，以峰面积为纵坐标、浓度为横坐标作图，得到标准曲线回归方程。

（2）试样溶液测定　由自动进样器吸取处理好的试样溶液注入色谱仪中，以保留时间定性，外标法定量。待测样液中黄曲霉毒素 B_1 的响应值应在标准曲线线性范围内，浓度超过线性范围的应稀释后重新进样分析。

四、数据分析及处理

1. 结果计算

试样中黄曲霉毒素 B_1 的残留量按式（4-6）计算：

$$X = \frac{\rho \times V_1 \times V_3 \times 1000}{V_2 \times m \times 1000} \tag{4-6}$$

式中　X——试样中黄曲霉毒素 B_1 的残留量，μg/kg；

ρ——样品溶液中黄曲霉毒素 B_1 按照外标法在标准曲线中对应的浓度，μg/L；

V_1——试样提取试剂总体积，mL；

V_2——用于衍生反应吸取的净化液体积，mL；

V_3——衍生反应后样品溶液定容体积，mL；

1000——单位换算系数；

m——称取样品的质量，g。

测定结果用平行测定的算术平均值表示，保留三位有效数字。

2. 精密度

在重复条件下获得的两次独立测定结果的绝对差值不得超过算术平均值的 20%。

3. 原始数据记录

将检测过程中获得的数据如实填写在原始数据记录表 4-28 中。

表 4-28　高效液相色谱-柱前衍生法测定花生油中的黄曲霉毒素 B_1 的原始数据记录表

<table>
<tr><td>样品名称</td><td colspan="2"></td><td colspan="2">样品状态</td><td colspan="2"></td><td>检测时间</td><td></td></tr>
<tr><td>检测人员</td><td colspan="2"></td><td colspan="2">环境温度/℃</td><td colspan="2"></td><td>环境湿度/%</td><td></td></tr>
<tr><td>检测依据</td><td colspan="8"></td></tr>
<tr><td colspan="9">高效液相色谱条件</td></tr>
<tr><td>仪器型号</td><td></td><td>检测器</td><td></td><td colspan="2" rowspan="6">洗脱程序</td><td>时间/min</td><td>流动相 A/%</td><td>流动相 B/%</td></tr>
<tr><td>色谱柱</td><td></td><td>柱温</td><td></td><td></td><td></td><td></td></tr>
<tr><td>流速</td><td></td><td>进样体积</td><td></td><td></td><td></td><td></td></tr>
<tr><td>激发波长</td><td></td><td>发射波长</td><td></td><td></td><td></td><td></td></tr>
<tr><td rowspan="2">流动相组成</td><td>流动相 A</td><td colspan="2"></td><td></td><td></td><td></td></tr>
<tr><td>流动相 B</td><td colspan="2"></td><td></td><td></td><td></td></tr>
</table>

续表

<table>
<tr><td colspan="6">数据记录与结果计算</td></tr>
<tr><td rowspan="2">标准系列工作溶液浓度/（μg/L）</td><td>1</td><td>2</td><td>3</td><td>4</td><td>5</td></tr>
<tr><td></td><td></td><td></td><td></td><td></td></tr>
<tr><td>标准曲线回归方程</td><td colspan="3"></td><td>相关系数 r</td><td></td></tr>
<tr><td colspan="6">样品的测定</td></tr>
<tr><td>样品编号</td><td colspan="2">1</td><td colspan="3">2</td></tr>
<tr><td>样品质量/g</td><td colspan="2"></td><td colspan="3"></td></tr>
<tr><td>提取试剂总体积/mL</td><td colspan="2"></td><td colspan="3"></td></tr>
<tr><td>衍生净化液体积/mL</td><td colspan="2"></td><td colspan="3"></td></tr>
<tr><td>定容体积/mL</td><td colspan="2"></td><td colspan="3"></td></tr>
<tr><td>保留时间/min</td><td colspan="2"></td><td colspan="3"></td></tr>
<tr><td>测得样品溶液浓度/（μg/L）</td><td colspan="2"></td><td colspan="3"></td></tr>
<tr><td>黄曲霉毒素 B₁含量/（μg/kg）</td><td colspan="2"></td><td colspan="3"></td></tr>
<tr><td>黄曲霉毒素 B₁平均含量/（μg/kg）</td><td colspan="5"></td></tr>
<tr><td>精密度/%</td><td>测定值</td><td></td><td>允许偏差</td><td colspan="2"></td></tr>
<tr><td>计算公式</td><td colspan="5"></td></tr>
<tr><td colspan="6">结论：</td></tr>
</table>

温馨提示

1. 本项目涉及挥发性有机溶剂、黄曲霉毒素标准品，毒性较强，整个实验过程中，操作者应穿戴好防护用品，在通风橱或通风罩下，按照接触剧毒物的要求做好保护措施，确保安全。

2. 秉承科学严谨的作风，如实记录数据，细致分析结果。

3. 所有废弃物放入指定存放位置，废液倒入对应的废液桶中。

4. 遵守实验室管理规定，及时完成清洗和整理工作，保持实验室的清洁整齐。

相关知识

1. 黄曲霉毒素

黄曲霉毒素是黄曲霉和寄生曲霉等某些菌株产生的双呋喃环类毒素，主要污染粮油及其制品。黄曲霉毒素衍生物有约 20 种，其相对分子质量为 312~346，难溶于水，易溶于油、甲醇、丙酮和氯仿等有机溶剂，但不溶于石油醚、己烷和乙醚中。一般在中性溶液中较稳定，但在强酸性溶液中稍有分解，在 pH 9~10 的强碱溶液中分解迅速。

黄曲霉毒素进入体内后，主要在肝细胞内质网微粒体混合功能氧化酶系的作用下进行代谢，因而肝脏是其主要靶器官，其毒性是氰化钾的 10 倍、是砒霜的 68 倍，仅次于肉毒素，其中以黄曲霉毒素 B_1 的毒性最大，致癌性最强。世界卫生组织国际癌症研究机构将黄曲霉毒素列入 1 类致癌物清单中。

2. GB 5009. 22—2016《食品安全国家标准　食品中黄曲霉毒素 B 族和 G 族的测定》的方法及适用对象

（1）同位素稀释液相色谱-串联质谱法、高效液相色谱-柱前衍生法、高效液相色谱-柱后衍生法　适用于谷物及其制品、豆类及其制品、坚果及籽类、油脂及其制品、调味品、婴幼儿配方食品和婴幼儿辅助食品中黄曲霉毒素 B_1、黄曲霉毒素 B_2、黄曲霉毒素 G_1 和黄曲霉毒素 G_2的测定。

（2）酶联免疫吸附筛查法　适用于谷物及其制品、豆类及其制品、坚果及籽类、油脂及其 制品、调味品、婴幼儿配方食品和婴幼儿辅助食品中黄曲霉毒素 B_1 的测定。

（3）薄层色谱法　适用于谷物及其制品、豆类及其制品、坚果及籽类、油脂及其制品、调味品中黄曲霉毒素 B_1 的测定。

考核评价

通过小组自评、组间互评、教师评价，根据课前学习任务的完成情况评价自学能力，根据课中关键操作点的规范性评价操作技能，根据沟通交往、解决问题、时间管理、科学严谨的表现评价工作素养，根据实训报告、课后测试评价课后巩固提升。

高效液相色谱-柱前衍生法测定花生油中的黄曲霉毒素（考核评价表）

高效液相色谱-柱前衍生法测定花生油中的黄曲霉毒素（课后测试题）

模块五

发酵调味品检测

背景资料

食品安全问题始终困扰着中国的食品行业，并成为消费者关注的焦点。而在调味品行业，“化学火锅底料”“一滴香”“牛肉膏”“工业盐水酱油”等事件也让消费者对调味品的安全生产产生了质疑。2021年，国家市场监督管理总局发布了《关于加强酱油和食醋质量安全监督管理的公告》，公告明确要求酱油和食醋生产都应当具有完整的发酵酿造工艺，不得使用酸水解植物蛋白调味液等原料配制生产酱油，不得使用冰乙酸等原料配制生产食醋。酱油和食醋生产企业应按照食品安全法律法规和食品安全标准组织生产，加强原辅料采购、生产过程控制、产品出厂检验及食品添加剂使用管理，建立食品安全追溯体系，保障产品质量安全。原生产“配制酱油”“配制食醋”的企业，应当及时申请变更或注销食品生产许可。

项目一

食醋的检测

背景资料

食醋是以粮食、果实、酒类等富含糖类、酒精的物质为原料，经微生物分解、发酵酿制而成的一种酸性调味品，是中国传统的调味品。据现有文献记载，至少在三千年以前中国古代劳动人民就已经用酒作为发酵剂来发酵酿制食醋了。食醋的组成以乙酸为主，以乳酸、琥珀酸、苹果酸、延胡索酸等有机酸为辅，还包括由微生物发酵所形成的各种酯类、醛类等，具有酸、香、甜、绵的特殊风味。食醋不仅是一种调味品，也具有多种医疗和营养保健功能，《本草纲目》中专门记载了用醋治疗霍乱、牙痛、烫伤等的方法，中国老百姓的日常生活中也常用醋来保存食物、促进营养吸收、补充营养等。中国是一个食醋生产与消费大国，2022年我国食醋产量达到461万t，居世界首位。按生产工艺分，食醋可分为酿造醋、勾兑醋和配制醋，其中酿造醋以粮食和水作为原料，通过一系列复杂的发酵过程加工而成，营养成分丰富，具有独特的风味；而勾兑醋和配制醋中不同程度地添加了化学合成的乙酸，发酵产物少，营养成分少，风味不明显。随着食醋产业的快速发展和消费者需求的提高，为了保证食醋的食品安全、规范酿造食醋的质量标准，近年来，国家相关部门先后修订了相关的标准文件，形成了 GB 2719—2018《食品安全国家标准　食醋》、GB 12456—2021《食品安全国家标准　食品中总酸的测定》、GB/T 19777—2013《地理标志产品 山西老陈醋》等新版标准文件，并正在制定国家标准《食醋质量通则》，修订 SB/T 10304—1999《麸醋质量标准》、SB/T 10306—1999《香醋酿制工艺规程》等行业标准。

任务三十　酸度计法测定食醋中的总酸

案例导入

总酸是食醋的特征性品质指标之一。一般而言，总酸含量越高说明食醋发酵程度越高，酸味越浓。2022 年 3 月，山东省市场监督管理局发布 2022 年第 10 期食品不合格情况通告显示：标称为山东食圣酿造食品有限公司生产的香醋，总酸（以乙酸计）为 2.10g/100mL，不符合 GB 2719—2018《食品安全国家标准　食醋》中总酸含量不得低于 3.5 g/100mL 的规定，该食品抽检不合格。对此次抽检中发现的不合格产品，山东省市场监督管理局已责令该企业查清产品流向，召回、下架不合格产品，控制风险，并分析原因进行整改。

任务描述

食醋中乙酸含量一般在 3%~5%，为保证食品安全，GB 2719—2018《食品安全国家标准　食醋》中规定总酸（以乙酸计）≥3.5g/100mL。因此，总酸（以乙酸计）是评价食醋是否符合食品安全标准、达到产品质量要求的重要指标。请独自查询资料、学习国家标准、参与话题讨论，合作制订食醋总酸的检测方案并完成样品检测。

学习目标

❖ 知识目标

1. 知道酸度计法测定食醋总酸含量的标准依据，理解检测的原理。

2. 了解检测所需的试剂和仪器设备，熟练掌握酚酞指示剂、氢氧化钠标准滴定溶液配制的方法和要求。

3. 掌握酸度计的安装、使用和维护方法。

4. 掌握样品制备、测定的操作程序及要求。

❖ 技能目标

1. 能够根据国家标准完成试剂的配制和仪器的准备。

2. 能进行样品的制备、测定，及仪器的使用、维护。

3. 能根据记录的数据进行结果计算和精密度分析。

❖ 素质目标

1. 具有实事求是和科学严谨的工作态度。
2. 具有规范操作意识和爱护仪器设备的意识。
3. 具有团队合作精神。
4. 养成清洁、整理的习惯。

课前准备

1. 学习资源准备

通过网络获取 GB 12456—2021《食品安全国家标准　食品中总酸的测定》第二法、GB/T 5009.41—2003《食醋卫生标准的分析方法》、GB 2719—2018《食品安全国家标准　食醋》、GB 18187—2000《酿造食醋》、GB/T 5009.1—2003《食品卫生检验方法 理化部分　总则》、GB/T 601—2016《化学试剂　标准滴定溶液的制备》等标准文件，以及扫码获取视频《食醋的检测-总酸的测定（酸度计法）》。

食醋的检测（总酸的测定-酸度计法）（视频）

2. 完成预习任务

（1）阅读相关标准文件，观看操作视频，小组合作初拟检测方案。

（2）遵循够用节约的原则，设计试剂的配制量，汇总所需仪器设备的规格和数量。

（3）参与话题讨论：为什么要测定食醋中的总酸？

思政园地

夫尺有所短，寸有所长；物有所不足，智有所不明。

——战国·屈原《卜居》

必备知识

1. 产品标准

食醋中总酸的质量标准如表 5-1 所示。

表 5-1　食醋中总酸的质量标准

序号	品类	总酸（以乙酸计）/（g/100mL）	标准依据
1	食醋	≥3.5	GB 2719—2018《食品安全国家标准　食醋》
2	酿造食醋	≥3.5	GB/T 18187—2000《酿造食醋》

2. 检测标准

GB 12456—2021《食品安全国家标准　食品中总酸的测定》第二法、GB/T 5009.41—2003《食醋卫生标准的分析方法》。

3. 检测原理

食醋中主要成分是乙酸，含有少量其他有机酸，用 0.0500mol/L 氢氧化钠标准溶液滴定，以酸度计测定 pH 8.2 为终点，结果以乙酸表示。

任务实施

一、仪器设备准备

酸度计法测定食醋中总酸所需的仪器设备如表 5-2 所示。

表 5-2　所需仪器设备

序号	仪器名称	规格	数量	用途
1	分析天平	0.0001g	1	称量
2	电子天平	0.01g	1	称量
3	酸度计（pH 计）	±0.01（pH）	1	测定溶液 pH
4	磁力搅拌器	—	1	搅拌
5	恒温干燥箱	—	1	恒温烘干
6	烧杯	100mL	1	配制酚酞溶液
7	烧杯	150mL	4	配制氢氧化钠溶液、盛放标准缓冲溶液、进行 pH 计标定
8	烧杯	250mL	4	盛放试样溶液及空白、进行电位滴定
9	分度吸量管	5mL	1	移取氢氧化钠澄清溶液
10	分度吸量管	10mL	2	移取样品、稀释后的试样溶液
11	试剂瓶	100mL	1	储存指示剂
12	聚乙烯试剂瓶	250mL	1	储存氢氧化钠溶液
13	容量瓶	100mL	3	配制酚酞指示液、氢氧化钠溶液、试样溶液
14	容量瓶	1000mL	1	配氢氧化钠标准滴定溶液
15	滴瓶	30mL	6	储存指示剂
16	干燥器	—	1	干燥邻苯二甲酸氢钾
17	扁型称量瓶	60mm×30mm	1	盛放邻苯二甲酸氢钾
18	碱式滴定管	50mL	1	氢氧化钠标准滴定溶液标定
19	试剂瓶	1000mL	1	储存氢氧化钠标准滴定溶液
20	锥形瓶	250mL	4	标定氢氧化钠标准滴定溶液
21	量筒	100mL	1	量取蒸馏水
22	洗瓶	500mL	1	清洗

二、试剂配制

（一）试剂清单

酸度计法测定食醋中总酸所需的试剂如表 5-3 所示。

表 5-3 所需试剂

序号	试剂名称	作用
1	氢氧化钠（NaOH）	配制标准滴定溶液，与酸反应
2	95%乙醇（C_2H_5OH）	酚酞指示剂的溶剂
3	酚酞（$C_{20}H_{14}O_4$）	指示剂：在酸性和中性溶液中为无色，在碱性溶液中为紫红色
4	邻苯二甲酸氢钾（$C_8H_5O_4K$）	标定氢氧化钠标准滴定溶液的基准试剂、配制 pH 4.00 标准缓冲溶液
5	磷酸二氢钾（KH_2PO_4）	配制 pH 6.86 标准缓冲溶液
6	无水磷酸二氢钠（NaH_2PO_4）	配制 pH 6.86 标准缓冲溶液
7	硼砂（$Na_2B_4O_7 \cdot 10H_2O$）	配制 pH 9.18 标准缓冲溶液

（二）配制方法

1. 无二氧化碳的水、pH 4.00 标准缓冲溶液（25℃）、pH 6.86 标准缓冲溶液（25℃）、pH 9.18 标准缓冲溶液（25℃）：同电位滴定仪法测定生乳的酸度。

2. 氢氧化钠标准滴定溶液（0.05mol/L）

（1）配制　配制 0.05mol/L 氢氧化钠标准滴定溶液的方法及要求如表 5-4 所示。

表 5-4 0.05mol/L 氢氧化钠标准滴定溶液配制方法及要求

序号	步骤	操作方法	要求
1	饱和溶液的制备	称取氢氧化钠 62.5g 于 150mL 烧杯中，加入蒸馏水至 50mL，搅拌至基本溶解	（1）在百分之一电子天平上称量，不要超过最大量程； （2）该过程为放热过程，谨防烫伤； （3）规范操作，谨防强碱腐蚀
2	澄清	冷却后置于聚乙烯瓶中，密封、澄清（至少一周）	若储存于玻璃试剂瓶中，需使用橡胶塞密封
3	稀释	取上清液 2.6mL，加入新煮沸冷却的蒸馏水定容至 1000mL	

（2）标定　标定 0.05mol/L 氢氧化钠标准滴定溶液的方法及要求如表 5-5 所示。

表 5-5 0.05mol/L 氢氧化钠标准滴定溶液标定方法及要求

序号	步骤	操作方法	要求
1	基准物恒重	取工作基准试剂邻苯二甲酸氢钾适量，置于洁净的称量瓶中，斜搭盖露出缝隙，置于恒温干燥箱中保持 105~110℃ 干燥 4h，取出，于干燥器中冷却	取出称量瓶时戴棉线手套，以防烫伤
2	基准物称量	采用减量称量法，取上述处理后的邻苯二甲酸氢钾 0.36g 置于 250mL 锥形瓶中	戴棉线手套取拿称量瓶；倾样次数≤3 次；记录数据

续表

序号	步骤	操作方法	要求
3	加水溶解	用量筒量取无二氧化碳的水 80mL，加入锥形瓶中，振荡使固体溶解	若溶解较慢，可稍加热，溶解后应冷却至室温
4	加指示剂	加入 2 滴酚酞指示液	
5	加滴定液	将配好的氢氧化钠标准滴定溶液装入 50mL 碱式滴定管中	滴定管使用前需检漏、润洗；加入滴定液后需排气泡、调节液面至“0”刻度处
6	滴定	滴定至溶液由无色呈粉红色，30s 不褪色，记录消耗氢氧化钠标准滴定溶液的体积	如实记录数据，平行测定 3 次
7	空白试验	不加基准试剂，直接测定滴定蒸馏水所消耗的氢氧化钠标准滴定溶液的体积	空白试验数值不能太高，若太高，应找出原因，重新测定

（3）计算　氢氧化钠标准滴定溶液的浓度按式（5-1）计算：

$$c = \frac{m \times 1000}{(V_1 - V_2) \times M} \tag{5-1}$$

式中　c——氢氧化钠标准滴定溶液浓度，mol/L；

m——称取的邻苯二甲酸氢钾质量，g；

V_1——氢氧化钠标准滴定溶液体积，mL；

V_2——空白试验消耗的氢氧化钠标准滴定溶液的体积，mL；

M——邻苯二甲酸氢钾的摩尔质量，g/moL（M=204.22）。

三、操作步骤

（一）试样溶液制备

酸度计法测定食醋总酸中，试样溶液制备的方法及要求如表 5-6 所示。

表 5-6　试样溶液制备的方法及要求

序号	步骤	操作方法	要求
1	取样	用分度吸量管吸取食醋样品 10.00mL 至 100mL 容量瓶中	（1）样品制备成 10%的稀释液（估计总酸大于 4.5g/100mL 的样品稀释为 5%）； （2）规范使用吸量管进行液体转移
2	定容	用无二氧化碳的水定容至刻度，摇匀，待用	（1）水中溶解的二氧化碳会干扰测定，定容用的水必须去除二氧化碳； （2）若食醋中有沉淀，可用快速滤纸过滤，收集滤液，待用

（二）酸度计准备（以雷磁 PHS-3E 型 pH 计为例）

1. 仪器准备

酸度计准备的步骤及要求如表 5-7 所示。

表 5-7　　酸度计的准备

序号	步骤	操作方法	要求
1	安装多功能电极架	将多功能电极架插入多功能电极架插座中，拧好 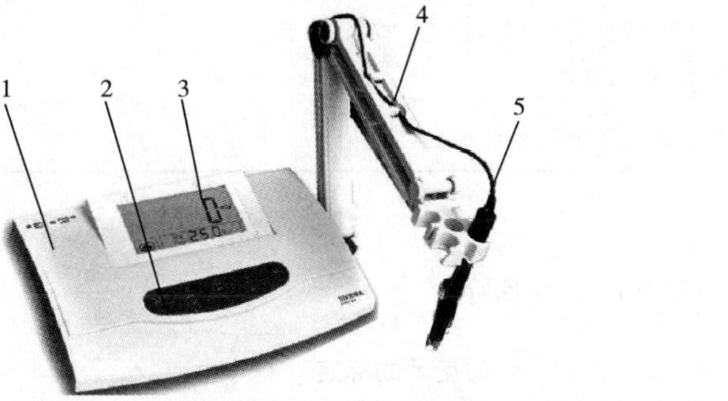	雷磁 PHS-3E 型 pH 计外形结构图： 1—机箱 2—键盘 3—显示屏 4—多功能电极架 5—pH 复合电极
2	安装电极	将 pH 复合电极安装在多功能电极架上； 捏住短路插头，旋转 90°拔出，接上电极插头，旋转 90°拧紧 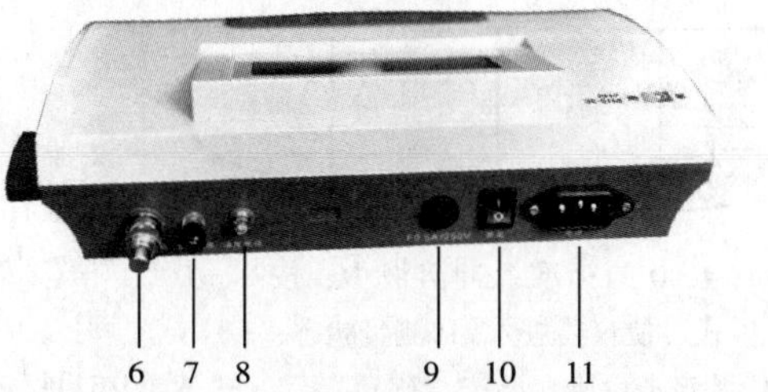	雷磁 PHS-3E 型 pH 计背面板图： 6—测量电极插座（不测量时安插的是短路插头） 7—参比电极接口 8—温度电极插座 9—保险丝 10—电源开关 11—电源插座
3	取下电极保护帽	将 pH 复合电极下端的电极保护帽拔下，并且拉下电极上端的皮套使其露出上端小孔 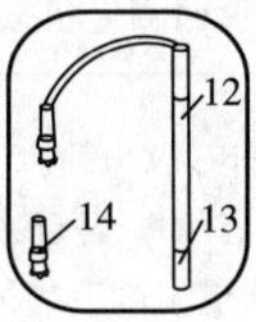	雷磁 PHS-3E 型 pH 计附件图： 12—pH 复合电极 13—电极保护帽 14—短路插头
4	清洗电极	用蒸馏水清洗电极	清洗后用滤纸轻轻拭干电极，注意滤纸不能碰触电极头
5	预热	开机预热 30min 左右	充分预热，可保证仪器的高精度测量

2. 温度设置

酸度计一般情况下不需设置温度，若需设置，可按表 5-8 进行操作。

表 5-8　　酸度计的温度设置

序号	步骤	操作方法	要求
1	测温	在不接温度电极的情况下，用温度计测出被测溶液的温度	（1）温度计的玻璃泡全部进入被测液体中，不可接触容器内壁； （2）待示数稳定后再读数； （3）读数时玻璃泡继续留在被测液体中，视线与温度计中液柱的上表面向平

续表

序号	步骤	操作方法	要求
2	调温	按“温度△”或“温度▽”键调节显示值	
3	确认	温度显示为被测溶液的温度，按“确认”键，即完成当前温度的设置	
4	放弃	按“pH/mV”键放弃设置	

3. 仪器标定

酸度计标定的操作方法如表 5-9 所示。

表 5-9　酸度计的标定

序号	步骤	操作方法	要求
1	一点标定	仪器的操作键盘如下图： 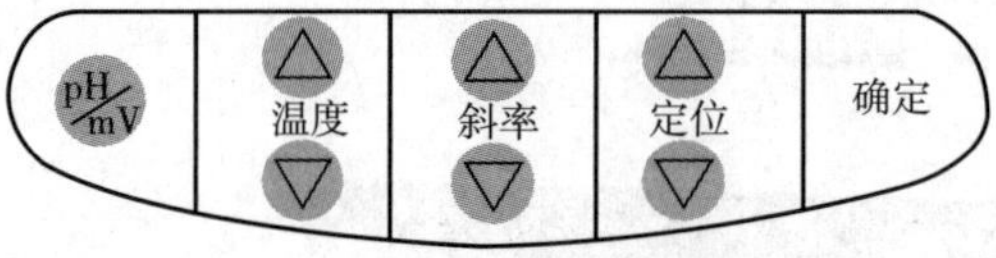 （1）将电极插入 pH 4.00 的标准缓冲溶液中，按“pH/mV”键切换至 pH 模式，使仪器进入 pH 测量状态； （2）按“定位”键调节显示值，再按“确定”键，进入第一点标定； （3）待读数稳定后，再按“确定”键，仪器存贮当前的标定结果，并显示斜率和 E_0 值，返回测量状态	仪器配置有 pH 4.00、pH 6.86、pH 9.18 三种标准缓冲溶液，可选择其中一种或两种进行一点或二点标定，二点标定可以保证高测量精度
2	二点标定	（1）在测量状态下，将清洗后的电极头插入 pH 4.00 标准缓冲溶液中，读数稳定，按“定位”键进入一点标定状态，仪器识别当前标液并显示当前温度下的标准 pH 4.00； （2）若显示值不是 4.00，则按“定位△”或“定位▽”键调节显示值；按“斜率”键完成第一点标定； （3）再次用蒸馏水清洗电极并插入 pH 9.18 标准缓冲溶液中； （4）仪器识别当前标液并显示当前温度下的标准 pH 9.18； （5）按“确认”键完成标定，仪器存贮当前标定结果并显示斜率和 E_0 值，然后返回测量状态	（1）及时清洗电极头并用吸水纸吸干水分； （2）校准斜率必须在 95% 以上，否则需重新校准； （3）被测溶液 pH 最好处于二点标定的两种标准缓冲溶液 pH 内，例如，已知被测溶液偏酸性，可选择 pH 4.00、pH 6.86 缓冲溶液进行二点标定； （4）一般情况下，仪器连续使用时，每天标定一次即可

（三）样品检测

酸度计法测总酸的方法及要求如表 5-10 所示。

表 5-10　酸度计法测总酸的方法及要求

序号	步骤	操作方法	要求
1	移取试样溶液	用吸量管吸取试样溶液 20.00mL 至 250mL 烧杯中	规范使用吸量管进行液体转移

续表

序号	步骤	操作方法	要求
2	滴定准备	将盛有试液的烧杯放到磁力搅拌器上，放入搅拌子，将 pH 计电极插入液面下，注意不要靠近搅拌子；按下 pH 计读数开关，开通搅拌器电源，匀速搅拌	磁力搅拌器使用注意事项： （1）仪器和配套的搅拌子应保持清洁干燥； （2）调速时应由低速逐步调至高速，不要高速档直接起动，以免搅拌子不同步，引起跳动
3	滴定	迅速用 0.0500mol/L 氢氧化钠标准滴定溶液滴定，随时观察溶液 pH 读数变化，滴定至 pH = 8.2 时，到达滴定终点，停止滴定。记录消耗氢氧化钠标准滴定溶液的体积	（1）pH 接近 8.2 时，放慢滴定速度，一次滴加一滴或者半滴，直至到达滴定终点； （2）如实记录数据，平行测定 3 次
4	空白试验	同时用无二氧化碳的水代替试液做空白试验，记录消耗氢氧化钠标准滴定溶液的体积	空白试验数值不能太高，若太高，应找出原因，重新测定

（四）仪器清洁与维护

完成样品检测后，按照表 5-11 中的步骤和要求，对酸度计进行清洁与维护。

表 5-11　　酸度计的清洁与维护

序号	步骤	操作方法	要求
1	清洗电极头	用蒸馏水清洗电极，并用滤纸擦干	电极测定之前和完成测定之后，都要用蒸馏水冲洗电极，并用滤纸吸干水；注意滤纸不能碰触探头
2	装上电极保护帽	装上电极上端的皮套，装上电极保护帽	测量结束后，及时将电极保护帽装上，保护帽内应放少量氯化钾饱和溶液作为外参比补充液，以保持电极球泡湿润，避免长期浸泡在蒸馏水中
3	关机并还原	（1）关机：关闭电源； （2）还原：若长时间不使用仪器，应将电极和电极架拆下，放好	仪器在开机之前，应取下电极保护帽，安装好 pH 电极头；严禁在仪器没有套上电极保护帽或未接上 pH 计连接线时开机

四、数据分析及处理

（一）结果计算

试样中总酸的含量（以乙酸计）按式（5-2）计算：

$$X = \frac{(V_3 - V_0) \times c \times 0.060}{V \times 10/100} \times 100 \tag{5-2}$$

式中　X——试样中总酸的含量（以乙酸计），g/100mL；

c——氢氧化钠标准滴定溶液的浓度，mol/L；

V_3——滴定试液时消耗氢氧化钠标准滴定溶液的体积，mL；

V_0——空白试验时消耗氢氧化钠标准滴定溶液的体积，mL；

0.060——与 1mol 氢氧化钠标准溶液相当的乙酸的质量，g；

V——试样的体积，mL。

计算结果以重复性条件下获得的两次独立测定结果的算术平均值表示，结果保留到小数点后两位。

（二）精密度

在重复条件下获得的两次独立测定结果的绝对差值不得超过算术平均值的 10%。

（三）原始数据记录

将检测过程中获得的数据如实填写在原始数据记录表 5-12 中。

表 5-12　　酸度计法测定食醋中总酸的原始数据记录表

检测日期		样品名称		样品规格	
检测依据				样品状态	
氢氧化钠标准溶液标定					
编号			1	2	3
邻苯二甲酸氢钾的质量/g					
滴定时所消耗的氢氧化钠标准滴定溶液的体积/mL					
空白试验中氢氧化钠标准滴定溶液用量/mL					
氢氧化钠标准滴定溶液的实际浓度/（mol/L）					
氢氧化钠标准滴定溶液浓度的平均值/（mol/L）					
计算公式					
样品的测定					
样品编号			1	2	
吸取样品的体积/mL					
制备试样溶液的总体积/mL					
试液的稀释倍数					
吸取试样溶液的体积/mL					
氢氧化钠标准溶液的浓度/（mol/L）					
试样所消耗氢氧化钠标准滴定溶液的体积/mL					
空白试验所消耗氢氧化钠标准滴定溶液的体积/mL					
酸的换算系数					
试样中总酸的含量/（g/100mL）	测定值				
	平均值				
精密度/%	测定值		允许偏差		
计算公式					
产品标准/（g/100mL）					
结论：					

温馨提示

1. 只有正确选用、规范使用和维护酸度计的电极，才能确保测量的准确度和精密度。
2. 秉承科学严谨的作风，如实记录数据，细致分析结果。
3. 遵守实验室管理规定，及时完成清洗和整理工作，保持实验室的清洁整齐。

考核评价

通过小组自评、组间互评、教师评价，根据课前学习任务的完成情况评价自学能力，根据课中关键操作点的规范性评价操作技能，根据沟通交往、解决问题、时间管理、科学严谨的表现评价工作素养，根据实训报告、课后测试评价课后巩固提升。

酸度计法测定食醋中的总酸（考核评价表）

酸度计法测定食醋中的总酸（课后测试题）

方法拓展

全自动滴定仪法测定食醋中的总酸

食醋的检测（总酸的滴定-全自动滴定仪法）（视频）

（一）检测标准

GB 12456—2021《食品安全国家标准　食品中总酸的测定》第三法、GB/T 5009.41—2003《食醋卫生标准的分析方法》。

（二）检测原理

食醋中主要成分是乙酸，含有少量其他有机酸，用 0.0500mol/L 氢氧化钠标准溶液滴定，以全自动电位滴定仪测定 pH 8.2 为终点，结果以乙酸表示。

（三）仪器设备的准备

在酸度计法测定食醋中的总酸的基础上将雷磁 PHS-3E 型 pH 计更换为海能 T960 全自动滴定仪。

（四）试剂的配制

同酸度计法测定食醋中的总酸。

（五）检测过程

1. 仪器的准备

全自动滴定仪准备的步骤和要求如表 5-13 所示。

表 5-13　全自动滴定仪的准备

序号	步骤	操作方法	要求
1	选择电极	复合电极：pH 复合电极	（1）根据实验类型准确选择电极，安装电极前拔掉堵头并观察底部球泡处

续表

序号	步骤	操作方法	要求
1	选择电极	复合电极：pH 复合电极	是否有气泡，如有气泡轻甩电极（类似甩温度计）； （2）结晶严重的电极不能使用； （3）初次使用或长时间不用的 pH 玻璃电极和 pH 复合电极使用前将其浸泡在饱和的 KCl 溶液中 30min
2	开机自检	（1）打开主机电源开关，听到仪器阀与泵的运转声音后，待主机自检完成； （2）双击电脑上的图标 APT ，打开操作软件，进入主操作界面，操作界面右下角显示“连接成功！设备正常”	
3	三点标定	（1）在“设置”菜单项中进行标定，选择主控模块一； （2）将左侧的 pH 1、pH 2、pH 3，分别输入 4. 00、6. 86、9. 18； （3）将电极插入到 pH 为 4. 00 的缓冲溶液中，点击“启动标定 1”； （4）读数稳定后，将电极取出进行清洗干净，再放入 pH 为 6. 86 的缓冲溶液中，点击“启动标定 2”； （5）读数稳定后，将电极取出清洗干净，再放入 pH 为 9. 18 的缓冲溶液中，点击“启动标定 3”； （6）读数稳定后，点击“计算”，仪器会根据测量的值进行计算出电极斜率，并自动保存数据	更换标准缓冲溶液后，需用蒸馏水冲洗电极，并利用吸水纸小心地吸干电极上的水
4	润洗滴定管路	（1）将模块一连接滴定管的管路（ϕ3. 2mm）的空白端插入到滴定剂里面； （2）点击测试菜单左上角的“例行维护”功能； （3）选择要清洗的滴定模块，清洗速度和次数； （4）点击“开始清洗”，仪器会自动进行清洗 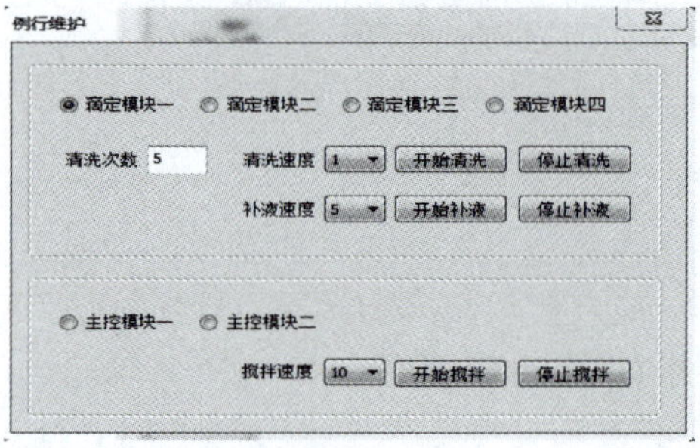	（1）滴定剂为 0. 0500mol/L 氢氧化钠标准滴定溶液； （2）滴定模块和清洗次数可提前设置； （3）至少清洗 3 次
5	补液	点击“开始补液”补满滴定剂	
6	放电极	（1）精密吸取待测食醋样品溶液 20mL 于滴定杯内，加水 50mL，将滴定杯放在滴定平台上； （2）将电极感应头和滴定头没入被测物质液面以下	（1）避免指示电极与滴定头靠得太近影响实验结果； （2）不要让搅拌器碰到电极

2. 选择滴定方法

全自动滴定仪滴定方法选择的步骤和要求如表5-14所示。

表5-14　全自动滴定仪滴定方法的选择

序号	步骤	操作方法	要求
1	进入界面	选择滴定方法，点击“运行方法”，进入到滴定界面	
2	滴定方法	方法类型：终点滴定 滴定终点：设定pH（mV）	（1）该类型每次添加滴定剂的体积为变量； （2）滴定速度按照采集的电信号变化而变化
3	滴定管体积	10mL	
4	设置电极	工作电极：pH复合电极	
5	样品计量单位	质量选择g，体积选择mL	本项目选择mL
6	滴定显示单位	pH	
7	补液速度	10mL滴定管，以水作为溶剂时选择5	本项目选择6
8	搅拌速度	溶剂量小于150mL，速度选择5~7	本项目选择6
9	电极平衡时间	2~3s	
10	电极平衡电位	2~3mV	
11	预搅拌时间	一般10~15s，若是要求滴定时间快速的，可以设定5s	本实验选择5s
12	结束体积	根据具体实验需求量，一般设定一个滴定管体积	该数值应当通过预实验来确定
13	滴定前平衡电位	一般设定5~10mV	
14	慢滴体积	0.01~0.02mL	
15	快滴体积	0.1~0.3mL	
16	慢滴平衡电位	1~2mV	本项目选择1mV
17	慢滴平衡时间	5s	
18	快滴平衡电位	2~3mV	本项目选择1mV
19	快滴平衡时间	3s	
20	终点值	pH=8.2	
21	终点预控范围	曲线上升时，设定值为终点值减1~1.5；曲线下降时，设定值为终点值加1~1.5	本项目设置为6.4
22	延时	通常为10~15s	本项目设置为6s

续表

序号	步骤	操作方法	要求
23	相关系数	计算公式中除去仪器默认部分的全部的乘积	本项目设置为 60
24	结果单位（体积）	根据具体需求设置	本项目设置为 30mL
25	预滴定添加体积	（1）预知大概滴定体积时，可设定总体积的 50%~70%； （2）未知时，按照最小添加体积设置	本项目设置为 0
26	预滴定后搅拌时间	（1）大体积添加后，10~15s； （2）小体积添加后，2~5s	本项目设置为 6s
27	主滴定剂-试剂名称	氢氧化钠	
28	主滴定剂-理论浓度	标定后的浓度，此时不参与计算	
29	样品信息	双击滴定杯图案，进入样品信息对话框，输入样品信息	样品信息包括样品编号、名称、质量、空白体积、滴定类型、滴定方法、主滴定剂名称和浓度等

3. 样品的检测

利用全自动滴定仪进行样品检测的方法及要求如表 5-15 所示。

表 5-15　　全自动滴定仪样品检测的方法及要求

序号	步骤	操作方法	要求
1	检查仪器	检查电极、滴定杯、滴定剂、搅拌器是否安装到位	
2	样品滴定	点击“开始滴定”进行滴定	（1）滴定过程和结果会显示在测试界面内； （2）清洗及滴定过程中，如发现有气泡由滴定管进入滴定出口管，滴定结果无效，应重新连接管路或联系售后工程师
3	确定终点	仪器找到滴定终点后会进行提示，点击“是”退出，仪器自动补液	
4	清洗	手动清洗电极和搅拌器	

4. 仪器清洗

试验结束后将电极清洗干净保存，用蒸馏水按照“润洗滴定管路”的方法清洗仪器 5 遍，关闭电源。

（六）数据分析及处理

同酸度计法测定食醋中的总酸。

全自动滴定仪法测定食醋中的总酸（课后测试题）

知识链接

食醋在中国的发展历史

在世界范围内食醋大致分为东方醋和西方醋两大类，东方醋的原材料主要为谷物，西方醋的原材料主要为水果。东方醋起源于中国，酿醋历史至少可追溯至三千年前。目前已知最早记载有醋的中国古代文献，是周朝时期的《周礼·天官冢宰·酒正》（“醯（xī）人掌共五齑（jī）、七菹（zū），凡醯物”，意思是：醯人负责掌管五种捣碎的细末、七种腌菜，以及凡是用醋调味的食物），至北魏时《齐民要术·卷八·作酢（cù）法》里记载了米酿醋法、酒糟酿醋法、大麦酿醋法等 20 多种酿醋方法，唐宋以后微生物和制曲技术逐步发展，至明代已有大曲、小曲和红曲之分。发展至今天，中国食醋的种类繁多，各地都有生产，其中历史悠久、具有代表性的山西老陈醋、江苏镇江香醋、四川保宁醋、福建永春老醋被称为“中国四大名醋”。

任务三十一 酸度计法测定食醋中的不挥发酸

案例导入

2022 年 6 月 22 日河南省市场监督管理局发布 2022 年第 14 期食品不合格情况的通告，本期检出标称开封市酿造有限公司生产的 1 批次汴梁香醋不合格。该批次香醋的不挥发酸（以乳酸计）检出值为 0.43g/100mL，未达到国家标准所规定的不小于 0.50g/100mL 的要求。

不挥发酸是食醋中酸的一种，以乳酸为主，可以使食醋的酸味绵长、柔软可口。食醋中的不挥发酸含量不足，会在一定程度上影响其口感和风味。造成不挥发酸不合格的原因可能是生产加工过程中发酵工艺控制不当。

任务描述

酿造食醋中有机酸，除了挥发性的醋酸（乙酸），还包括乳酸、琥珀酸、苹果酸、延胡索酸、柠檬酸等不挥发酸，不挥发酸的存在使食醋的酸味变得柔和、多样，这也是原料不同、酿造工艺不同所酿制出的食醋各具特色的原因。为保证产品质量，GB 18187—2000《酿造食醋》中规定不挥发酸（以乳酸计）≥0.50g/100mL；为突出山西老陈醋的产品特色，GB/T 19777—2013《地理标志产品　山西老陈醋》中要求不挥发酸（以乳酸计）≥2.00g/100mL。因此，不挥发酸（以乳酸计）是判断食醋酿制生产工艺是否控制得当、评价其是否达到产品质量要求的重要指标。请独自查询资料、学习国家标准、参与话题讨论，合作制订食醋中不挥发酸的检测方案并完成样品检测。

学习目标

❖ 知识目标

1. 知道酸度计法测定食醋中不挥发酸含量的标准依据，理解检测的原理。
2. 了解检测所需的试剂和仪器设备，掌握酚酞指示液、氢氧化钠标准滴定溶液配制的方法和要求。

3. 掌握酸度计的使用和维护方法。

4. 掌握样品制备、测定的操作程序及要求。

❖ 技能目标

1. 能够根据国家标准完成试剂的配制和仪器的准备。

2. 能进行样品的制备、测定，及仪器的使用、维护。

3. 能根据记录的数据进行结果计算和精密度分析。

❖ 素质目标

1. 树立遵纪守法的意识。

2. 形成规范操作意识和团队合作精神。

3. 养成实事求是、科学严谨的工作态度。

4. 养成清洁、整理的习惯。

课前准备

1. 学习资源准备

通过网络获取 GB/T 18187—2000《酿造食醋》、GB/T 601—2016《化学试剂 标准滴定溶液的制备》等标准文件，以及扫码获取视频《食醋的检测-不挥发酸的测定》。

食醋的检测-不挥发酸的测定（视频）

2. 完成预习任务

（1）阅读相关标准文件，观看操作视频，小组合作初拟检测方案。

（2）遵循够用节约的原则，设计试剂的配制量，汇总所需仪器设备的规格和数量。

（3）参与话题讨论：为什么要测定食醋中的不挥发酸?

思政园地

全面依法治国是国家治理的一场深刻革命，关系党执政兴国，关系人民幸福安康，关系党和国家长治久安。

——《中国共产党第二十次全国代表大会报告》

必备知识

1. 产品标准

食醋中不挥发酸的质量标准如表 5-16 所示。

表 5-16　食醋中不挥发酸的质量标准

序号	品类	不挥发酸（以乳酸计）/（g/100mL）	标准依据
1	酿造食醋	≥0.5	GB/T 18187—2000《酿造食醋》

2. 检测标准

GB/T 18187—2000《酿造食醋》。

3. 检测原理

样品经蒸馏除去挥发酸，收集蒸馏后剩余溶液，根据酸碱中和原理，用 0.0500mol/L 氢氧化钠标准溶液滴定至 pH 为 8.2 时所消耗的体积，经计算确定其酸度。

任务实施

一、仪器设备准备

酸度计法测定食醋中不挥发酸所需的仪器设备如表 5-17 所示。

表 5-17　所需仪器设备

序号	仪器名称	规格	数量	用途
1	分析天平	0.0001g	1	称量
2	酸度计（pH 计）	±0.01（pH）	1	测定溶液 pH
3	磁力搅拌器	—	1	搅拌
4	恒温干燥箱	—	1	恒温烘干
5	单沸式蒸馏装置	—	1	样品蒸馏
6	电炉	500W	1	加热
7	烧杯	100mL	1	配制酚酞溶液
8	烧杯	150mL	2	盛放标准缓冲溶液，进行酸度计标定
9	烧杯	200mL	4	盛放蒸馏残余液、空白
10	烧杯	250mL	1	配制氢氧化钠溶液
11	分度吸量管	2mL	1	移取样品
12	分度吸量管	25mL	2	移取样品、稀释后的试样溶液
13	试剂瓶	100mL	1	储存指示剂
14	聚乙烯试剂瓶	250mL	1	储存氢氧化钠溶液
15	容量瓶	100mL	2	配制酚酞指示液、氢氧化钠溶液
16	容量瓶	250mL	1	配制试样溶液
17	容量瓶	1000mL	1	配氢氧化钠标准滴定溶液
18	滴瓶	30mL	6	储存指示剂
19	干燥器	—	1	干燥邻苯二甲酸氢钾
20	扁型称量瓶	60mm×30mm	1	盛放邻苯二甲酸氢钾
21	碱式滴定管	50mL	1	氢氧化钠标准滴定溶液标定

续表

序号	仪器名称	规格	数量	用途
22	试剂瓶	1000mL	1	储存氢氧化钠标准滴定溶液
23	锥形瓶	250mL	4	标定氢氧化钠标准滴定溶液
24	量筒	100mL	1	量取蒸馏水
25	分度吸量管	10mL	1	移取氢氧化钠澄清溶液
26	洗瓶	500mL	1	清洗

二、试剂配制

1. 试剂清单

酸度计法测定食醋中不挥发酸所需的试剂如表 5-18 所示。

表 5-18　所需试剂

序号	试剂名称	作用
1	氢氧化钠（NaOH）	配制标准滴定溶液，与酸反应
2	95%乙醇（C_2H_5OH）	酚酞指示液的溶剂
3	酚酞（$C_{20}H_{14}O_4$）	氢氧化钠标准溶液标定时的指示剂
4	邻苯二甲酸氢钾（$C_8H_5O_4K$）	标定氢氧化钠标准滴定溶液的基准试剂、配制 pH 4.00 标准缓冲溶液
5	磷酸二氢钾（KH_2PO_4）	配制 pH 6.86 标准缓冲溶液
6	无水磷酸二氢钠（NaH_2PO_4）	配制 pH 6.86 标准缓冲溶液
7	硼砂（$Na_2B_4O_7 \cdot 10H_2O$）	配制 pH 9.18 标准缓冲溶液

2. 配制方法

（1）无二氧化碳的水、pH 4.00 标准缓冲溶液（25℃）、pH 6.86 标准缓冲溶液（25℃）、pH 9.18 标准缓冲溶液（25℃）　同电位滴定仪法测定生乳的酸度。

（2）酚酞指示液（10g/L）　同任务二十二《酚酞指示剂法测定泡菜中的总酸》。

（3）氢氧化钠标准滴定溶液（0.05mol/L）　同任务三十《酸度计法测定食醋中的总酸》。

三、操作步骤

1. 样品蒸馏

样品蒸馏，排除挥发酸的方法及要求如表 5-19 所示。

表 5-19　　样品蒸馏的方法及要求

序号	步骤	操作方法	要求
1	检查蒸馏装置密闭性	组装单沸式蒸馏装置，检查密闭性 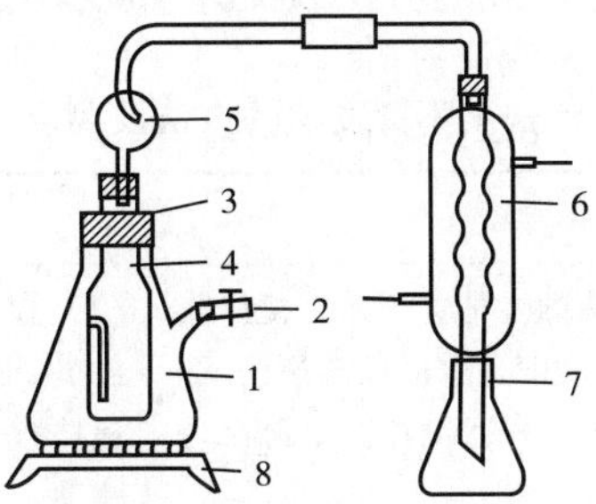	单沸式蒸馏装置图： 1—广口蒸馏瓶 2—排气口 3—橡胶塞 4—蒸馏管 5—氮球 6—冷凝管 7—锥形瓶 8—电炉
2	吸取样品，移入蒸馏管，装进蒸馏瓶	将样品摇匀，准确吸取 2. 00mL 移入单沸式蒸馏装置的蒸馏管中，加入 8mL 水摇匀；将蒸馏管插入装有适量水的蒸馏瓶中 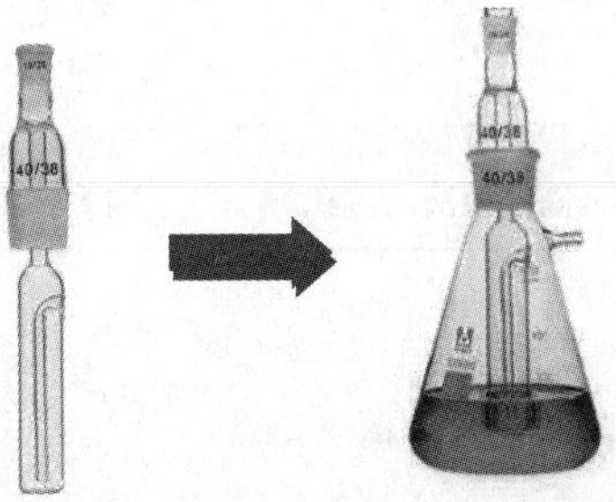	蒸馏瓶中水的液面应高于蒸馏液液面、低于排气口
3	安装蒸馏装置	连接蒸馏器和冷凝器，并将冷凝管下端的导管浸入盛有 10mL 水的锥形瓶的液面下 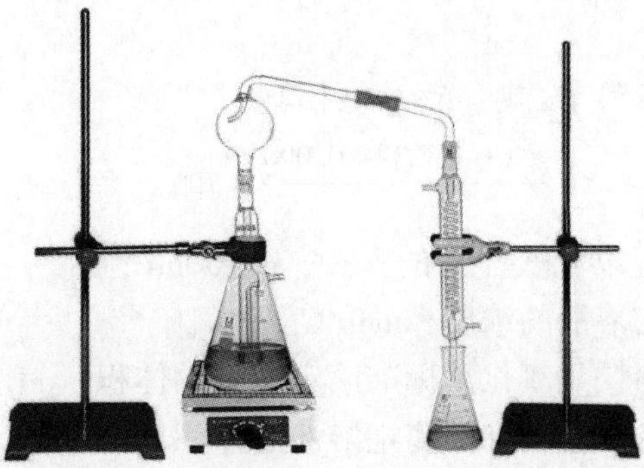	装置各部分连接处要紧密，确保气密性
4	蒸馏准备	打开排气口，加热至蒸馏瓶中的水沸腾 2min 后，关闭排气口，进行蒸馏	关闭排气口时，注意安全操作，谨防烫伤
5	蒸馏	蒸馏至馏出液达到 180mL 时，打开排气口，关闭电源（以防蒸馏瓶内真空）	蒸馏过程中，如蒸馏管内产生大量泡沫影响测定时，可重新取样，加 1 滴精制植物油或少量单宁再蒸馏
6	收集蒸馏残余液	将蒸馏管中残余液倒入 200mL 烧杯中，用水反复冲洗蒸馏管及管上的进气孔，洗液并入烧杯，再补加水至烧杯中溶液总量约为 120mL	蒸馏结束后，装置的蒸馏部分温度较高，拆卸时注意防烫

2. 酸度计准备

同任务三十《酸度计法测定食醋中的总酸》。

3. 样品检测

利用酸度计测定蒸馏液中不挥发酸的方法及要求如表5-20所示。

表5-20　　酸度计法测不挥发酸的方法及要求

序号	步骤	操作方法	要求
1	滴定准备	将盛有120mL残留液的烧杯置于磁力搅拌器上，放入搅拌子，将酸度计电极插入液面下，注意不要靠近搅拌子；开通搅拌器电源，匀速搅拌	(1) 仪器和配套的搅拌子应保持清洁干燥；(2) 调速时应由低速逐步调至高速，不要高速档直接起动，以免搅拌子不同步，引起跳动
2	滴定	用0.05mol/L氢氧化钠标准滴定溶液滴定，随时观察溶液pH读数变化，滴定至pH = 8.2时，到达滴定终点，停止滴定，记录消耗氢氧化钠标准滴定溶液的体积	(1) pH接近8.2时，放慢滴定速度，一次滴加一滴或者半滴，直至到达滴定终点；(2) 如实记录数据，平行测定3次
3	空白试验	同时用无二氧化碳的水代替试液做空白试验，记录消耗氢氧化钠标准滴定溶液的体积	空白试验数值不能太高，若太高，应找出原因，并重新测定

4. 仪器清洁与维护

同任务三十《酸度计法测定食醋中的总酸》。

四、数据分析及处理

1. 结果计算

试样中不挥发酸（以乳酸计）按式（5-3）计算：

$$X = \frac{c \times (V - V_0) \times 0.090}{2} \times 100 \tag{5-3}$$

式中 X——试样中不挥发酸（以乳酸计）的含量，g/100mL；

c——氢氧化钠标准滴定溶液的浓度，mol/L；

V——滴定试样溶液时消耗氢氧化钠标准滴定溶液的体积，mL；

V_0——空白试验时消耗氢氧化钠标准滴定溶液的体积，mL；

0.090——1.00mL氢氧化钠标准滴定溶液［c（NaOH）= 1.000mol/L］相当于乳酸的质量，g；

2——试样的体积，mL。

计算结果以重复性条件下获得的两次独立测定结果的算术平均值表示，结果保留到小数点后两位。

2. 允许差

同一样品平行试验的测定差不得超过0.04g/100mL。

3. 原始数据记录

将检测过程中获得的数据如实填写在原始数据记录表5-21中。

表 5-21　　酸度计法测定酿造食醋中不挥发酸的原始数据记录表

<table>
<tr><td>检测日期</td><td></td><td>样品名称</td><td></td><td>样品规格</td><td></td></tr>
<tr><td>检测依据</td><td colspan="3"></td><td>样品状态</td><td></td></tr>
<tr><td colspan="6">氢氧化钠标准溶液标定</td></tr>
<tr><td colspan="3">编号</td><td>1</td><td>2</td><td>3</td></tr>
<tr><td colspan="3">邻苯二甲酸氢钾的质量/g</td><td></td><td></td><td></td></tr>
<tr><td colspan="3">滴定时所消耗的氢氧化钠标准滴定溶液的体积/mL</td><td colspan="3"></td></tr>
<tr><td colspan="3">空白试验中氢氧化钠标准滴定溶液用量/mL</td><td colspan="3"></td></tr>
<tr><td colspan="3">氢氧化钠标准滴定溶液的实际浓度/（mol/L）</td><td></td><td></td><td></td></tr>
<tr><td colspan="3">氢氧化钠标准滴定溶液浓度的平均值/（mol/L）</td><td colspan="3"></td></tr>
<tr><td colspan="3">计算公式</td><td colspan="3"></td></tr>
<tr><td colspan="3">氢氧化钠标准滴定溶液稀释倍数</td><td colspan="3"></td></tr>
<tr><td colspan="3">氢氧化钠标准滴定溶液稀释后的浓度/（mol/L）</td><td colspan="3"></td></tr>
<tr><td colspan="6">样品的测定</td></tr>
<tr><td colspan="3">样品编号</td><td colspan="2">1</td><td>2</td></tr>
<tr><td colspan="3">吸取样品的体积/mL</td><td colspan="2"></td><td></td></tr>
<tr><td colspan="3">氢氧化钠标准滴定溶液的浓度 c/（mol/L）</td><td colspan="2"></td><td></td></tr>
<tr><td colspan="3">试样溶液所消耗氢氧化钠标准滴定溶液的体积 V/mL</td><td colspan="3"></td></tr>
<tr><td colspan="3">空白试验所消耗氢氧化钠标准滴定溶液的体积 V_0/mL</td><td colspan="3"></td></tr>
<tr><td rowspan="2">试样中不挥发酸的含量/（g/100mL）</td><td colspan="2">测定值</td><td colspan="2"></td><td></td></tr>
<tr><td colspan="2">平均值</td><td colspan="3"></td></tr>
<tr><td>允许差/（g/100mL）</td><td>测定值</td><td></td><td>允许偏差</td><td colspan="2"></td></tr>
<tr><td colspan="3">计算公式</td><td colspan="3"></td></tr>
<tr><td colspan="3">产品标准/（g/100mL）</td><td colspan="3"></td></tr>
<tr><td colspan="6">结论：</td></tr>
</table>

温馨提示

1. 样品蒸馏过程中涉及到用电和高温，务必规范操作，以防触电和烫伤事故发生。
2. 团队协作，相互纠错是提升小组整体实操水平的有效途径。
3. 秉承科学严谨的作风，如实记录数据，细致分析结果。
4. 遵守实验室管理规定，及时完成清洗和整理工作，保持实验室的清洁整齐。

考核评价

通过小组自评、组间互评、教师评价，根据课前学习任务的完成情况评价自学能力，根据课中关键操作点的规范性评价操作技能，根据沟通交往、解决问题、时间管理、科学严谨的表现评价工作素养，根据实训报告、课后测试评价课后巩固提升。

酸度计法测定食醋中的不挥发酸（考核评价表）

酸度计法测定食醋中的不挥发酸（课后测试题）

项目二

酱油的检测

任务三十二　全自动凯氏定氮法测定酱油中的全氮

案例导入

2022 年 5 月，各地市场监管部门对调味品进行了食品安全监督抽检，其中西安市蓝田某食品厂生产的 1 批次黄豆酱油检出全氮（以氮计）不合格，该批次酱油全氮（以氮计）含量为 0.54g/100mL，低于产品明示值（≥0.80g/100mL）。石嘴山市某食品公司生产的 1 批次酱油全氮（以氮计）含量为 0.64g/100mL，低于产品标准（≥0.80g/100mL）。对抽检发现的不合格食品，各地市场监管部门组织开展核查处置，查清产品流向，督促企业采取下架召回不合格产品等措施控制风险。

任务描述

酱油中全氮是衡量酱油产品质量优劣的重要特征指标之一，其含量高低是界定酱油质量等级的重要依据。全氮含量越高，说明酱油发酵时间越长，风味物质越丰富。根据不同的发酵工艺和品质等级全氮含量标准不同。请独自查询资料、学习国家标准、参与话题讨论，合作制订酱油中全氮检测方案并完成样品检测。

学习目标

❖ 知识目标

1. 知道全自动凯氏定氮法测定酱油中全氮的标准依据，理解检测的原理。

2. 了解检测所需的试剂和仪器设备，熟练掌握甲基红-溴甲酚绿混合指示剂、盐酸标准滴定溶液配制的方法和要求。

3. 熟悉石墨消解仪的操作步骤，掌握条件设置的方法。

4. 掌握全自动凯氏定氮仪的安装方法。

5. 掌握全自动凯氏定氮仪的操作程序及要求。

❖ 技能目标

1. 能够根据国家标准完成试剂的配制和仪器的准备。

2. 能够正确设置参数条件，利用石墨消解仪完成样品的消化。

3. 能够利用全自动凯氏定氮仪，根据要求完成管路清洗、参数设置、仪器空白试验、样品试验。

4. 能根据记录的数据进行结果计算和精密度分析。

❖ 素质目标

1. 形成食品安全责任意识、法治意识

2. 形成规范操作意识和团队合作精神。

3. 具有严谨求实、质量至上的职业道德。

4. 养成爱护仪器、保护公共财产安全的习惯。

课前准备

1. 学习资源准备

通过网络获取GB/T 18186—2000《酿造酱油》、GB/T 601—2016《化学试剂　标准滴定溶液的制备》，以及扫码获取视频《酱油的检测-全氮的测定（样品的消化）》《酱油的检测-全氮的测定-全自动凯氏定氮仪法（全自动凯氏定氮仪的使用）》。

酱油的检测-全氮的测定（样品的消化）（视频）

酱油的检测-全氮的测定-全自动凯氏定氮仪法（全自动凯氏定氮仪的使用）（视频）

2. 完成预习任务

（1）阅读相关标准文件，观看操作视频，小组合作初拟检测方案。

（2）遵循够用节约的原则，设计试剂的配制量，汇总所需仪器设备的规格和数量。

（3）参与话题讨论：酱油中全氮含量可以说明哪些问题？

思政园地

广大青年要坚持面向现代化、面向世界、面向未来，增强知识更新的紧迫感，如饥似渴学习，既扎实打牢基础知识又及时更新知识，既刻苦钻研理论又积极掌握技能，不断提高与时代发展和事业要求相适应的素质和能力。

——习近平（2013年5月4日，在同各界优秀青年代表座谈时的讲话）

必备知识

1. 产品标准

不同品类的酱油中全氮含量的质量标准如表5-22所示。

表 5-22　　酱油中全氮含量的质量标准

序号	品类	全氮含量（以氮计）/（g/100mL）		标准依据
1	高盐稀态发酵酱油（含固稀发酵酱油）	特级	≥1.50	GB/T 18186—2000《酿造酱油》
		一级	≥1.30	
		二级	≥1.00	
		三级	≥0.70	
2	低盐固态发酵酱油	特级	≥1.60	
		一级	≥1.40	
		二级	≥1.20	
		三级	≥0.80	

2. 检测标准

GB/T 18186—2000《酿造酱油》、GB/T 5009.39—2003《酱油卫生标准的分析方法》。

3. 检测原理

食品样品在催化加热条件下被分解，产生的氨与硫酸结合生成硫酸铵。碱化蒸馏使氨游离，用硼酸吸收后以硫酸或盐酸标准滴定溶液滴定，根据酸的消耗量计算氮含量。

任务实施

一、仪器设备准备

全自动凯氏定氮法测定酱油中的全氮所需仪器设备如表 5-23 所示。

表 5-23　　所需仪器设备

序号	仪器名称	规格	数量	用途
1	分析天平	0.0001g	1	称量
2	烧杯	50mL	4	配制指示剂、硼酸、氢氧化钠溶液；样品消化
3	试剂瓶	100mL	1	储存指示剂
4	聚乙烯试剂瓶	100mL	1	储存氢氧化钠溶液
5	容量瓶	100mL	6	配制甲基红-乙醇溶液、溴甲酚绿、硼酸、氢氧化钠、硫酸铵溶液、盐酸标准溶液
6	滴瓶	30mL	5	储存指示剂
7	瓷坩埚	25mL	1	盛放无水碳酸钠
8	马弗炉	16L	1	干燥无水碳酸钠
9	干燥器	—	1	保持无水碳酸钠的干燥

续表

序号	仪器名称	规格	数量	用途
10	分度吸量管	5mL	1	移取浓盐酸
11	容量瓶	1000mL	1	配盐酸标准滴定溶液
12	酸式滴定管	50mL	1	盐酸标准滴定溶液标定、样品滴定
13	试剂瓶	1000mL	1	储存盐酸标准滴定溶液
14	锥形瓶	250mL	4	标定盐酸标准滴定溶液、接收蒸馏液
15	量筒	50mL	1	量取蒸馏水
16	量筒	10mL	3	量取浓硫酸、蒸馏水、氢氧化钠溶液
17	分度吸量管	10mL	2	移取硼酸、样品消化液
18	分度吸量管	2mL	1	移取样液
19	洗瓶	500mL	1	清洗
20	石墨消解仪	SH220F	1	样品消解
21	全自动凯氏定氮仪	K9860	1	全氮的测定

二、试剂配制

同全自动凯氏定氮仪法测定生乳中的蛋白质。

三、操作步骤

（一）样品消化（以海能石墨消解仪 SH220F 为例）

测定酱油全氮中样品消化的方法及要求如表 5-24 所示。

表 5-24　样品消化的方法及要求

序号	步骤	操作方法	要求
1	称样	移取酱油 2.00mL，称取 0.2g 硫酸铜、3.0g 硫酸钾，量取 10mL 硫酸，加入消化管中	
2	安装	消化管口置一小漏斗⟶放入石墨消化管架⟶放入石墨消解仪（通风橱内）	
3	设置	（1）升温方式　曲线加热模式； （2）曲线设置　200℃，15min ⟶ 300℃，20min ⟶ 420℃，60min	
4	消化	按确认键，启动消化程序，开始自动消解	保持通风橱正常运转
5	结束	消解结束后，关机，取出消化管架，冷却至室温	

（二）全自动凯氏定氮仪准备（以海能 K9860 全自动凯氏定氮仪为例）

1. 安装仪器

同全自动凯氏定氮仪法测定生乳中的蛋白质。

2. 清洗管路

同全自动凯氏定氮仪法测定生乳中的蛋白质。

3. 参数设置

利用全自动凯氏定氮仪测定酱油全氮中，参数设置的方法及要求如表 5-25 所示。

表 5-25　全自动凯氏定氮仪的参数设置方法及要求

序号	步骤	操作方法	要求
1	蛋白质换算系数	在国家标准上查找相应样品的蛋白质换算系数	酱油为 0
2	硼酸	记录需要添加硼酸的体积（mL）	一般为 25mL
3	稀释水	记录需要添加稀释水的体积（mL）	强酸强碱反应剧烈，建议设置加 30mL 蒸馏水进行稀释
4	碱液	记录需要添加碱液的体积（mL）	加碱量常般为消解时浓硫酸的 4 倍，本次为 40mL
5	蒸馏	记录需要蒸馏的时间（min）	一般设置为 5min

4. 空蒸测试

同全自动凯氏定氮仪法测定生乳中的蛋白质。

5. 硫酸铵标准样测试

同全自动凯氏定氮仪法测定生乳中的蛋白质。

（三）样品检测

利用全自动凯氏定氮仪对酱油样品消化液进行测定的方法及要求如表 5-26 所示。

表 5-26　全自动凯氏定氮仪的样品检测方法及要求

序号	步骤	操作方法	要求
1	样品空白测试	安装样品空白对照消化管，调整加碱量常般为消解时浓硫酸的 4 倍，点击“确定”	若因某种原因碱量不够可在蒸馏时暂停实验，按“加碱”键加入固定体积的碱液，每按一次“加碱”可加入 5mL 碱液。按“继续”可继续实验
2	接收杯清洗	点击“接收杯清洗”或自动进入接收杯清洗程序	
3	样品测试	安装样品消化管，输入样品空白测试的空白值、所测样品的重量，点击“确定”，待蒸馏结束，记录检测结果	（1）禁止使用边缘有缺口或者有裂缝的消化管； （2）放置消化管时，左右旋转几下，确保消化管与蒸馏头密封
4	接收杯清洗	对接收杯进行排废，并清洗一次；换一个样品消化管，即可进行下一个样品的测试	拿取消化管时，避免高温烫伤

（四）仪器清洗

同全自动凯氏定氮仪法测定生乳中的蛋白质。

四、数据分析及处理

（一）结果计算

试样中全氮的含量（以氮计）按式（5-4）计算：

$$X = \frac{(V_2 - V_1) \times c \times 0.014}{2} \times 100 \tag{5-4}$$

式中 X——试样中全氮的含量（以氮计），g/100mL；

V_1——空白试验消耗 0.1mol/L 盐酸标准滴定溶液的体积，mL；

V_2——滴定样品消耗 0.1mol/L 盐酸标准滴定溶液的体积，mL；

c——盐酸标准液的浓度，mol/L；

0.014——1.00mL 盐酸标准滴定溶液［c（HCl）= 1.000mol/L］相当于氮的质量，g。

（二）允许差

同一样品平行试验的测定差不得超过 0.03g/100mL。

（三）原始数据记录

将检测过程中获得的数据如实填写在原始数据记录表 5-27 中。

表 5-27　全自动凯氏定氮法测定酱油中的全氮的原始数据记录表

检测日期		样品名称		样品规格	
检测依据				样品状态	
盐酸标准滴定溶液标定					
编号			1	2	3
无水碳酸钠的质量/g					
滴定时所消耗的盐酸标准滴定溶液的体积/mL					
空白试验中盐酸标准滴定溶液用量/mL					
盐酸标准滴定溶液的实际浓度/（mol/L）					
盐酸标准滴定溶液浓度的平均值/（mol/L）					
计算公式					
样品的测定					
样品编号			1		2
样品的质量/g					
盐酸标准滴定溶液的浓度/（mol/L）					
试样所消耗盐酸标准滴定溶液的体积/mL					
空白试验所消耗盐酸标准滴定溶液的体积/mL					

续表

<table>
<tr><td colspan="4">吸取样品稀释液体积/mL</td><td colspan="2"></td><td colspan="2"></td></tr>
<tr><td colspan="2" rowspan="2">试样中全氮的含量
（以氮计）/（g/100mL）</td><td colspan="2">测定值</td><td colspan="2"></td><td colspan="2"></td></tr>
<tr><td colspan="2">平均值</td><td colspan="4"></td></tr>
<tr><td>允许差/（g/100mL）</td><td colspan="2">测定值</td><td colspan="2"></td><td colspan="2">允许偏差</td><td></td></tr>
<tr><td colspan="4">计算公式</td><td colspan="4"></td></tr>
<tr><td colspan="4">产品标准/（g/100mL）</td><td colspan="4"></td></tr>
<tr><td colspan="8">结论：</td></tr>
</table>

温馨提示

1. 本项目涉及强酸强碱、用电和高温，需按要求规范操作，谨防酸碱腐蚀、触电、烫伤，确保安全。

2. 样品消化时间较长，需科学安排工作计划，合理利用时间。

3. 秉承科学严谨的作风，如实记录数据，细致分析结果。

4. 为了保护环境，需将废液倒入对应的废液桶中。

5. 遵守实验室管理规定，及时完成清洗和整理工作，保持实验室的清洁整齐。

相关知识

1. 酱油的分类

酱油是以大豆或脱脂大豆、小麦（小麦粉）或麦麸为主要原料，经微生物发酵制成的具有特殊色、香、味的液体调味品，其不仅是微生物的代谢产物，也是菌体的自溶分解物。酿造酱油按照制造工艺，分为高盐稀态发酵酱油和低盐固态发酵酱油；按照颜色可分为生抽和老抽。

2. 测定酱油全氮的意义

（1）体现了原料的品质　大豆或豆饼是酱油中蛋白质的主要来源，如果酿造酱油不用大豆而用蚕豆或花生饼来替代，则蛋白质含量就大大降低，从而酱油中的全氮含量就会不足。

（2）反映了酿造工艺的优劣　原料中的蛋白质在微生物和酶的作用下，逐步水解成蛋白胨、多肽、二肽、氨基酸，而氨基酸和可溶性蛋白质是酱油中最重要的营养成分。要想提高原料中全氮的利用率，就需要在原料处理、制曲、发酵、浸出四道工序中下功夫，使蛋白质处理达到易于被酶分解的程度，多菌种培养产生足够的酶，创造合理利用酶的条件，把酱醅中分解的产物尽可能提取出来。

考核评价

通过小组自评、组间互评、教师评价，根据课前学习任务的完成情况评价自学能力，根据课中关键操作点的规范性评价操作技能，根据沟通交往、解决问题、时间管理、科学严谨的表现评价工作素养，根据实训报告、课后测试评价课后巩固提升。

全自动凯氏定氮法测定酱油中的全氮（考核评价表）

全自动凯氏定氮法测定酱油中的全氮（课后测试题）

方法拓展

全自动凯氏定氮法测定酱油中的全氮（FOSS）

（一）检测标准与检测原理

同全自动凯氏定氮法测定酱油中的全氮（海能 SH220F、K9860）。

（二）仪器设备的准备

石墨消解仪（FOSS DT220 Digestor）、全自动凯氏定氮仪（FOSS Kjeltec 8400）。

（三）试剂的配制

同全自动凯氏定氮法测定酱油中的全氮（海能 SH220F、K9860）。

（四）样品测定

1. 样品消化

利用石墨消解仪对样品进行消化的方法及要求如表 5-28 所示。

表 5-28 样品消化的方法及要求

序号	步骤	操作方法	要求
1	取样	用吸量管吸取酱油 2mL、5g 硫酸铜-硫酸钾混合物，量取 12mL 硫酸，加入消化管中	
2	安装	将消化管架放置到消化炉上，装上排废装置（通风橱内）	
3	设置	开机后，按“编辑”进入编辑菜单，设置温度时间	升温至 420℃后保持 90min
4	消化	打开水真空装置，按“start”，启动消化程序，开始自动消解	消化过程中，保持通风橱的正常运转，确保室内无有毒有害气体的聚集
5	结束	消化时间倒计时结束警报声响起，提起消化管架（连排废罩一起）放置在耐热台面，水真空装置继续打开 10~15min 以排除余下废气，关闭水真空装置，冷却至室温	每日蒸馏结束后设置程序清洗管路系统，清洁仪器

2. 全自动凯氏定氮仪的准备

（1）安装仪器　同全自动凯氏定氮仪法测定生乳中的蛋白质。

（2）参数设置　利用全自动凯氏定氮仪测定酱油全氮的参数设置参考条件如表 5-29 所示。

表 5-29 全自动凯氏定氮仪的参数设置

序号	项目	程序 1	程序 10
1	稀释液体积/mL	80	80
2	碱体积/mL	50	0
3	接收液体积/mL	30	0
4	模式	安全	安全
5	模式时间/s	5	5
6	蒸馏时间/min	5	5
7	消化管排空	Yes	Yes
8	蒸汽量/%	80	100

（3）仪器稳定性　同全自动凯氏定氮仪法测定生乳中的蛋白质。

（4）硫酸铵标准样测试　同全自动凯氏定氮仪法测定生乳中的蛋白质。

3. 样品检测

利用全自动凯氏定氮仪对酱油消化液进行蒸馏滴定的操作方法及要求如表 5-30 所示。

表 5-30 全自动凯氏定氮仪的样品检测方法及要求

序号	步骤	操作方法	要求
1	仪器预热	安装样品空白对照消化管，选择“程序 10”，点击“运行”	（1）禁止使用边缘有缺口，或者有裂缝的消化管； （2）放置消化管时，左右旋转几下，确保消化管与蒸馏头密封
2	样品测试	安装样品消化管，选择“程序 1”，点击“运行”	
3	仪器清洗	所有样品处理完成后，取下样品消化管，安装空消化管，选择“程序 10”，点击“运行”	拿取消化管时谨防高温烫伤
4	滴定	用盐酸标准溶液滴定至刚好变色，并记录数据	

（五）数据分析及处理

同全自动凯氏定氮法测定酱油中的全氮（海能 SH220F、K9860）。

任务三十三　酸度计法测定酱油中的氨基酸态氮

案例导入

酱油是日常饮食中最为常见的调味品之一，为消费者的饮食生活增添了不少的滋味和色彩。2021 年 9 月，《消费者报道》对 2018 年 5 月到 2021 年 5 月约 3 年间全国各级市场监管部门的酱油抽检结果进行了统计分析。抽检结果表明，酱油不合格指标共计 5 个，包括氨基酸态氮、菌落总数、防腐剂、铵盐和甜味剂。其中，氨基酸态氮是酱油不合格的主要指标，占不合格指标总数的比例达到 55.4%。

GB 2717—2018《食品安全国家标准　酱油》中规定，酱油中氨基酸态氮含量不得低于 0.4g/100mL；GB/T 18186—2000《酿造酱油》中也规定，酿造酱油中最低级别（三级）产品的氨基酸态氮含量不得低于 0.4g/100mL。2022 年，国家市场监督管理总局关于食品抽检不合格情况的通告〔2022 年　第 10 号〕，有一批次的酱油产品中氨基酸态氮的含量既不符合食品安全国家标准规定，也不符合标签标示值要求“氨基酸态氮≥0.40g/100mL”。新疆维吾尔自治区昌吉回族自治州玛纳斯县玛纳斯镇信誉行批发超市销售的、标称新疆维吾尔自治区昌吉回族自治州玛纳斯县众甲食品有限公司制造的黄豆酱油（350mL/袋），氨基酸态氮（以氮计）检测值仅为 0.26g/100mL。

对抽检发现的不合格产品，国家市场监督管理总局已责成相关省级市场监管部门立即组织开展核查处置，查清产品流向，督促企业采取下架召回不合格产品等措施控制风险；对违法违规行为，依法从严处理；及时将企业采取的风险防控措施和核查处置情况向社会公开，并向总局报告。

任务描述

氨基酸态氮指以氨基酸形式存在的氮元素的含量。氨基酸态氮是判定发酵产品发酵程度的特性指标。该指标不达标，主要是由于生产工艺不符合标准要求，产品配方缺陷或者是产品与已制定指标不匹配等原因造成的。该指标越高，说明酱油中的氨基酸含量越高，鲜味越好。请独自查询资料、学习国家标准、参与话题讨论，合作制订酱油中氨基酸态氮的检测方案并完成样品检测。

学习目标

❖ 知识目标

1. 知道酸度计测定酱油中的氨基酸态氮的标准依据，理解检测的原理。
2. 了解检测所需的试剂和仪器设备，掌握酚酞指示液、氢氧化钠标准滴定溶液配制的方法和要求。
3. 掌握酸度计的安装和校准方法。
4. 掌握酱油样品处理、酸度计测定的操作程序及要求。

❖ 技能目标

1. 能够根据国家标准完成试剂的配制和仪器的准备。
2. 能熟练进行酸度计的操作。
3. 能根据记录的数据进行结果计算和精密度分析。

❖ 素质目标

1. 树立社会责任和法治意识。
2. 具有科学严谨、脚踏实地的工作态度。
3. 养成自觉维护实验室整洁与卫生的习惯。

课前准备

1. 学习资源准备

通过网络获取 GB 5009.235—2016《食品安全国家标准　食品中氨基酸态氮的测定》第一法、GB/T 601—2016《化学试剂　标准滴定溶液的制备》，以及扫码获取视频《酱油的检测-氨基酸态氮的测定（酸度计法）》。

酱油的检测-氨基酸态氮的测定（酸度计法）（视频）

2. 完成预习任务

（1）阅读相关标准文件，观看操作视频，小组合作初拟检测方案。

（2）遵循够用节约的原则，设计试剂的配制量，汇总所需仪器设备的规格和数量。

（3）参与话题讨论：造成酱油中氨基酸态氮含量低的原因有哪些？

思政园地

纸上得来终觉浅，绝知此事要躬行。

——宋·陆游《冬夜读书示子聿》

必备知识

1. 产品标准

不同等级的酱油中氨基酸态氮的含量标准如表 5-31 所示。

表 5-31　酱油中的氨基酸态氮的含量标准

序号	品类	氨基酸态氮含量（以氮计）/（g/100mL）		标准依据
1	高盐稀态发酵酱油（含固稀发酵酱油）	特级	≥0.80	GB/T 18186—2000《酿造酱油》
		一级	≥0.70	
		二级	≥0.55	
		三级	≥0.40	
2	低盐固态发酵酱油	特级	≥0.80	
		一级	≥0.70	
		二级	≥0.60	
		三级	≥0.40	

2. 检测标准

GB 5009.235—2016《食品安全国家标准　食品中氨基酸态氮的测定》第一法：酸度计法。

3. 检测原理

利用氨基酸的两性作用，加入甲醛以固定氨基的碱性，使羧基显示出酸性，用氢氧化钠标准溶液滴定后定量，以酸度计测定终点。

任务实施

一、仪器设备准备

酸度计法测定酱油中的氨基酸态氮所需仪器设备如表5-32所示。

表5-32　所需仪器设备

序号	仪器名称	规格	数量	用途
1	分析天平	0.0001g	1	称量
2	烧杯	150mL	4	配制氢氧化钠溶液、仪器标定
3	试剂瓶	100mL	1	储存指示剂
4	聚乙烯试剂瓶	100mL	1	储存氢氧化钠溶液
5	容量瓶	100mL	2	配制酚酞指示液、样品溶液
6	滴瓶	30mL	1	储存指示剂
7	干燥器	—	1	保持邻苯二甲酸氢钾的干燥
8	分度吸量管	5mL	1	移取氢氧化钠溶液
9	容量瓶	1000mL	1	配制氢氧化钠标准滴定溶液
10	高型称量瓶	30mm×50mm	1	干燥邻苯二甲酸氢钾
11	碱式滴定管	50mL	1	氢氧化钠标准滴定溶液标定
12	试剂瓶	1000mL	1	储存标准滴定溶液
13	锥形瓶	250mL	3	标定氢氧化钠标准滴定溶液
14	量筒	20mL	1	量取蒸馏水
15	量筒	50mL	1	量取蒸馏水
16	量筒	100mL	1	量取蒸馏水
17	烧杯	50mL	2	样品预处理、空白试验
18	烧杯	200mL	2	样品滴定
19	分度吸量管	2mL	1	移取样品
20	分度吸量管	20mL	1	移取样液
21	分度吸量管	10mL	1	移取甲醛溶液
22	烧杯	200L	4	样品和空白滴定
23	磁力搅拌器	—	1	混匀试样溶液
24	碱式滴定管	10mL	1	样品滴定
25	酸度计	—	1	测定滴定终点 pH
26	洗瓶	500mL	1	清洗

二、试剂配制

（一）试剂清单

酸度计法测定酱油中的氨基酸态氮所需试剂如表 5-33 所示。

表 5-33　所需试剂

序号	试剂名称	作用
1	甲醛（36%~38%）	固定氨基的碱性
2	氢氧化钠（NaOH）	滴定液
3	酚酞（$C_{20}H_{14}O_4$）	标定氢氧化钠溶液时的指示剂
4	乙醇（C_2H_5OH）	配制酚酞指示液
5	邻苯二甲酸氢钾（$C_8H_5O_4K$）	标定氢氧化钠的基准物质

（二）配制方法

1. 酚酞指示液

同任务二十二《酚酞指示剂法测定泡菜中的总酸》。

2. pH=4. 00、pH=6. 86、pH=9. 18 的标准缓冲液

同电位滴定仪法测定生乳的酸度。

3. 氢氧化钠标准滴定溶液（0. 05mol/L）

同任务三十《酸度计法测定食醋中的总酸》。

三、操作步骤

（一）酸度计的准备

同任务三十《酸度计法测定食醋中的总酸》。

（二）样品的测定

酸度计法测定酱油中的氨基酸态氮的方法及要求如表 5-34 所示。

表 5-34　样品测定的方法及要求

序号	步骤	操作方法	要求
1	样品稀释	移取酱油样品 2. 0mL 于 100mL 容量瓶中，加水至刻度，混匀	（1）仪器和配套的搅拌子应保持清洁干燥；调速时应由低速逐步调至高速； （2）滴定至酸度计指示 pH 为 8. 2 时，可计算总酸含量
2	总酸测定	吸取 20. 0mL 样品稀释液于 200mL 烧杯中，加 60mL 水，开动磁力搅拌器，用氢氧化钠标准滴定溶液［c（NaOH）= 0. 05mol/L］滴定至酸度计指示 pH 为 8. 2，记下消耗氢氧化钠标准滴定溶液的毫升数	

续表

序号	步骤	操作方法	要求
3	氨基酸态氮测定	再加入 10.0mL 甲醛溶液，混匀。再用氢氧化钠标准滴定溶液继续滴定至 pH 为 9.2，记下消耗氢氧化钠标准滴定溶液的毫升数	pH 接近 9.2 时，放慢滴定速度，一次滴加一滴或者半滴，直至到达滴定终点
4	空白试验	取 80mL 水，先用氢氧化钠标准滴定溶液［c（NaOH）= 0.05mol/L］调节至 pH 为 8.2，再加入 10.0mL 甲醛溶液，用氢氧化钠标准滴定溶液滴定至 pH 为 9.2，做试剂空白试验	

（三）仪器清洁与维护

同任务三十《酸度计法测定食醋中的总酸》。

四、数据分析及处理

（一）结果计算

试样中氨基酸态氮的含量按式（5-5）计算：

$$X = \frac{(V_1 - V_2) \times c \times 0.014}{V \times V_3/V_4} \times 100 \tag{5-5}$$

式中 X——试样中氨基酸态氮的含量，g/100mL；

V_1——测定用试样稀释液加入甲醛后消耗氢氧化钠标准滴定溶液的体积，mL；

V_2——试剂空白试验加入甲醛后消耗氢氧化钠标准滴定溶液的体积，mL；

c——氢氧化钠标准滴定溶液的浓度，mol/L；

0.014——与 1.00mL 氢氧化钠标准滴定溶液［c（NaOH）= 1.000mol/L］相当的氮的质量，g；

V——吸取试样的体积，mL；

V_3——试样稀释液的取用量，mL；

V_4——试样稀释液的定容体积，mL；

100——单位换算系数。

计算结果以重复性条件下获得的两次独立测定结果的算术平均值表示，结果保留两位有效数字。

（二）精密度

在重复性条件下获得的两次独立测定结果的绝对差值不得超过算术平均值的 10%。

（三）原始数据记录

将检测过程中获得的数据如实填写在原始数据记录表 5-35 中。

表 5-35　酸度计测定酱油中的氨基酸态氮的原始数据记录表

检测日期		样品名称		样品规格	
检测依据				样品状态	

续表

<table>
<tr><td colspan="5">氢氧化钠标准滴定溶液标定</td></tr>
<tr><td colspan="2">编号</td><td>1</td><td>2</td><td>3</td></tr>
<tr><td colspan="2">邻苯二甲酸氢钾的质量/g</td><td></td><td></td><td></td></tr>
<tr><td colspan="2">滴定时所消耗的氢氧化钠标准滴定溶液的体积/mL</td><td></td><td></td><td></td></tr>
<tr><td colspan="2">空白试验中氢氧化钠标准滴定溶液用量/mL</td><td></td><td></td><td></td></tr>
<tr><td colspan="2">氢氧化钠标准滴定溶液的实际浓度/（mol/L）</td><td></td><td></td><td></td></tr>
<tr><td colspan="2">氢氧化钠标准滴定溶液浓度的平均值/（mol/L）</td><td colspan="3"></td></tr>
<tr><td colspan="2">计算公式</td><td colspan="3"></td></tr>
<tr><td colspan="5">样品的测定</td></tr>
<tr><td colspan="2">样品编号</td><td>1</td><td colspan="2">2</td></tr>
<tr><td colspan="2">样品的质量/g</td><td></td><td colspan="2"></td></tr>
<tr><td colspan="2">氢氧化钠标准滴定溶液的浓度/（mol/L）</td><td colspan="3"></td></tr>
<tr><td colspan="2">pH=8.2时试样所消耗氢氧化钠标准滴定溶液的体积/mL</td><td></td><td colspan="2"></td></tr>
<tr><td colspan="2">pH=9.2时试样所消耗氢氧化钠标准滴定溶液的体积/mL</td><td></td><td colspan="2"></td></tr>
<tr><td colspan="2">pH=8.2时空白试验所消耗氢氧化钠标准滴定溶液的体积/mL</td><td></td><td colspan="2"></td></tr>
<tr><td colspan="2">pH=9.2时空白试验所消耗氢氧化钠标准滴定溶液的体积/mL</td><td></td><td colspan="2"></td></tr>
<tr><td colspan="2">吸取样品稀释液体积/mL</td><td></td><td colspan="2"></td></tr>
<tr><td rowspan="2">试样中氨基酸态氮的含量/（g/100mL）</td><td>测定值</td><td></td><td colspan="2"></td></tr>
<tr><td>平均值</td><td colspan="3"></td></tr>
<tr><td>精密度/%</td><td>测定值</td><td></td><td>允许偏差</td><td></td></tr>
<tr><td colspan="2">计算公式</td><td colspan="3"></td></tr>
<tr><td colspan="2">产品标准/（g/100mL）</td><td colspan="3"></td></tr>
<tr><td colspan="5">结论：</td></tr>
</table>

温馨提示

1. 保持不急不躁的工作态度，才能准确达到滴定终点。
2. 秉承科学严谨的作风，如实记录数据，细致分析结果。
3. 遵守实验室管理规定，及时完成清洗和整理工作，保持实验室的清洁整齐。

相关知识

1. 酸度计的使用注意事项

（1）玻璃电极在使用前先放入蒸馏水中浸泡24h以上。

（2）测定 pH 时，玻璃电极的球泡应全部浸入溶液中，并使其稍高于甘汞电极的陶瓷芯端，以免搅拌时碰杯。

（3）必须注意玻璃电极的内电极与球泡之间，甘汞电极的内电极和陶瓷芯之间不得有气泡，以防断路。

（4）甘汞电极中的饱和氯化钾溶液的液面必须高出汞体，在室温下应有少许氯化钾晶体存在，以保证氯化钾溶液的饱和，但须注意氯化钾晶体不可过多，以防止堵塞与被测溶液的通路。

（5）测定 pH 时，为减少空气和水样中二氧化碳的溶入或挥发，在测水样之前，不应提前打开水样瓶。

2. 酱油中的氨基酸

氨基酸是酱油中最重要的营养成分，氨基酸含量的高低反映了酱油质量的优劣。氨基酸是蛋白质分解而来的产物，酱油中的游离氨基酸有 18 种，它包括了人体 8 种必需氨基酸；酱油中的氨基酸以谷氨酸和天门冬氨酸所占比例最多，这两种氨基酸是形成鲜味物质的重要前体物质之一，因此，氨基酸态氮含量高低不仅表示鲜味的程度，也是质量好坏的指标。由于各种氨基酸都含有氮元素，因此，测定酱油中以氨基酸形式存在的氮元素的含量，就可以间接反映酱油中氨基酸的多少。

3. GB 5009.235—2016《食品安全国家标准　食品中氨基酸态氮的测定》食品中氨基酸态氮测定的方法及适用对象

（1）酸度计法　适用于以粮食和其副产品豆饼、麸皮等为原料酿造或配制的酱油，以粮食为原料酿造的酱类，以黄豆、小麦粉为原料酿造的豆酱类食品中氨基酸态氮的测定。

（2）比色法　适用于以粮食和其副产品豆饼、麸皮等为原料酿造或配制的酱油中氨基酸态氮的测定。

考核评价

通过小组自评、组间互评、教师评价，根据课前学习任务的完成情况评价自学能力，根据课中关键操作点的规范性评价操作技能，根据沟通交往、解决问题、时间管理、科学严谨的表现评价工作素养，根据实训报告、课后测试评价课后巩固提升。

酸度计法测定酱油中的氨基酸态氮（考核评价表）

酸度计法测定酱油中的氨基酸态氮（课后测试题）

方法拓展

比色法测定酱油中的氨基酸态氮

（一）检测标准

GB 5009.235—2016《食品安全国家标准　食品中氨基酸态氮的测定》第二法：比色法。

（二）检测原理

在 pH 为 4.8 的乙酸钠-乙酸缓冲液中，氨基酸态氮与乙酰丙酮和甲醛反应生成黄色的 3,5-二乙酸-2,6-二甲基-1,4 二氢化吡啶氨基酸衍生物。在波长 400nm 处测定吸光度，与标准系列比较定量。

酱油的检测-氨基酸态氮的测定（比色法-试剂的配制）

酱油的检测-氨基酸态氮的测定（比色法-样品的制备及检测）

（三）仪器设备的准备

比色法测定酱油中的氨基酸态氮所需仪器设备如表 5-36 所示。

表 5-36　所需仪器设备

序号	仪器名称	规格	数量	用途
1	分析天平	0.0001g	1	称量
2	量筒	10mL	1	配乙酸溶液
3	容量瓶	100mL	2	配乙酸、氨氮标准使用溶液
4	烧杯	50mL	2	配乙酸钠、氨氮标准储备溶液
5	容量瓶	50mL	3	配乙酸钠、显色剂；制备试样
6	量筒	50mL	1	量取乙酸钠溶液
7	量筒	25mL	1	量取乙酸溶液
8	试剂瓶	60mL	1	存乙酸钠-乙酸缓冲液
9	量筒	10mL	1	量取甲醇
10	量筒	5mL	1	量取乙酰丙酮
11	高型称量瓶	30mm×50mm	1	干燥硫酸铵
12	容量瓶	25mL	1	配氨氮标准储备溶液
13	胶头滴管	2mL	2	定容
14	分度吸量管	10mL	1	移取氨氮标准储备溶液
15	分度吸量管	1mL	3	吸取样品、样液、氨氮标准使用溶液
16	分度吸量管	0.5mL	1	吸取氨氮标准使用溶液
17	容量瓶	200mL	3	试样的制备
18	具塞比色管	10mL	11	比色
19	分度吸量管	5mL	2	吸取乙酸钠-乙酸缓冲溶液、显色剂
20	比色皿	1cm	2	比色
21	水浴锅	4 孔	1	沸水浴加热
22	分光光度计	—	1	测量吸光度

（四）试剂的配制

（1）乙酸溶液（1mol/L）　量取5.8mL冰乙酸，加水稀释至100mL。

（2）乙酸钠溶液（1mol/L）　称取4.1g无水乙酸钠或6.8g乙酸钠（$CH_3COONa\cdot3H_2O$），加水溶解后并稀释至50mL。

（3）乙酸钠-乙酸缓冲液　量取60mL乙酸钠溶液（1mol/L）与40mL乙酸溶液（1mol/L）混合，该溶液pH为4.8。

（4）显色剂　15mL 37%甲醇与7.8mL乙酰丙酮混合，加水稀释至100mL，剧烈振摇混匀（室温下放置可稳定3d，因乙酰丙酮容易被氧化而导致显色剂失效）。

（5）氨氮标准储备溶液（1.0mg/mL）　精密称取105℃干燥2h的硫酸铵0.4720g于小烧杯中，加水溶解后移至100mL容量瓶中，并稀释至刻度，混匀，此溶液每毫升相当于1.0mg氨氮（10℃下冰箱内储存稳定1年以上）。

（6）氨氮标准使用溶液（0.1g/L）　用分度吸量管精确量取10mL氨氮标准储备溶液（1.0mg/mL）于100mL容量瓶内，加水稀释至刻度，混匀，此溶液每毫升相当于100μg氨氮（10℃下冰箱内储存稳定1个月）。

（五）操作步骤

1. 比色皿配套性检验

比色皿配套性检验的方法及要求如表5-37所示。

表5-37　比色皿的配套性检验

序号	步骤	操作方法	要求
1	仪器预热	打开分光光度计电源，打开比色皿室室盖，预热30min	预热时，打开比色皿室室盖，可延长仪器的寿命
2	检验	设置波长400nm，比色皿中装入蒸馏水，以任一比色皿调零后，测另一比色皿的透光率	偏差小于0.5%的可配套使用

2. 试样前处理

吸取1.0mL试样于200mL容量瓶中，加水稀释至刻度，混匀。

3. 标准曲线的制作

比色法测定酱油中的氨基酸态氮所需标准曲线绘制的方法及要求如表5-38所示。

表5-38　标准曲线绘制的方法及要求

序号	步骤	操作方法	要求
1	加氨氮标准使用溶液	精密吸取氨氮标准使用溶液0，0.05，0.1，0.2，0.4，0.6，0.8，1.0mL（相当于NH_3-N 0，5.0，10.0，20.0，40.0，60.0，80.0，100.0μg）分别于10mL比色管中	（1）比色管需提前做好标记； （2）使用同一根1mL的分度吸量管吸取氨氮标准使用溶液，可减少仪器带来的误差，曲线的线性更好
2	加乙酸钠-乙酸缓冲溶液、显色剂	向各比色管分别加入4mL乙酸钠-乙酸缓冲溶液（pH 4.8）及4mL显色剂	

续表

序号	步骤	操作方法	要求
3	定容	用水稀释至刻度，混匀	
4	加热、冷却	盖紧管塞，将比色管置于100℃水浴中加热15min，取出，水浴冷却至室温	显色时间：严格控制在15min，且及时冷却，因甲醛与乙酰丙酮的产物可能会被氧化成其他物质而导致吸光度下降
5	测吸光度	按照NH_3-N含量由低到高的顺序，将比色管中的溶液移入1cm比色皿内，以零管为参比，于波长400nm处测量吸光度	
6	绘制标准曲线	以吸光度为横坐标，NH_3-N含量为纵坐标绘制标准曲线，计算线性回归方程	相关系数r应达到0.995以上，否则重新绘制标准曲线

4. 样品检测

比色法测定酱油中的氨基酸态氮中，试样测定的方法及要求如表5-39所示。

表5-39　试样测定的方法及要求

序号	步骤	操作方法	要求
1	取样	精密吸取1mL试样稀释溶液于10mL比色管中	
2	加试剂	加入4mL乙酸钠-乙酸缓冲溶液（pH 4.8）及4mL显色剂，用水稀释至刻度，混匀	
3	加热、冷却	将盖上管塞的比色管置于100℃水浴中加热15min，取出，水浴冷却至室温	冷却时应采用分段冷却的方法，以防比色管因骤冷而破裂
4	测吸光度	移入1cm比色皿内，以零管为参比，于波长400nm处测量吸光度	
5	计算NH_3-N的含量	试样吸光度与标准曲线比较定量或代入线性回归方程，计算试样中氮的质量	

5. 数据分析及处理

（1）结果计算　试样中氨基酸态氮的含量按式（5-6）进行计算：

$$X = \frac{m}{V \times 1000 \times 1000 \times V_5/V_6} \times 100 \tag{5-6}$$

式中　X ——试样中氨基酸态氮的含量，g/100mL；

m ——试样测定液中氮的质量，μg；

m_1——称取试样的质量，g；

V ——吸取试样的体积，mL；

V_5——测定用试样溶液体积，mL；

V_6——试样前处理中的定容体积，mL；

100、1000 ——单位换算系数。

比色法测定酱油中的氨基酸态氮（课后测试题）

以重复性条件下获得的两次独立测定结果的算术平均值表示，结果保留两位有效数字。

（2）精密度　在重复条件下获得的两次独立测定结果的绝对差值不得超过算术平均值的10%。

任务三十四　蒸馏滴定法测定酱油中的铵盐

案例导入

2022年7月，河南省市场监督管理局关于食品不合格情况的通告〔2022年　第34号〕，孟州市大悦副食百货中心销售的标称焦作方众食品销售有限公司运营、安阳市味美佳食品有限公司制造的1批次红烧酱油中铵盐（以占氨基酸态氮的百分比计）检出值为60.4%，标准规定为≤30%。经基层走访调查发现，该产品涉嫌假冒。

体内过高的铵盐在一定条件下可对人体产生毒副作用，影响肝、肾功能，尤其是对儿童；还可增加成人患癌危险，并诱发心脏病。因而，测定酱油中铵盐对于控制酱油的质量具有重要意义。

任务描述

根据我国国家标准规定，酱油中铵盐的含量不得超过氨基酸态氮含量的30%，否则可能对人体带来一定的健康危害。请独自查询资料、学习国家标准、参与话题讨论，合作制订酱油中铵盐的检测方案并完成样品检测。

学习目标

❖ 知识目标

1. 知道蒸馏滴定法测定酱油中的铵盐含量的标准依据，理解检测的原理。
2. 了解检测所需的试剂和仪器设备，熟练掌握甲基红-溴甲酚绿混合指示剂、盐酸标准滴定溶液配制的方法和要求。
3. 掌握蒸馏装置的安装方法。
4. 掌握样品蒸馏、吸收、滴定的操作程序及要求。

❖ 技能目标

1. 能够根据国家标准完成试剂的配制和仪器的准备。
2. 能进行样品蒸馏、吸收、滴定和仪器的清洗。
3. 能根据记录的数据进行结果计算和精密度分析。

❖ 素质目标

1. 树立食品质量安全观念。
2. 具有团队合作、自觉维护和保养仪器设备的意识。
3. 具有诚实守信、科学严谨的工作态度。
4. 养成保护环境、讲究卫生的良好习惯。

课前准备

1. 学习资源准备

通过网络获取 GB/T 18186—2000《酿造酱油》、GB 5009.234—2016《食品安全国家标准　食品中铵盐的测定》、GB/T 601—2016《化学试剂　标准滴定溶液的制备》，以及扫码获取《酱油的检测-铵盐的测定（蒸馏滴定法）》系列视频。

酱油的检测－铵盐的测定（蒸馏滴定法－盐酸标准溶液的配制与标定）

酱油的检测－铵盐的测定（蒸馏滴定法-样品的测定）

2. 完成预习任务

（1）阅读相关标准文件，观看操作视频，小组合作初拟检测方案。

（2）遵循够用节约的原则，设计试剂的配制量，汇总所需仪器设备的规格和数量。

（3）参与话题讨论：食品中的铵盐对氨基酸态氮的测定有没有影响？

思政园地

万人操弓，共射一招，招无不中。

——战国·吕不韦《吕氏春秋》

必备知识

1. 产品标准

根据 GB/T 18186—2000《酿造酱油》的规定，酱油中的铵盐含量不得超过氨基酸态氮含量的 30%。

2. 检测标准

GB 5009.234—2016《食品安全国家标准　食品中铵盐的测定》。

3. 检测原理

试样在碱性溶液中加热蒸馏，使氨游离出来，被硼酸溶液吸收，然后用盐酸标准溶液滴定计算含量。

任务实施

一、仪器设备准备

蒸馏滴定法测定酱油中的铵盐所需仪器设备如表 5-40 所示。

表 5-40　所需仪器设备

序号	仪器名称	规格	数量	用途
1	分析天平	0.01g	1	称量
2	烧杯	50mL	4	配制指示剂、硼酸、盐酸溶液
3	试剂瓶	100mL	1	储存指示剂
4	容量瓶	100mL	4	配制甲基红-乙醇溶液、溴甲酚绿、硼酸、盐酸标准溶液
5	滴瓶	30mL	3	储存指示剂
6	瓷坩埚	25mL	1	盛放无水碳酸钠
7	马弗炉	16L	1	干燥无水碳酸钠
8	干燥器	—	1	保持无水碳酸钠的干燥
9	分度吸量管	5mL	1	移取浓盐酸
10	容量瓶	1000mL	1	配盐酸标准滴定溶液
11	酸式滴定管	50mL	1	盐酸标准滴定溶液标定
12	酸式滴定管	10mL	1	样品滴定
13	试剂瓶	1000mL	1	储存盐酸标准滴定溶液
14	锥形瓶	250mL	4	标定盐酸标准滴定溶液、接收蒸馏液
15	量筒	50mL	1	量取蒸馏水
16	量筒	100mL	1	量取蒸馏水
17	分度吸量管	10mL	1	移取硼酸
18	分度吸量管	2mL	1	移取样品
19	洗瓶	500mL	1	清洗
20	蒸馏瓶	500mL	1	样品蒸馏、吸收
21	连接管	1.5m	2	连接冷凝管进出水

二、试剂配制

1. 试剂清单

蒸馏滴定法测定酱油中的铵盐所需试剂如表 5-41 所示。

表 5-41　所需试剂

序号	试剂名称	作用
1	硼酸（H_3BO_3）	呈微弱酸性，与氨形成硼酸铵
2	甲基红（$C_{15}H_{15}N_3O_2$）	盐酸标准溶液标定时的指示剂

续表

序号	试剂名称	作用
3	溴甲酚绿（$C_{21}H_{14}Br_4O_5S$）	盐酸标准溶液标定时的指示剂
4	浓盐酸（HCl）	滴定吸收液
5	无水碳酸钠（$NaCO_3$）	盐酸标准溶液标定时的基准物质
6	95%乙醇（C_2H_5OH）	甲基红、溴甲酚绿指示剂的溶剂
7	氧化镁（MgO）	使溶液呈碱性，促使氨在碱性溶液中呈游离态

2. 配制方法

甲基红-乙醇溶液（1g/L）、溴甲酚绿-乙醇溶液（1g/L）、甲基红-溴甲酚绿混合指示剂、硼酸溶液（20g/L）、盐酸标准滴定溶液（0.100mol/L）：同任务十二《凯氏定氮法测定生乳中的蛋白质》。

三、操作步骤

蒸馏滴定法测定酱油中的铵盐中，样品蒸馏、吸收、滴定的方法及要求如表 5-42 所示。

表 5-42　　样品蒸馏、吸收、滴定的方法及要求

序号	步骤	操作方法	要求
1	安装	安装仪器 1—酒精灯 2—蒸馏瓶（500mL） 3—温度计 4—冷凝管 5—尾接管 6—蒸馏液接收瓶 7—连接管 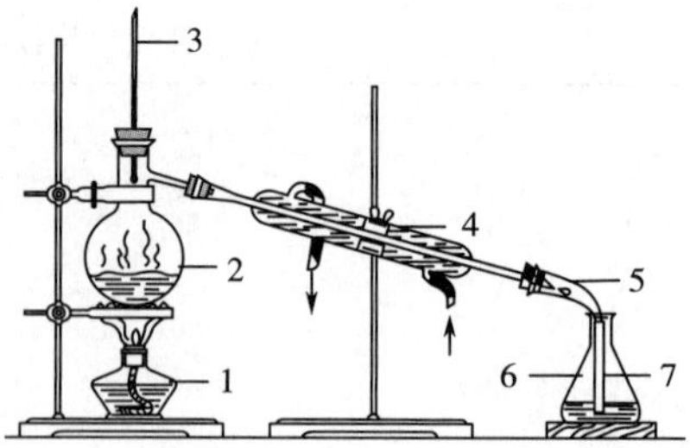	（1）安装仪器从下到上、从左到右； （2）冷凝水下进上出； （3）仔细检查蒸馏装置各连接处，确保不漏气； （4）酒精灯可用电炉或电热套替代
2	加样	（1）加 1g 氧化镁； （2）加样，准确移取混匀后的酱油 2mL 于 500mL 蒸馏瓶中； （3）加 150mL 蒸馏水； （4）向蒸馏烧瓶中加入几粒玻璃珠，以防暴沸	（1）称好的氧化镁需借助光滑的纸槽送入蒸馏瓶底部； （2）蒸馏烧瓶的瓶颈处有一略向下伸出的细玻璃管，为了防止蒸馏水从支管中流出，应当保持支管朝上，左手持蒸馏烧瓶颈略向右倾斜，右手将量筒的嘴靠着蒸馏烧瓶瓶口偏右部分，缓缓将液体注入蒸馏烧瓶

续表

序号	步骤	操作方法	要求
3	接收瓶准备	（1）加 10.0mL 硼酸溶液及 2 滴混合指示剂； （2）使冷凝管的下端插入液面下	硼酸吸收液的温度不应超过 40℃，否则会对氨的吸收作用减弱而造成损失，此时可置于冷水浴中降温
4	蒸馏	（1）接通冷凝水，并调节进水量的大小； （2）加热蒸馏，沸腾 30min； （3）蒸馏完毕用少量水冲洗弯管	（1）确保蒸馏装置的密闭性，防止氨的损失； （2）确保冷凝水的流量适宜：流量过大，易因水压过大而造成连接管脱落；流量过小，冷凝效果不佳； （3）先使冷凝管下端离开液面，再关闭电源，防止吸收液倒吸
5	滴定	将接受瓶内的硼酸溶液用 0.1mol/L 盐酸标准溶液滴定，由蓝绿色变为微红色为终点	溴甲酚绿-甲基红指示剂在 pH 5.2 以上时，呈蓝绿色；pH 4.6 时，呈淡粉红
6	空白试验	取同量水、氧化镁、硼酸溶液按相同步骤做空白试验	

四、数据分析及处理

1. 结果计算

酱油中铵盐的含量按式（5-7）计算：

$$X = \frac{(V_1 - V_2) \times c \times 0.017}{V_3} \times 100 \quad (5-7)$$

式中 X——酱油中铵盐含量，g/100mL；

V_1——测定用试样消耗盐酸标准滴定溶液的体积，mL；

V_2——试剂空白消耗盐酸标准滴定溶液的体积，mL；

c——盐酸标准滴定溶液的实际浓度，mol/L；

0.017——与 1.00mL 盐酸标准滴定溶液［c（HCl）］=0.100mol/L 相当的铵盐（以氨计）的质量，g；

V_3——试样体积，mL；

100——换算系数。

计算结果以重复性条件下获得的两次独立测定结果的算术平均值表示，保留两位有效数字。

2. 精密度

在重复条件下获得的两次独立测定结果的绝对差值不得超过算术平均值的 10%。

3. 原始数据记录

将检测过程中获得的数据如实填写在原始数据记录表 5-43 中。

表 5-43　蒸馏滴定测定酱油中的铵盐的原始数据记录表

检测日期		样品名称		样品规格	

续表

检测依据		样品状态	

盐酸标准溶液标定

编号	1	2	3
无水碳酸钠的质量/g			
滴定时所消耗的盐酸标准滴定溶液的体积/mL			
空白试验中盐酸标准滴定溶液用量/mL			
盐酸标准滴定溶液的实际浓度/（mol/L）			
盐酸标准滴定溶液浓度的平均值/（mol/L）			
计算公式			

样品的测定

<table>
<tr><td colspan="2">样品编号</td><td colspan="2">1</td><td colspan="2">2</td></tr>
<tr><td colspan="2">样品的体积/mL</td><td colspan="2"></td><td colspan="2"></td></tr>
<tr><td colspan="2">盐酸标准滴定溶液的浓度/（mol/L）</td><td colspan="2"></td><td colspan="2"></td></tr>
<tr><td colspan="2">试样所消耗盐酸标准滴定溶液的体积/mL</td><td colspan="2"></td><td colspan="2"></td></tr>
<tr><td colspan="2">空白试验所消耗盐酸标准滴定溶液的体积/mL</td><td colspan="2"></td><td colspan="2"></td></tr>
<tr><td rowspan="2">试样中铵盐（以氨计）的含量/（g/100mL）</td><td>测定值</td><td colspan="2"></td><td colspan="2"></td></tr>
<tr><td>平均值</td><td colspan="4"></td></tr>
<tr><td>精密度/%</td><td>测定值</td><td></td><td colspan="2">允许偏差</td><td></td></tr>
<tr><td colspan="2">计算公式</td><td colspan="4"></td></tr>
<tr><td colspan="2">产品标准/（g/100mL）</td><td colspan="4"></td></tr>
<tr><td colspan="6">结论：</td></tr>
</table>

温馨提示

1. 本项目涉及强酸、用电和高温，需按要求规范操作，以防酸腐蚀、触电和烫伤事故发生，确保安全。

2. 秉承科学严谨的作风，如实记录数据，细致分析结果。

3. 为了保护环境，需将废液倒入对应的废液桶中；若有玻璃器皿损坏，应置于利器盒中。

4. 遵守实验室管理规定，及时完成清洗和整理工作，保持实验室的清洁整齐。

相关知识

1. 酱油中铵盐的主要来源

（1）生产过程中带入　酱油中添加的酱色是用饴糖加热到180~190℃，使糖分子产生聚合作用而制成的一种棕色色素。在生产过程中，为了加速反应，常加入铵盐作催化剂（加铵法生产酱色已被国家禁止）。

（2）蛋白质分解的产物　如酱油不洁含有的细菌较多，就可将酱油中的蛋白质分解而产生游离的无机铵。

（3）人为添加　一些不法生产者为了提高酱油中氨基酸态氮和全氮的含量，人为地添加低成本的铵盐类产品等。

2. 氧化钙不可替代氧化镁的原因

（1）反应放热量不同

$$CaO\ (s) + H_2O\ (g) = Ca(OH)_2\ (s),\ \Delta H = -65.1\text{kJ/mol}$$

$$MgO\ (s) + H_2O\ (g) = Mg(OH)_2\ (s),\ \Delta H = -37.4\text{kJ/mol}$$

氧化钙、氧化镁和水反应生成氢氧化物，都是一个放热过程，但氧化钙反应的放热量远大于氧化镁。氧化钙与水反应过于剧烈，放热量大，可能在装置还未组装完成时就启动化学反应，导致游离态氨氮的逸出而导致检测结果偏低。

（2）碱性不同　氢氧化钙是二元强碱，氢氧化镁是中强碱。样品蒸馏的目的是让逸出氨氮的被硼酸溶液彻底吸收，如果pH中性或偏酸，氨氮以离子态存在根本无法逸出，因而需要添加碱性试剂使氨氮呈游离态，但若pH过高，氨氮可能不经加热就部分逸出到空气中，直接影响结果准确性。

（3）溶解性不同　氢氧化钙在水中的溶解度为0.173g/100g（20℃）；氢氧化镁在水中的溶解度为9.628×10^{-4}g/100g（20℃），由此可见，氢氧化钙的水溶性远高于氢氧化镁。氧化镁与水反应生成的氢氧化镁是一种溶解度很低的氢氧化物，能比较稳定地维持水体的pH始终在微碱性条件，确保氨氮在加热条件下缓慢逸出，而水溶性更高的氢氧化钙势必会加快反应速度，导致氨氮逸出速度过快而不能完全被硼酸溶液吸收，使结果不准。

考核评价

通过小组自评、组间互评、教师评价，根据课前学习任务的完成情况评价自学能力，根据课中关键操作点的规范性评价操作技能，根据沟通交往、解决问题、时间管理、科学严谨的表现评价工作素养，根据实训报告、课后测试评价课后巩固提升。

蒸馏滴定法测定酱油中的铵盐（考核评价表）

蒸馏滴定法测定酱油中的铵盐（课后测试题）

方法拓展

全自动凯氏定氮仪法测定酱油中的铵盐

（一）检测标准与原理

同蒸馏滴定法测定酱油中的铵盐。

（二）仪器设备的准备

以全自动凯氏定氮仪替代蒸馏装置。

（三）试剂的配制

同蒸馏滴法定测定酱油中的铵盐。

（四）样品的检测

酱油的检测-铵盐的测定（全自动凯氏定氮仪法）（视频）

1. 全自动凯氏定氮仪的准备

按照要求完成全自动凯氏定氮仪（海能 K9860）的安装、管路清洗、参数设置、空蒸测试、硫酸铵标准样测试。

利用海能 K9860 全自动凯氏定氮仪测定酱油中铵盐含量的参数设置参考值：蛋白质系数 0、硼酸 20mL、稀释水 50mL、碱液 0mL、蒸馏时间 5min。

2. 样品检测

利用全自动凯氏定氮仪（海能 K9860）测定酱油中的铵盐的方法及要求如表 5-44 所示。

表 5-44　样品上机检测的方法及要求

序号	步骤	操作方法	要求
1	样品空白测试	安装样品空白对照消化管，设置好参数，点击“确定”，待蒸馏结束后记录所消耗的标准酸溶液体积	待空白测试结束后，戴上防烫手套，拿取消化管
2	加试剂	称取 1g 氧化镁，倾倒入另一根干燥的消化管中	禁止使用边缘有缺口或者有裂缝的消化管
3	加样品	准确吸取 2mL 样品于上述消化管中	
4	安装消化管	将样品消化管安装在全自动凯氏定氮仪上	放置消化管时，左右旋转几下，确保消化管与蒸馏头密封
5	样品蒸馏滴定	输入样品空白测试的空白值、所测样品的质量，点击“确定”，待蒸馏结束，记录所消耗的标准酸溶液体积	
6	接收杯清洗	对接收杯进行排废，并清洗一次；换一个样品消化管，即可进行下一个样品的测试	拿取消化管时注意避免高温烫伤

3. 仪器清洗

待样品全部检测完成后，按要求清洗仪器，完成仪器维护。

4. 数据分析及处理

同蒸馏滴法定测定酱油中的铵盐。

任务三十五 银量法测定酱油中的食盐

案例导入

食盐是生产酱油的重要原料之一，它不仅能使酱油具有适当的咸味，还能与氨基酸共同呈鲜味。酱油按照发酵工艺可分为低盐固态发酵酱油和高盐稀态发酵酱油两大类，在其生产过程中所需的盐水浓度分别为12～13°Bé、18～20°Bé，酱醅中的含盐量分别达到了6%～7%、15%。中国工程院院士、心血管病学专家高润霖院士牵头开展了高血压抽样调查，发现我国高血压患病率呈现出“北高南低”的特点，究其原因，可能和北方人吃的盐更多有关。为此，《中国居民膳食指南（2022）》建议人们培养清淡饮食习惯，少吃高盐食品，成年人每天摄入食盐不超过5g。

任务描述

中国居民平衡膳食宝塔（2022）提出，每天食盐的摄入量不超过5g。国务院发布的《关于实施健康中国行动的意见》中，也明确提出居民饮食要向低盐、低油、低糖的方向发展。因此，越来越多的调味品企业适应消费升级的需求，推出低盐调味品，比如，薄盐酱油、低盐豆瓣、低盐榨菜、低盐泡菜、低盐腐乳等。请独自查询资料、学习国家标准、参与话题讨论，合作制订酱油中盐的检测方案并完成样品检测。

学习目标

❖ 知识目标

1. 知道银量法测定酱油中的食盐含量的标准依据，理解检测的原理。

2. 了解检测所需的试剂和仪器设备，掌握铬酸钾溶液、硝酸银标准滴定溶液配制的方法和要求。

3. 掌握样品滴定的操作程序及要求。

❖ 技能目标

1. 能够根据国家标准完成试剂的配制。

2. 能进行样品的制备、试样滴定和终点判断。

3. 能根据记录的数据进行结果计算和精密度分析。

❖ 素质目标

1. 树立合理膳食和健康饮食的观念。

2. 具有保护生态环境的意识与责任感。

3. 具有爱岗敬业和团结合作的精神。

课前准备

1. 学习资源准备

通过网络获取GB/T 13025. 5—2012《制盐工业通用试验方法 氯离子的测定》、GB 5009. 42—2016《食品安全国家标准　食盐指标的测定》、GB 18186—2000《酿造酱油》，以及扫码获取视频《酱油的检测-食盐的

酱油的检测－食盐的测定（银量法）（视频）

测定（银量法）》。

2. 完成预习任务

（1）阅读相关标准文件，观看操作视频，小组合作初拟检测方案。

（2）遵循够用节约的原则，设计试剂的配制量，汇总所需仪器设备的规格和数量。

（3）参与话题讨论：摄入过多的食盐，会对人体产生哪些危害？

思政园地

我们既要金山银山，又要绿水青山。宁可要绿水青山，不要金山银山，因为绿水青山就是金山银山。

——习近平（2013 年 9 月 7 日 在哈萨克斯坦纳扎尔巴耶夫大学的讲话）

必备知识

1. 检测标准

GB/T 18186—2000《酿造酱油》。

2. 检测原理

样品经处理后，以铬酸钾为指示剂，用硝酸银标准溶液滴定试样中的氯化钠，生成氯化银沉淀，待全部氯化银沉淀后，多滴加的硝酸银与铬酸钾指示剂生成铬酸银使溶液呈橘红色即为终点。由硝酸银标准溶液消耗量计算氯化钠的含量。

任务实施

一、仪器设备准备

银量法测定酱油中的食盐所需仪器设备如表 5-45 所示。

表 5-45 所需仪器设备

序号	仪器名称	规格	数量	用途
1	分析天平	0.0001g	1	称量
2	烧杯	150mL	1	配铬酸钾溶液
3	烧杯	50mL	2	配氯化钠、硝酸银溶液
4	试剂瓶	100mL	2	存铬酸钾、氯化钠溶液
5	容量瓶	100mL	4	配铬酸钾、氯化钠、硝酸银溶液、样液
6	漏斗	10cm	1	配铬酸钾溶液
7	瓷坩埚	25mL	1	灼烧氯化钠
8	棕色试剂瓶	100mL	1	存硝酸银溶液
9	分度吸量管	20mL	1	吸取氯化钠溶液
10	量筒	20mL	1	量取蒸馏水

续表

序号	仪器名称	规格	数量	用途
11	锥形瓶	250mL	3	标定硝酸银溶液、样品滴定
12	棕色酸式滴定管	50mL	1	标定硝酸银溶液
13	棕色酸式滴定管	10mL	1	样品滴定
14	分度吸量管	5mL	1	吸取样品
15	分度吸量管	2mL	1	吸取样品稀释液
16	量筒	100mL	1	量取蒸馏水
17	洗瓶	500mL	1	清洗
18	马弗炉	16L	1	干燥氯化钠
19	干燥器		1	放置干燥后的基准试剂

二、试剂配制

（一）试剂清单

银量法测定酱油中的食盐所需试剂如表 5-46 所示。

表 5-46　所需试剂

序号	试剂名称	作用
1	铬酸钾（K_2CrO_4）	指示剂，指示滴定终点
2	硝酸银（$AgNO_3$）	配制硝酸、硝酸银标准溶液
3	基准氯化钠（NaCl），纯度≥99.8%。	标定硝酸银标准溶液

（二）配制方法

1. 铬酸钾指示剂（100g/L）

称取 10g 铬酸钾溶于 100mL 水中，搅拌下滴加硝酸银溶液至出现红棕色沉淀，过滤。

2. 氯化钠标准溶液（0.1mol/L）

（1）配制　0.1mol/L 氯化钠标准溶液配制方法及要求如表 5-47 所示。

表 5-47　0.1mol/L 氯化钠标准溶液配制方法及要求

序号	步骤	操作方法	要求
1	基准物恒重	取基准试剂氯化钠适量，置于洁净的瓷坩埚中，斜搭盖露出点缝隙，置于马弗炉中保持 500~600℃ 干燥 1h，于干燥器中冷却	使用坩埚钳取出坩埚，以防烫伤
2	基准物称量	准取称取上述处理后的氯化钠 5.844g 置于 50mL 烧杯中	戴棉手套取拿称量瓶；倾样次数不超过 3 次
3	溶解定容	用少量蒸馏水溶解，并稀释至 1000mL，摇匀	

（2）浓度计算　氯化钠标准溶液的浓度按式（5-8）计算：

$$c(\mathrm{NaCl}) = \frac{m}{58.44 \times V} \tag{5-8}$$

式中　c（NaCl）——氯化钠标准溶液的浓度，mol/L；

m——称取氯化钠的质量，g；

58.44——氯化钠的摩尔质量，g/mol；

V——配制溶液的体积，L。

3. 硝酸银标准滴定溶液（0.1mol/L）

（1）配制　称取 17g 硝酸银（精确到 0.0001g）于烧杯中，用少量蒸馏水溶解，并稀释至 1000mL，摇匀即得。储存于密闭的棕色试剂瓶中。

（2）标定　0.1mol/L 硝酸银标准滴定溶液标定方法及要求如表 5-48 所示。

表 5-48　0.1mol/L 硝酸银标准滴定溶液标定方法及要求

序号	步骤	操作方法	要求
1	加氯化钠标准溶液	吸取 20.00mL 氯化钠标准溶液，置于 250mL 锥形瓶中	
2	加水	用量筒量取蒸馏水 20mL，加入锥形瓶中	
3	加指示剂	加入 4 滴铬酸钾指示剂	溶液由无色变为浅黄色
4	装滴定液	将配好的硝酸银标准滴定溶液装入 50mL 棕色酸式滴定管中	滴定管使用前需检漏、润洗；加入滴定液后需排气泡、调节液面至“0”刻度处
5	滴定	用硝酸银标准溶液滴定，直至悬浊液中出现稳定的橘红色为终点（保持 1min 不褪色），记录消耗硝酸银标准滴定溶液的体积	滴定过程中锥形瓶中溶液颜色变化原因： （1）CrO^{4-} 黄色； （2）AgCl 白色； （3）Ag_2CrO_4 砖红色
6	空白试验	以同体积的蒸馏水替代氯化钠标准溶液，做空白试验	

（3）计算　硝酸银标准滴定溶液按式（5-9）计算：

$$c(\mathrm{AgNO_3}) = \frac{c(\mathrm{NaCl}) \times V_1}{V_2 - V_0} \tag{5-9}$$

式中　c（$AgNO_3$）——硝酸银标准滴定溶液的浓度，mol/L；

c（NaCl）——氯化钠标准溶液的浓度，mol/L；

V_1——吸取氯化钠标准溶液的体积，mL；

V_2——硝酸银标准滴定溶液的用量，mL；

V_0——空白试验硝酸银标准滴定溶液的用量，mL。

三、操作步骤

银量法测定酱油中的食盐含量的检测方法及要求如表 5-49 所示。

表 5-49　　银量法测定酱油中的食盐的方法及要求

序号	步骤	操作方法	要求
1	试样制备	吸取 2.5mL 样品，置于 100mL 容量瓶中，加水至刻度，摇匀	
2	加样液及试剂	吸取 2.0mL 的稀释液于 250mL 锥形瓶中，加 100mL 水、1mL 铬酸钾指示剂，混匀	
3	滴定	在白色瓷板背景下用 0.1mol/L 的硝酸银标准滴定溶液滴定至初显橘红色，记录所消耗的硝酸银标准滴定溶液的体积	白色瓷板背景下更便于准确判断滴定终点
4	空白试验	以同体积的蒸馏水替代试样稀释液，做空白试验	

四、数据分析及处理

（一）结果计算

酱油样品中氯化钠含量按式（5-10）计算：

$$X = \frac{(V_3 - V_4) \times c_1 \times 0.0585}{2 \times \frac{5}{200}} \times 100 \tag{5-10}$$

式中　X——酱油样品中氯化钠含量，g/100mL；

V_3——滴定样品稀释液消耗硝酸银标准滴定溶液的体积，mL；

V_4——空白试验消耗硝酸银标准滴定溶液的体积，mL；

c_1——硝酸银标准滴定溶液的浓度，mol/L；

0.0585——与 1.00mL 硝酸银标准滴定溶液［$c(AgNO_3) = 0.100$mol/L］相当的氯化钠的质量，g。

结果保留到小数点后两位。

（二）允许差

同一样品平行试验的测定差不得超过 0.10g/100mL。

（三）原始数据记录

将检测过程中获得的数据如实填写在原始数据记录表 5-50 中。

表 5-50　　银量法测定酱油中的食盐的原始数据记录表

检测日期		样品名称		样品规格	
检测依据				样品状态	
硝酸银标准滴定溶液标定					
编号		1		2	3
氯化钠的质量/g					
氯化钠标准溶液的浓度/（mol/L）					

续表

吸取氯化钠标准溶液的体积/mL			
滴定时所消耗的硝酸银标准滴定溶液的体积/mL			
空白试验中硝酸银标准滴定溶液用量/mL			
硝酸银标准滴定溶液的实际浓度/（mol/L）			
硝酸银标准滴定溶液浓度的平均值/（mol/L）			
计算公式			
样品的测定			

样品编号		1		2	
样品的体积/mL					
硝酸银标准滴定溶液的浓度/（mol/L）					
试样所消耗硝酸银标准滴定溶液的体积/mL					
空白试验所消耗硝酸银标准溶液的体积/mL					
样品稀释定容体积/mL					
吸取样品稀释液体积/mL					
试样中食盐的含量/（g/100mL）	测定值				
	平均值				
允许差/（g/100mL）	测定值			允许偏差	
计算公式					
结论：					

温馨提示

1. 硝酸银具有较强的氧化性，能腐蚀皮肤；铬酸钾不仅能腐蚀皮肤，还具有致癌性，故需做好个人防护。
2. 硝酸银试剂价格昂贵，且对光不稳定，应正确储存与使用，避免浪费。
3. 秉承科学严谨的作风，如实记录数据，细致分析结果。
4. 铬酸钾可污染水体，为了保护环境，需将废液倒入对应的废液桶中。
5. 遵守实验室管理规定，及时完成清洗和整理工作，保持实验室的清洁整齐。

相关知识

硝酸银标准滴定溶液标定的原理

在中性或碱性溶液中，以 K_2CrO_4 为指示剂，用 $AgNO_3$ 标准溶液直接滴定氯离子。其反应为：

$$Ag^{+}+Cl^{-} \rightleftharpoons AgCl\downarrow,\ 2Ag^{+}+CrO_4^{2-} \rightleftharpoons Ag_2CrO_4\downarrow$$

在25℃时，由于 AgCl 溶解度（1.33×10^{-5}mol/L）小于 Ag_2CrO_4 溶解度（6.54×10^{-5}mol/L），根据分步沉淀的原理，在滴定过程中，首先析出 AgCl 沉淀，到达等电点后，稍过量的 Ag^{+} 与 CrO_4^{2-} 生成砖红色的 Ag_2CrO_4 沉淀，指示滴定终点。滴定必须在中性或碱性溶液中进行，最适宜的 pH 范围为 6.5~10.5，因为 CrO_4^{2-} 在溶液中存在如下平衡：

$$2H^{+}+2CrO_4^{2-} \rightleftharpoons 2HCrO_4^{-} \rightleftharpoons Cr_2O_7^{2-}+H_2O$$

在酸性溶液中，平衡向右移动，CrO_4^{2-} 浓度降低，使 Ag_2CrO_4 沉淀过迟或不出现，从而影响分析结果。在强碱性或氨性溶液中，滴定剂 $AgNO_3$ 发生如下反应：

$$Ag^{+}+OH^{-} \rightleftharpoons AgOH\downarrow,\ 2AgOH \rightleftharpoons Ag_2O+H_2O,\ Ag^{+}+2NH_3 \rightleftharpoons [Ag(NH_3)_2]^{+}$$

因此，若被测定的 Cl^{-} 溶液的酸性太强，应用 $NaHCO_3$ 或 $Na_2B_4O_7$ 中和；碱性太强，则应用稀硝酸中和，调至适宜的 pH 后，再进行滴定。

K_2CrO_4 的用量对滴定有影响。如果 K_2CrO_4 浓度过高，终点提前到达，同时 K_2CrO_4 本身呈黄色，若溶液颜色太深，影响终点的观察；如果 K_2CrO_4 浓度过低，终点延迟到达。这两种情况都影响滴定的准确度。一般滴定时，K_2CrO_4 的浓度以 5.2×10^{-3}mol/L 为宜。由于 AgCl 沉淀显著地吸附 Cl^{-}，导致 Ag_2CrO_4 沉淀过早出现。为此，滴定时必须充分摇荡，使被吸附的 Cl^{-} 释放出来，以获得准确的终点。

考核评价

通过小组自评、组间互评、教师评价，根据课前学习任务的完成情况评价自学能力，根据课中关键操作点的规范性评价操作技能，根据沟通交往、解决问题、时间管理、科学严谨的表现评价工作素养，根据实训报告、课后测试评价课后巩固提升。

银量法测定酱油中的食盐（考核评价表）

银量法测定酱油中的食盐（课后测试题）

任务三十六 测定酱油中的可溶性无盐固形物

案例导入

2017年春节前，抚顺市食品药品监督管理局在食品安全监督抽检工作中发现抚顺市宏达调味品有限公司于2016年10月16日生产的1批次宏达酱油，被检出可溶性无盐固形物项目不合格，标准值为≥8.0g/100mL，实测值为7.4g/100mL，抚顺市食品药品监督管理局对该批次产品依法进行了处理，以保障人们食品质量安全。

任务描述

酱油中可溶性无盐固形物指酱油中除水、食盐、不溶性物质外的其他物质，主要是蛋白质、氨基酸、肽、糖类、有机酸等物质，是影响风味的重要指标。请独自查询资料、学习国家标准、参与话题讨论，合作制订酱油中可溶性无盐固形物的检测方案并完成样品检测。

学习目标

❖ 知识目标

1. 知道酱油中可溶性无盐固形物测定的标准依据，理解检测的原理。
2. 掌握可溶性总固形物测定的方法和要求。
3. 了解检测所需的试剂和仪器设备，掌握电热恒温干燥箱的使用方法。
4. 掌握样品恒重的操作程序及要求。

❖ 技能目标

1. 能够根据国家标准完成试剂的配制和仪器的准备。
2. 能进行样品的处理、干燥和恒重。
3. 能根据记录的数据进行结果计算和精密度分析。

❖ 素质目标

1. 树立食品质量安全和保护环境意识。
2. 增强合作意识与团队精神。
3. 具有敬业精神和严谨的工作作风。
4. 养成勤学肯练、精益求精的态度。

课前准备

1. 学习资源准备

通过网络获取 GB/T 18186—2000《酿造酱油》，以及扫码获取视频《酱油中可溶性无盐固形物的测定》。

酱油中可溶性无盐固形物的测定（视频）

2. 完成预习任务

（1）阅读相关标准文件，观看操作视频，小组合作初拟检测方案。

（2）遵循够用节约的原则，设计试剂的配制量，汇总所需仪器设备的规格和数量。

（3）参与话题讨论：可溶性无盐固形物、可溶性总固形物和氯化钠三者之间有什么样的关系？

思政园地

业精于勤，荒于嬉；行成于思，毁于随。

——唐·韩愈《进学解》

必备知识

1. 产品标准

酱油中可溶性无盐固形物的质量标准如表 5-51 所示。

表 5-51 酱油中可溶性无盐固形物的质量标准

序号	品类	可溶性无盐固形物/（g/100mL）		标准依据
1	高盐稀态发酵酱油（含固稀发酵酱油）	特级	≥15.00	GB 18186—2000《酿造酱油》
		一级	≥13.00	
		二级	≥10.00	
		三级	≥8.00	
2	低盐固态发酵酱油	特级	≥20.00	
		一级	≥18.00	
		二级	≥15.00	
		三级	≥10.00	

2. 检测标准

GB/T 18186—2000《酿造酱油》。

3. 检测原理

通过直接干燥法测出样品可溶性总固形物的含量，通过银量法测定样品中氯化钠（食盐）的含量，两者之差就是可溶性无盐固形物的含量。其中可溶性总固形物含量可以通过干燥恒重后获得，氯化钠的含量测定详见任务三十五。

任务实施

一、仪器设备准备

酱油中可溶性无盐固形物的测定所需仪器设备如表 5-52 所示。

表 5-52 所需仪器设备

序号	仪器名称	规格	数量	用途
1	分析天平	0.0001g	1	称量
2	分度吸量管	10mL	1	移取试液
3	分度吸量管	5mL	1	移取稀释液
4	锥形瓶	250mL	1	配制试液
5	容量瓶	100mL	1	配制样品稀释液
6	扁型称量瓶	Φ25mm	3	干燥时盛装试样溶液
7	电热恒温干燥箱		1	干燥样品
8	干燥器		1	保持称量瓶干燥

二、操作步骤

1. 试液的制备

将样品溶液充分摇匀后，用干滤纸滤入干燥的 250mL 的锥形瓶中备用。

2. 称量皿恒重

取洁净的扁型称量瓶于 101~105℃ 加热 1.0h 后，于干燥器内冷却 0.5h，称量，并重复干燥至前后两次质量差不超过 1mg。

3. 样品恒重

酱油中可溶性无盐固形物的测定中，样品恒重的方法及要求如表 5-53 所示。

表 5-53　　样品恒重的方法及要求

序号	步骤	操作方法	要求
1	试液稀释	吸取 10.00mL 样品，置于 100mL 容量瓶中，加水至刻度，摇匀	
2	干燥	吸取 5.00mL 稀释液于已恒重的称量瓶中，置于 101~105℃ 电热恒温干燥箱中，瓶盖斜支于瓶边，加热 4h	
3	冷却	取出称量瓶并盖好瓶盖，置干燥器内冷却 0.5h	动作应迅速
4	称量	称量，并重复干燥至前后两次质量差不超过 1mg	

三、数据分析及处理

1. 结果计算

试样中可溶性无盐固形物含量按式（5-11）、式（5-12）计算：

$$X = X_2 - X_1 \tag{5-11}$$

$$X_2 = \frac{m_2 - m_1}{\frac{10}{100} \times 5} \times 100 \tag{5-12}$$

式中　X——试样中可溶性无盐固形物的含量，g/100mL；

X_1——样品中氯化钠的含量，g/100mL；

X_2——样品中可溶性总固形物的含量，g/100mL；

m_1——称量瓶的质量，g；

m_2——恒重后可溶性总固形物和称量瓶的质量，g。

计算结果以重复性条件下获得的两次独立测定结果的算术平均值表示，结果保留三位有效数字。

2. 允许差

同一样品平行实验的测定差不得超过 0.30g/100mL。

3. 原始数据记录

将检测过程中获得的数据如实填写在原始数据记录表 5-54 中。

表 5-54　　酱油中可溶性无盐固形物的测定的原始数据记录表

<table>
<tr><td>检测日期</td><td></td><td>样品名称</td><td></td><td>样品规格</td><td></td></tr>
<tr><td>检测依据</td><td colspan="3"></td><td>样品状态</td><td></td></tr>
<tr><td colspan="6">酱油中可溶性无盐固形物的测定</td></tr>
<tr><td colspan="2">样品编号</td><td colspan="2">1</td><td colspan="2">2</td></tr>
<tr><td colspan="2">吸取试验体积/mL</td><td colspan="2"></td><td colspan="2"></td></tr>
<tr><td colspan="2">定容体积/mL</td><td colspan="2"></td><td colspan="2"></td></tr>
<tr><td colspan="2">吸取稀释液体积/mL</td><td colspan="2"></td><td colspan="2"></td></tr>
<tr><td colspan="2">称量瓶的质量/g</td><td colspan="2"></td><td colspan="2"></td></tr>
<tr><td colspan="2">第一次干燥后称重/g</td><td colspan="2"></td><td colspan="2"></td></tr>
<tr><td colspan="2">第二次干燥后称重/g</td><td colspan="2"></td><td colspan="2"></td></tr>
<tr><td colspan="2">两次称量差/mg</td><td colspan="2"></td><td colspan="2"></td></tr>
<tr><td colspan="2">第三次干燥后称重/g</td><td colspan="2"></td><td colspan="2"></td></tr>
<tr><td colspan="2">两次称量差/mg</td><td colspan="2"></td><td colspan="2"></td></tr>
<tr><td colspan="2">恒重时质量/g</td><td colspan="2"></td><td colspan="2"></td></tr>
<tr><td colspan="2">可溶性总固形物含量/（g/100mL）</td><td colspan="2"></td><td colspan="2"></td></tr>
<tr><td colspan="2">可溶性总固形物含量计算公式</td><td colspan="4"></td></tr>
<tr><td colspan="2">样品中氯化钠的含量/（g/100mL）</td><td colspan="2"></td><td colspan="2"></td></tr>
<tr><td rowspan="2">可溶性无盐固形物含量/（g/100mL）</td><td>测定值</td><td colspan="2"></td><td colspan="2"></td></tr>
<tr><td>平均值</td><td colspan="4"></td></tr>
<tr><td>允许差/（g/100mL）</td><td>测定值</td><td></td><td>允许偏差</td><td colspan="2"></td></tr>
<tr><td colspan="2">计算公式</td><td colspan="4"></td></tr>
<tr><td colspan="2">产品标准/（g/100mL）</td><td colspan="4"></td></tr>
<tr><td colspan="6">结论：</td></tr>
</table>

温馨提示

1. 拿取干燥后的称量瓶时，需佩戴隔热手套，以防烫伤。
2. 秉承科学严谨的作风，如实记录数据，细致分析结果。
3. 遵守实验室管理规定，及时完成清洗和整理工作，保持实验室的清洁整齐。

相关知识

酱油具有咸、鲜、酸、甜、苦等丰富的味觉层次，这与其可溶性总固形物的组成息息相关。氯化钠是食盐的主要成分，造就了咸味；谷氨酸、甘氨酸、丙氨酸等氨基酸的存在，造就了鲜味；以乳酸为主的有机酸，成就了酸味；以葡萄糖为主的糖类、糖醇、甘氨酸、L-丙氨酸等具有甜味；亮氨酸、缬氨酸等苦味氨基酸和小分子肽类是苦味的来源。

考核评价

通过小组自评、组间互评、教师评价，根据课前学习任务的完成情况评价自学能力，根据课中关键操作点的规范性评价操作技能，根据沟通交往、解决问题、时间管理、科学严谨的表现评价工作素养，根据实训报告、课后测试评价课后巩固提升。

酱油中可溶性无盐固形物的测定（考核评价表）

酱油中可溶性无盐固形物的测定（课后测试题）

附 录

附表 1　　乳稠计读数变为 20℃时的读数换算表

乳稠计读数	鲜乳温度/℃															
	10	11	12	13	14	15	16	17	18	19	20	21	22	23	24	25
25	23.3	23.5	23.6	23.7	23.9	24.0	24.2	24.4	24.6	24.8	25.0	25.2	25.4	25.5	25.8	26
26	24.2	24.4	24.5	24.7	24.9	25.0	25.2	25.4	25.6	25.8	26.0	26.2	26.4	26.6	26.8	27
27	25.1	25.3	25.4	25.6	25.7	25.9	26.1	26.3	26.5	26.8	27.0	27.2	27.5	27.7	27.9	28.1
28	26.0	26.1	26.3	26.5	26.6	26.8	27.0	27.3	27.5	27.8	28.0	28.2	28.5	28.7	29.0	29.2
29	26.9	27.1	27.3	27.5	27.6	28.8	28.0	28.3	29.5	28.8	29.0	29.2	29.5	29.7	30.0	30.2
30	27.9	28.1	28.3	28.5	28.6	28.8	29.0	29.3	29.5	29.8	30.0	30.2	30.5	30.7	31.0	21.2
31	28.8	29.0	29.2	29.4	29.6	29.8	30.0	30.3	30.5	30.8	31.0	31.2	31.5	31.7	32.0	32.2
32	29.3	30.0	30.2	30.4	30.6	30.7	31.0	31.2	32.5	31.8	32.0	32.3	32.5	32.8	33.0	33.3
33	30.7	30.8	31.1	31.3	31.5	31.7	32.0	33.2	32.5	32.8	33.0	33.3	33.3	33.8	34.1	34.3
34	31.7	31.9	32.1	32.3	32.5	32.7	33.0	33.2	33.5	33.8	34.0	34.3	34.4	34.8	35.1	35.3
35	32.6	32.8	33.1	33.3	33.5	33.7	34.0	34.2	34.5	34.7	35.0	35.3	35.5	35.8	36.1	36.3
36	33.5	33.8	34.0	34.3	34.5	34.7	34.9	35.2	35.5	36.0	36.2	36.2	36.5	36.7	37.0	37.3

附表 2　　乳稠计读数变为 15℃时的读数换算表

乳稠计读数	鲜乳温度/℃														
	8	9	10	11	12	13	14	15	16	17	18	19	20	21	22
15	14.2	14.3	14.4	14.5	14.6	14.7	14.8	15.0	15.1	15.2	15.4	15.6	15.8	16	16.2
16	15.2	15.3	15.4	15.5	15.6	15.7	15.8	16.0	16.1	16.3	16.5	16.7	16.9	17.1	17.3
17	16.2	16.3	16.4	16.5	16.6	16.7	16.8	17.0	17.1	17.3	17.5	17.7	17.9	18.1	18.3

续表

乳稠计读数	鲜乳温度/℃														
	8	9	10	11	12	13	14	15	16	17	18	19	20	21	22
18	17.2	17.3	17.4	17.5	17.6	17.7	17.8	18.0	18.1	18.3	18.5	18.7	18.9	19.1	19.5
19	18.2	18.3	18.4	18.5	18.6	18.7	18.8	19.0	19.1	19.3	19.5	19.7	19.9	20.1	20.3
20	19.1	19.2	19.3	19.4	19.5	19.6	19.8	20.0	20.1	20.3	20.5	20.7	20.9	21.0	21.3
21	20.1	20.2	20.3	20.4	20.5	20.6	20.8	21.0	21.2	21.4	21.6	21.8	22.0	22.2	22.4
22	21.1	21.2	21.3	21.4	21.5	21.6	21.8	22.0	22.2	22.4	22.6	22.8	23.0	23.2	23.4
23	22.1	22.2	22.3	22.4	22.5	22.6	22.8	23.0	23.2	23.4	23.6	23.8	24.0	24.2	24.4
24	23.1	23.2	23.3	23.4	23.5	23.6	23.8	24.0	24.2	24.4	24.6	24.8	25.0	25.2	25.5
25	24.0	24.1	24.2	24.3	24.5	24.6	24.8	25.0	25.2	25.4	25.6	25.8	26.0	26.2	26.4
26	25.0	25.1	25.2	25.3	25.5	25.6	25.8	26.0	26.2	26.4	26.6	26.9	27.1	27.3	27.5
27	26.0	26.1	26.2	26.3	26.4	26.6	26.8	27.0	27.2	27.4	27.6	27.9	28.1	28.4	28.6
28	26.9	27.0	27.1	27.2	27.4	27.6	27.8	28.0	28.2	28.4	28.6	28.9	29.2	29.4	29.6
29	27.8	27.9	28.1	28.2	28.4	28.6	28.8	29.0	29.2	29.4	29.6	29.9	30.2	30.4	30.6
30	28.7	28.9	30.0	29.2	29.4	29.6	29.8	30.0	30.2	30.4	30.6	32.0	32.2	32.5	32.7
31	29.7	29.8	30.0	30.2	30.4	30.6	30.8	31.0	31.2	31.4	31.6	32.0	32.2	32.5	32.7
32	30.6	30.8	31.0	31.2	31.4	31.6	31.8	32.0	32.2	32.4	32.7	33.0	33.2	33.6	33.8
33	31.6	31.8	32.0	32.2	32.4	32.6	32.8	33.0	33.2	33.4	33.7	34.0	34.2	34.7	34.8
34	32.5	32.8	33.0	33.1	33.3	33.7	33.8	34.0	34.2	34.4	34.7	35.0	35.2	35.6	35.9
35	33.6	33.7	33.8	34.0	34.2	34.4	34.8	35.0	35.2	35.4	35.7	36.0	36.2	36.6	36.9

附表 3　　可溶性固形物含量温度校正表

测定温度/℃	可溶性固形物含量读数/%									
	0	5	10	15	20	25	30	35	40	45
10	0.50	0.54	0.58	0.61	0.64	0.66	0.68	0.70	0.72	0.73
11	0.46	0.46	0.53	0.55	0.58	0.60	0.62	0.64	0.58	0.69
12	0.42	0.45	0.48	0.50	0.52	0.54	0.56	0.57	0.58	0.59
13	0.37	0.40	0.42	0.44	0.46	0.48	0.49	0.50	0.51	0.52
14	0.33	0.35	0.37	0.39	0.40	0.41	0.42	0.43	0.44	0.45
15	0.27	0.29	0.31	0.33	0.34	0.34	0.35	0.36	0.37	0.37
16	0.22	0.24	0.25	0.26	0.27	0.28	0.28	0.29	0.30	0.30
17	0.17	0.18	0.19	0.20	0.21	0.21	0.24	0.22	0.22	0.23

续表

测定温度/℃	可溶性固形物含量读数/%									
	0	5	10	15	20	25	30	35	40	45
18	0.12	0.13	0.13	0.14	0.14	0.14	0.14	0.15	0.15	0.15
19	0.06	0.06	0.06	0.07	0.07	0.07	0.07	0.08	0.08	0.08
21	0.06	0.07	0.07	0.07	0.07	0.08	0.08	0.08	0.08	0.08
22	0.13	0.13	0.13	0.14	0.14	0.15	0.15	0.15	0.15	0.16
23	0.19	0.20	0.21	0.22	0.22	0.23	0.23	0.23	0.23	0.24
24	0.26	0.27	0.28	0.29	0.30	0.30	0.31	0.31	0.31	0.31
25	0.33	0.35	0.36	0.37	0.38	0.38	0.39	0.40	0.40	0.40
26	0.40	0.42	0.43	0.44	0.45	0.46	0.47	0.48	0.48	0.48
27	0.48	0.50	0.52	0.53	0.54	0.55	0.55	0.56	0.56	0.56
28	0.56	0.57	0.60	0.61	0.62	0.63	0.63	0.64	0.64	0.64
29	0.64	0.66	0.68	0.69	0.71	0.72	0.72	0.73	0.73	0.73
30	0.72	0.74	0.77	0.78	0.79	0.80	0.80	0.81	0.81	0.81

参 考 文 献

［1］胡雪琴．食品理化分析技术［M］．北京：中国医药科技出版社，2017.

［2］藏剑甬，陈红霞．食品理化检测技术［M］．北京：中国轻工业出版社，2020.

［3］张根岭．食品理化检测［M］．北京：中国轻工业出版社，2021.

［4］刘志宏，蒋永衡．农产品质量检测技术［M］．北京：中国农业大学出版社，2013.

［5］李京东，余奇飞，刘丽红．食品分析与检验技术［M］．北京：化学工业出版社，2013.

［6］付丽．食品分析［M］．重庆：重庆大学出版社，2014.

［7］中国标准出版社．中国国家标准汇编：654（GB 32129—32151）［M］．北京：中国标准出版社，2016.

［8］中国石油和化学工业联合会，全国化学标准化技术委员会化学试剂分会，中国标准出版社．化学试剂标准汇编：基础标准和基准试剂卷［M］．北京：中国标准出版社，2009.

［9］国家食品安全风险评估中心，中国标准出版社．中国食品工业标准汇编：乳与乳制品卷［M］．北京：中国标准出版社，2016.

［10］国家食品安全风险评估中心，中国标准出版社．中国食品工业标准汇编：婴幼儿与特殊医学用途食品卷［M］．北京：中国标准出版社，2016.

［11］中国标准出版社．中国食品工业标准汇编：水果、蔬菜及其制品卷［M］．北京：中国标准出版社，2006.

［12］中国标准出版社．中国食品工业标准汇编：食用油及其制品卷［M］．北京：中国标准出版社，2006.

［13］中国标准出版社．中国食品工业标准汇编：调味品卷［M］．北京：中国标准出版社，2006.

［14］国家食品安全风险评估中心，中国标准出版社．中国食品工业标准汇编：食品添加剂卷［M］．北京：中国标准出版社，2015.

［15］国家食品安全风险评估中心，中国标准出版社．中国食品工业标准汇编：食品安全基础标准卷［M］．北京：中国标准出版社，2016.